普通高等教育“十五”国家级规划教材
全国高等院校水利水电类精品规划教材

环境水利

张先起　孙东坡　主编

黄河水利出版社
·郑州·

内 容 提 要

本书从生态环境保护与水资源可持续利用的角度介绍了环境水利的基本理论、方法与技术。主要内容包括：绪论、环境及环境问题、生态学基础、水体污染及控制、水质模型、水环境容量、水环境质量评价、水环境管理与保护、水利水电工程开发对环境的影响和水利水电工程环境影响评价等。本书可作为水利水电工程、水文学及水资源、港口航道与海岸工程、农业水土工程等专业本科生教材，也可供水利和环境保护学科教学、科研与管理等人员阅读参考。

图书在版编目(CIP)数据

环境水利/张先起，孙东坡主编. —郑州：黄河水利出版社，2012.8

普通高等教育"十五"国家级规划教材

全国高等院校水利水电类精品规划教材

ISBN 978-7-5509-0330-2

Ⅰ.①环… Ⅱ.①张… ②孙… Ⅲ.①环境水利学 Ⅳ.①X52

中国版本图书馆 CIP 数据核字(2012)第 191847 号

策划编辑：李洪良　电话：0371-66024331　E-mail：hongliang0013@163.com

出 版 社：黄河水利出版社

地址：河南省郑州市顺河路黄委会综合楼 14 层　　邮政编码：450003

发行单位：黄河水利出版社

发行部电话：0371-66026940、66020550、66028024、66022620(传真)

E-mail：hhslcbs@126.com

承印单位：郑州海华印务有限公司

开本：787 mm×1 092 mm　1/16

印张：14.25

字数：347 千字　　印数：1—3 100

版次：2012 年 8 月第 1 版　　印次：2012 年 8 月第 1 次印刷

定价：32.00 元

前 言

水是生命之源,是构成生物体的基本物质,是人类赖以生存与发展的不可替代的基本资源,也是地球上所有生物赖以生存的环境条件。人类社会的发展史在一定程度上也可以看做对水的认识、开发、利用和保护的历史,人类动用大量的人力、物力、财力来治理水灾,同时又必须开发利用水资源来促进社会经济的快速发展。水资源本身既是资源,又是环境的控制要素,水资源开发在给人们带来丰厚利益的同时,也会对生态环境造成一定的影响。因此,水资源的合理开发、利用与保护越来越受到人们的重视。

环境水利是环境学科与水利学科相互渗透、交叉而形成的一门新学科,于20世纪70年代末80年代初由我国学者率先提出。它既研究人类在水资源开发利用过程中出现的与环境相关的问题,也研究由于水体环境变化对水利规划、建设与运行管理,以及人类生存与发展的影响,其目的在于促进水资源开发利用在发挥经济效益的同时减免对环境产生的不利影响,维持生态平衡,增加改善环境的作用。

本书设有绪论与九章。绪论主要介绍环境水利的提出、研究内容、学科的发展方向;第一章环境及环境问题,主要介绍环境的定义、分类、特征及人类所面临的主要环境问题;第二章生态学基础,主要介绍生态学的基础理论及其在环境水利中的应用;第三章水体污染及控制,主要介绍水体污染、水体自净及水体污染的控制与治理;第四章水质模型,主要介绍污染物扩散规律、水质数学模型与水质预测;第五章水环境容量,主要介绍水环境容量的定义、计算与应用;第六章水环境质量评价,主要介绍水环境质量调查、监测、评价等方面的内容;第七章水环境管理与保护,主要介绍水环境保护的依据、水功能区划、水资源保护规划与管理等方面的内容;第八章水利水电工程开发对环境的影响,主要介绍水利水电工程建设对环境的正负效益与不同类型工程建设对环境的影响;第九章水利水电工程环境影响评价,主要介绍水利水电工程环境影响评价的原则、程序、内容、方法及环境影响报告书的编制。

本书由华北水利水电学院张先起、孙东坡主编,华北水利水电学院张英克、刘慧卿、张晓雷、陈建和四川大学朱国宇等参与编写。具体分工如下:绪论由孙东坡编写;第一、五章由张晓雷编写;第二、六、七章由张先起编写;第三、四章由张英克编写;第八章由刘慧卿、陈建编写;第九章由朱国宇编写。全书由张先起负责统稿。

在本书编写过程中作者参考和引用了部分专业书籍、教材、文献资料和规范中的内容,在此向有关作者和专家学者表示深深的谢意。华北水利水电学院王二平教授、宋永嘉教授对本书的编写提出了许多宝贵建议,黄河水利出版社李洪良在本书出版过程中给予了热情的支持和帮助,在此一并表示衷心的感谢。

因作者水平有限,经验不足和时间仓促,缺点和疏误在所难免,恳请读者批评指正。

作 者

2012 年 7 月

目　录

绪 论

第一节 环境水利的提出

从水利工程的历史看,无论其始于防洪,还是灌溉、发电、航运等,都可以认为是以改善环境、促进生产为使命的。随着社会的发展,近代水利工程的规模不断扩大,大坝越建越高,库容越来越大,从单一水库到流域梯级开发,从单一河流的开发到跨流域调水等。这对自然环境的冲击前所未有,大大超越了历史任何一个时间的影响范围,已影响到自然界动态平衡的恢复能力,从而在某些方面导致环境恶化,甚至使人类遭到大自然的报复。在过去的几十年中,国际水利界已经认识到大中型水利工程,如蓄水工程、引水工程、灌溉工程和调水工程等对生态环境会产生影响,有些工程因为事先没有研究和预测建成后对环境可能产生的不利影响,以致项目完工后造成重大环境影响,必须采取相应的补救措施和处理方案,甚至有的工程不得不报废,这就使得人们不得不回头重新考虑水利工程建设对环境的影响以及工程建设的可行性。

环境水利是现代水利的重要组成部分,它是水利工作实践与环境科学理论相互渗透的结果,是在水利工程规划、设计、施工与运行管理实践中逐步形成和发展起来的。人们最初遇到的水环境问题是水污染,由此,在一定时期内水环境的含义直接界定在水质问题上,实际上水环境包含着生态、景观、文化等广泛的内容。在生产力水平较低的时期,生产和生活过程中排放的污水能够被自然界容纳净化,不会造成大范围不可逆转的水质恶化,水利工程建设与管理中的水环境问题处于次要地位。20 世纪 70 年代初期,随着污水排放量增加、水污染范围扩大和污染程度不断加剧,一些地区的水污染状况已影响到人们正常的生产、生活活动,并呈现出逐渐加剧恶化趋势。为了及时掌握河流、湖泊等水域的水质状况,我国陆续建立起一些水质监测站网,调查水体环境质量,并在一些重要污染河段进行跟踪观测,同时开展水质分析和污染物分布、运动规律与水体自净的研究,制定污染防治规划,由此,关于环境水利的初步研究工作逐步展开。

环境水利学于 20 世纪 70 年代末 80 年代初由我国学者率先提出。1979 年水利电力部环境保护办公室编写的《水利与环境保护——试谈环境水利学的问题》首次提出“环境水利”一词。经中国水利学会批准,1981 年在武汉成立了环境水利研究会,系统研究和进一步完善了“环境水利”的概念、内涵。1982 年 9 月在阿根廷首都布宜诺斯艾利斯召开的第四届世界水资源大会上,中国环境水利研究会副理事长方子云总工宣读了《中国的环境水利工作》一文,受到了国际同行的高度评价。

20 世纪 80 年代以来,在调查分析污染源的分布、排放数量和方式等情况的基础上,我国水行政主管部门对主要江河流域和重点区域相继编制或修订了水资源保护规划。规划基于水文要素,利用水质模型等手段,评价水质现状和发展趋势,预测各规划水平年的污染状况,划定水体功能区,按功能要求制定环境目标,计算水环境容量和相应污染物削减量,提出符合流域(区域)实际情况和经济、合理的综合防治措施。

随着社会的发展,以科学发展观、人与自然和谐的理念,全面、科学、客观评价生态与环境价值,评判工程建设的利弊,制定与生产力发展水平相适应的水利水电建设的环境保护政策和评价体系是一项迫切的任务。1982 年,水利部颁发了《关于水利工程环境影响评价的若干规定》,并着手开展了湖南省东江水利水电工程和河北省桃林口水库等大型水利工程环境影响评价试点工作。1988 年水利部和能源部颁发了《水利水电工程环境影响评价规范》(SDJ 302—88),在广东省东江流域规划环境影响评价试点的基础上,编制了《江河流域规划环境影响评价规范》(SL 45—92),并于 1992 年由水利部和能源部颁发。2002 年 10 月通过了《中华人民共和国环境影响评价法》,自 2003 年 9 月 1 日起实施。经多年实践和近两年的修订,2003 年 7 月 1 日,国家环境保护总局和水利部颁布实施了《环境影响评价技术导则　水利水电工程》(HJ/T 88—2003),对评价依据、程序、标准,环境现状调查、环境影响预测评价、对策措施等内容进行了全面系统的规定。

20 世纪 80 年代环境影响评价迅速普及和快速发展,从单一工程的影响评价发展到多个工程联合运用及流域综合规划环境影响评价,评价方法由定性分析与简单定量方法发展到多因素的定量分析,并系统地提出了环境层次系统、影响范围、评价时间构架、有无工程情况比较和有无措施的评价等。通过大量实践,特别是三峡工程的环境保护设计、施工区环境保护实施规划和移民区环境规划等,这一领域的水平大为提高,许多方面已达到世界先进水平。

现如今,我国的水资源保护规划已从单目标开发发展到多目标综合利用,从只考虑水量发展到水质水量并重,从只考虑人类社会活动用水发展到同时考虑社会活动用水和生态环境用水。水资源系统规划设计把环境规划(环境影响评价)作为规划的重要组成部分,同时考虑技术指标、经济指标和环境指标比选方案,这表明在实践中,环境水利学已成为指导水利工作的科学理论之一。

环境水利学作为支撑环境水利的理论基础和技术体系,随着环境水利实践的积累而充实,随着环境水利发展的需求而扩张,仍然处在旺盛发展的阶段。

第二节　我国环境水利存在的主要问题

新中国成立以来,由于我国工农业的发展和人口的增加,需水量日益增大,与此同时,污水排放量也迅速增多。目前,我国城乡生产和生活每天大约产生 2 亿 t 污水,其中大部分未经处理就直接排放,全国主要江、河、湖、库都已经受到不同程度的污染,许多城市的地下水也被污染,其中部分地区有害物质含量已超过饮用水的标准。随着国民经济各部门对水资源的需求进一步扩大,水资源供需矛盾日益尖锐,水资源利用不合理的现象日益突出。近几十年,我国修建了大量的水利工程,这些水利工程从防御洪、涝、旱、碱等自然灾害方面来说,是对环境的改善,但是,兴修水利工程不当也会引起局部的冲刷、淤积、地下水位升降、土地淹没、次生盐碱化、沼泽化、地震、气候变化、生态改变、疾病传播以及阻鱼、碍航等环境问题,这不仅影响水利工程效益的发挥,还给国民经济和人民的生活带来影响。

当前,我国水利行业面临的较为突出的新问题主要有两个方面:一是已经或将要开发利用水资源的水质受到一定程度的污染,部分水体甚至是严重污染;二是兴修的水利工程设施,在发挥效益的同时,也改变了环境,带来生态环境方面的问题。这就要求水利工作者用新的学科——“环境水利学”来指导开发、利用、保护和管理水资源。

我国环境水利面临和存在的主要问题有以下几个方面:

(1)工业“三废”、生活污水的任意排放,农业大量施用农药、化肥,使水质受到污染,影响了水利设施为生活、生产和生态供水的水质。

(2)毁林开荒,造成水土流失、土地荒漠化,增加了河流含沙量,使河床、水库淤积加剧。

(3)围湖造田、填塘种粮,降低了天然湖泊的调蓄能力,缩小了水产面积。

(4)流域治理在防洪、供水、灌溉、发电等方面虽发挥了很大的效益,但与此同时,也带来了种种环境问题。例如海河、滦河和辽河的治理,使补给渤海湾的淡水由每年约200亿m^3减少到约100亿m^3。海河流域的大清河南支上游修建水库,使进入白洋淀的水量减少,而白洋淀出口建闸,使湖内水量基本不下泄。

(5)修建水库可以多目标开发、综合利用水资源,但是也出现不少环境问题。例如,黄河素以多沙著称,平均年输沙量16亿t,三门峡水利工程控制全流域泥沙的92%。1960年9月蓄水后库区淤积严重,水库上游潼关段河床抬高,库区两岸土地浸没、盐碱、沼泽化面积增加,严重威胁着关中平原和西安市,后经改建和改变水库运用方式,情况才得以改善。永定河官厅水库建成蓄水后,因泥沙淤积,总库容减少5亿m^3,库区周边也发生过浸没问题,造成土地沼泽化,果树死亡,房屋倒塌,后经调整水库运用方式和工程处理,问题才得以解决。浙江新安江电站投入运行后,由于运用失调,水位涨落过大,引起一系列地质灾害;在1978年水电站为恢复正常水位,曾大大减少发电任务,但是,下泄水量大大减少,一度造成杭州湾海水入侵,致使杭州市民饮用咸水一个多月。广东新丰江水库兴建之前,当地并没有破坏性地震的记录,自1959年蓄水后,库区地震频繁,并随水库水位的升高而加剧,初步研究认为水库蓄水导致地质构造应力重新调整,诱发了构造地震,1962年3月19日,库区曾发生震中震级为6.1级的强震,而在1995年一年间就发生过4次有感地震。

(6)堤防、控导等防洪工程也会带来某些不利的影响。例如,南方大量圩垸工程的修建,降低了河湖调蓄洪水的能力,抬高了洪水位,增加了下游的洪水威胁,隔断了鱼类在河湖之间的天然洄游通道,不利于鱼类的生长繁殖。黄河河道淤积,堤防越加越高,形成地上悬河,一旦决口,灾害比没有堤防时更大。华北一些洼淀历史上就是自然滞洪区,过去一季小麦产量较高,修建堤防后,虽扩大了耕地,使得耕地可多收一季,但也导致土地贫瘠化和丧失洼淀原有的滞洪能力。

(7)拦河建闸虽可控制河道基流加以利用,但在非汛期常常使闸门上游变成静水,对稀释闸下游排入河道的污水以及某些鱼类的洄游产卵都会带来不利影响。挡潮闸使海口淤积的问题相当普遍。

(8)城市水利问题。随着城市人口增长和工业迅速发展,许多城市水资源短缺、水源受到污染的现象已十分突出。山东济南是著名的“泉城”,历来吸引许多游人。由于近年来过度开采地下水,水位严重下降,不少名泉日趋枯竭,有的甚至遭到不同程度的污染。从20世纪60年代开始,上海市黄浦江上游部分江段发生污染,江水黑臭难闻,几乎每年都达数月之久。蚌埠市自1975年以来,每年冬春关闭蚌埠闸期间,河水变黑发臭,溶解氧下降到1 mg/L以下,沿河人民不得不另外寻找饮用水源。

第三节 环境水利基础学科

环境水利是基于水利学科发展起来的，属于交叉学科，对它的研究需要用到多个学科知识，涉及环境水文学、环境水化学、环境水力学、环境水文地质学、环境水生物学、环境经济学、环境水利工程学、景观水利学等基础知识和水资源保护、水利工程环境影响评价，以及水污染控制系统规划和管理等应用技术。

一、环境水文学

环境水文学是研究人类活动引起的水文情势变化及其与环境之间相互关系的学科。环境水文学是以水文循环的机制，把水量与水质密切联系起来，进行与环境密切相关的水文研究。例如水资源的开发利用和水利工程的兴建，不仅改变了水资源的时空分布，而且对水质和生态系统都带来很大影响。

二、环境水化学

环境水化学是研究人类活动环境与水体化学性质的形成、发展、演变和效应之间相互关系的学科。主要研究内容包括：①天然水的化学组成及其变化规律；②现代社会伴生的各种污染物质进入水体中，影响水体化学组成及变化的规律；③工程兴建引起水体理化性质的改变，对水体化学性质的影响等。

三、环境水力学

环境水力学是研究污染物质在水体中扩散与输移规律及其应用的学科。主要研究内容包括：①污染物质在水体中混合、输移的基本理论；②污染物质在水体中的混合、输移过程；③混合、输移的数值计算、试验研究及其在水利工程环境影响评价和水资源保护等方面的应用。

四、环境水文地质学

环境水文地质学研究人类活动与水文地质环境相互影响、相互作用的基本规律。主要研究内容包括：①地下水污染机制和规律；②原生环境的地下水与地方病的关系；③矿泉水和地热水资源利用及其医疗意义；④抽取地下水引起的地面沉降、塌陷、侵蚀等与防治措施；⑤水库诱发地震的机制和影响等。

五、环境水生物学

环境水生物学研究受人类活动影响的水环境与水生生物之间的相互关系。主要研究内容包括：①水利工程对水域生态系统的影响；②污染物质进入水体后，引起的各种生态效应；③水生生物对水环境的净化作用；④水污染直接或间接对人体健康和其他生物的危害。

六、环境经济学

环境经济学主要研究环境保护在国民经济中的地位和作用、环境政策和技术经济政策以及有关指标体系等内容,还包括正确处理发展经济与保护环境的关系,合理利用资源,提高环境保护的经济效益,在国民经济建设中更好地保护和改善环境等内容。

七、环境水利工程学

环境水利工程学是研究运用水利工程技术措施和环境水利分支学科的原理和方法,规划、设计和建设工程来保护和改善环境的学科。在保护和改善生态环境方面,主要研究、设计过鱼建筑物、人工孵育场和人工产卵场,改善水生生物生境的蓄水或排水工程,改善鱼类洄游和河口环境的工程,改善坝下低温水的工程等。在防治水污染方面主要研究:①控制污染源的工程;②增加水体稀释与自净能力的工程;③水体增氧的建筑物,防止疾病发生、流行及防治病虫害的水利工程措施等。

八、景观水利学

景观水利学是研究水利环境的审美要求和美感的学科,包括水利工程美学和水环境美学。主要研究内容包括:①在满足水利工程建筑物功能的基础上,运用美学思想,创造出体现时代美、形式美、艺术美、自然美,表现意境与传神、优美与崇高特性的水工建筑物;②使水工建筑物之美与自然美相和谐,体现时代的精神面貌、审美观点、生产力和艺术的发展水平;③保护水环境的美,防止水资源减少和污染对水环境的损害。

九、水资源保护

水资源保护是在研究水体自净能力基础上进行合理开发、利用水资源的一门应用型学科,包括水质监测、水质调查与评价、水质控制与废水治理等基本内容。水资源保护应遵循水质和水量结合、防护与综合治理结合的原则。

十、水利工程环境影响评价

水利工程环境影响评价主要研究大中型水利工程对环境的影响因素和规律,以及对环境影响进行评价的方法等。通过水利工程环境影响评价,可根据工程不同方案的技术、经济和环境指标,选择对国民经济最有利,同时对环境产生不利影响最小的方案,并提出减免和改善措施。

十一、水污染控制系统规划和管理

水污染控制系统规划和管理主要指应用水质数学模型进行水污染控制系统的规划、管理和预测。控制系统可由污染治理设施直至城市、地区以及整个流域,采用系统分析的方法,分析和协调水污染控制系统各组成因素之间的关系,综合考虑与水质相关的技术、经济条件,以较小的代价实现有效或满意的水质目标。

环境水利学正处于蓬勃快速发展时期,已有的分支学科将继续深入和拓展,新的分支学科也将会不断形成和补充。这些相关基础学科是现代环境水利学的分支、延伸和深化,各学科之间相互交叉、相互联系,构成环境水利学的完整体系。它们在国民经济、社会发展与科学研究等领域得到广泛应用,为流域规划、环境影响评价、水资源开发利用和保护、保障人群健康、维持生态平衡、改善生态环境等方面发挥了重要作用。

第四节 环境水利学的任务

环境水利是一项综合性工作,它是传统水利的发展和深化,也是环境保护工作的重要组成部分。环境水利学这一学科的建立是现代科技发展的需要,也是国内外水利生产实践经验的总结。环境水利学研究水利与环境之间的关系,以发挥水利优势,减少不利影响,保护和改善环境。它既解决与水利有关的环境问题(比如兴修水利工程对环境的影响和水害带来的环境问题),也研究与环境有关的水利问题(如环境的改变对水资源、水域和水利工程的影响),包括研究提出环境与水利的相互要求以及应采取的对策和措施等,使水资源的开发、利用、治理、配置、保护、节约与生态环境保护相互协调,达到兴水利、除水害和改善环境的目的。

环境水利学主要是在传统水利学科的战略、规划、政策、运行等科学技术基础上,与环境科学相互交叉而产生的边缘学科,它是利用环境水化学、环境水文学、环境水力学、环境水生物学、生态学、生态水文学、环境经济学、环境系统工程以及数值模拟等学科理论来研究环境水利问题而发展起来的,通过水利科学与环境科学密切结合、相互渗透,并逐步形成了全面系统的科学体系,已发展成为一门新兴的独立学科。

环境水利学通过研究水利与环境的相互关系,来促进水利工程发挥更大的改善环境作用,并尽量减免工程对环境产生的不利影响。它既研究水利开发带来的环境问题,也研究由于环境变化对水利工程规划、建设提出的新任务与新要求。环境水利学旨在利于水利学科研究人员开拓思路,吸取环境科学的新理论,为传统的水利科学增添新的内容。环境水利学的主要任务是:

(1)研究水体中污染物的传播、扩散、输移规律,以及水体自净与环境容量问题;

(2)研究保护和合理利用水资源及水环境问题;

(3)研究兴建水利工程而引起的环境影响和对策;

(4)研究流域、区域环境水利的战略、规划和措施;

(5)研究发挥水利工程改善水质、保护环境和促进生态系统良性循环的作用;

(6)研究与水环境有关学科的关系,丰富、发展和完善环境水利学科理论。

通过本课程的学习,要了解环境水利的发展过程,认识水环境干扰与变化的规律,掌握水环境保护与修复的基本知识和技术、水利水电工程的环境影响及其评价方法,了解水利水电工程的环境管理,为从事与环境有关的水利专业技术工作打下基础。

第五节 环境水利学的发展方向

环境水利学的提出,来源于水利工程的实践。它在形成一门学科后,又进一步用于指导水利工程实践,如此循环往复,学科的水平就会不断提高,水利工程建设与环境就会高度协调发展。

一、环境水利学的研究途径

(1)选择合适的河流、流域和工程进行调查研究,作出回顾评价,总结提高。

①水体环境战略部署和监测的总体设计;

②有效地确定范围,选择项目或因子,注意典型的生态系统及其组成的可能变化;

③确定监测历时,对研究问题能正确地提供各种信息;

④统计数据与结论合理。

通过本地研究、环境监测以及收集其他有关资料,进行已实施方案的回顾评价,并与方案实施前预期的环境效益或影响进行对比,验证预测的精确性、评价的合理性、模型的适合性,以及工程整体环境效益或影响的累积性等,从而提高认识,找出各种规律。这些认识和规律的综合体系,是环境水利学的重要研究内容。

(2)应用各学科理论充实和完善各分支学科的内容,发展环境水利学。

①在水资源保护方面,除要利用水利方面水文和规划的理论与方法外,还要引进生态系统的规划思想和环境水文学、环境水化学、环境水力学、环境水生物学、环境经济学、环境系统工程和数值模拟等学科理论。

②在工程环境影响方面,涉及的分支学科面更广,根据评价的重点不同,引用的学科有所侧重。概括地说,除通过水利计算,了解工程对水文、水力情势的变化从而评价其相应的影响外,还要从方法学上对单因子影响进行预测、模拟。环境经济学可以用来进行环境单因子和综合经济评价,以及权衡对不利影响所采取的对策和措施的合理性与有效性。另外,在环境影响评价中,还应强调生态学、水环境医学和环境水生物学等不可忽视的重要组成要素。

③在流域、区域和城市环境水利方面,除利用传统的水利规划理论和方法外,还要引用生态系统和多目标规划的理论,进行统一安排,协调经济社会发展与环境保护的关系,并运用以上有关基本理论,针对主要问题进行研究。

④发挥水利工程改善环境方面的功能,针对环境的特殊问题要进行水利学科与环境各分支学科协同研究。首先运用环境调查、监测和评价的理论,提出环境问题;其次根据水利工程可能提供的条件,运用上述有关分支学科,提出改善环境的情况、投资及效益,以及建立优选方案的一整套理论和方法、步骤等。

(3)注意国际发展趋势和我们存在的不足,不断发展和丰富环境水利学科理论。

二、环境水利学的发展方向

(一)水资源保护

在水资源保护方面,对水体污染处理的基本原则是以防为主,防治结合,综合治理。现在很多发达国家对水资源污染控制在战略上已有所转移,即开始由传统的控制点源污染(城市和工业污染废水)和它的有机负荷,转向控制非点源的营养物质、有毒物质和酸雨的方向,进行水体污染的预测,事先提出对策,并运用系统分析法选取水利工程措施与污染处理措施的最优组合方案。

(二)水环境影响评价

在进行水环境影响评价方面,各国的程序虽有所不同,但总的趋势均是运用系统分析法检验工程建设对自然系统、生物系统和社会系统等的影响及其相互的作用。对于重要工程,评价的时间尺度一般分为规划、施工、建成和运行后25~50年。从空间范围来讲,一般考虑工程所在地区、相邻地区以及更大范围等。

三、流域(区域)环境水利

在流域(区域)、城市环境水利方面,要从整个区域、全流域、整个城市及其相邻地区统一着眼,同时考虑各个用水部门的工程规划、环境规划和管理规划。对本流域与相邻流域的关系,特别是国际河流或跨省河流的水资源,在开发中更要详细考虑,还要考虑规划的时间水平,以及这一时间段内径流情况可能发生的变化。在资源方面,要注意水质与水量统一考虑,水资源和土地资源统一考虑,地表水、地下水联合使用,并要进行多目标、多方案的比较与优选。在个别工程的规划与实施中,必须与流域的最终规划相协调。尤其是重点工程,要留有一定的余地,以适应将来的发展,对于预留多少,则视工程的重要性而定。

习 题

1. 环境水利学的主要任务有哪些?
2. 阐述我国水利工程建设中存在的主要环境问题。
3. 现代环境水利学主要由哪些分支学科组成?
4. 阐述现代环境水利学的主要发展方向。

第一章　环境及环境问题

第一节　环境及其分类

一、环境的定义

环境是相对于某一事物而言的,它是指围绕着某一事物(通常称其为主体)并对该事物产生某些影响的所有外界事物(通常称其为客体),即环境是指相对并相关于某项中心事物的周围事物。《中华人民共和国环境保护法》第二条将"环境"定义为:影响人类生存和发展的各种天然的和经过人工改造的自然因素的总体,包括大气、水、海洋、土地、矿藏、森林、草原、野生生物、自然遗迹、人文遗迹、自然保护区、风景名胜区、城市和乡村等。

区域环境指一定地域范围内的自然因素和社会因素的总和。它是一种结构复杂、功能多样的环境,分为自然区域环境(如森林、草原、冰川、海洋)、社会区域环境(如各级行政区、城市、工业区)、农业区域环境(如作物区、牧区、农牧交错区)、旅游区域环境(如西湖、桂林、庐山、黄山)等。

对"环境"一词,大多定义在自然保护领域,这样就使得公众参与困难,近年来,国际环境教育界提出了新颖而科学的"环境"定义,主要有两点:

(1)人以外的一切就是环境;

(2)每个人都是他人环境的组成部分。

这一定义有利于公众理解环境问题与自己的关系,从而激发人们为保护环境而脚踏实地做一些力所能及的事情。地球环境需要人类珍惜的资源主要有以下四类:

(1)三大生命要素:大气、水和土壤;

(2)六种自然资源:矿产、森林、淡水、土地、生物物种、化石燃料(石油、煤炭和天然气);

(3)两类生态系统:陆地生态系统(如森林、草原、荒野、灌丛等)与水生生态系统(如湿地、湖泊、河流、海洋等);

(4)多样景观资源:如山势、水流、本土动植物种类、自然与文化历史遗迹等。

人类活动对整个环境的影响是综合性的,而环境系统也从各个方面反作用于人类,其效应也是综合性的。人类与其他的生物不同,不仅以自己的生存为目的来影响环境,使自己的身体适应环境,而且为了提高生存质量,通过自己的劳动来改造环境,把自然环境转变为新的生存环境。这种新的生存环境有可能更适合人类生存,但也有可能恶化人类的生存环境。在这一反复曲折的过程中,人类的生存环境已形成一个庞大、结构复杂、多层次、多组元相互交融的动态环境体系。

二、环境的分类

环境分类一般以空间范围的大小、环境要素的差异、环境的性质等为依据。

人类环境习惯上被分为自然环境和社会环境。

自然环境是指环绕于人类周围的由自然因素所构成的受自然规律支配的环境。它包括大气、水、土壤、生物和各种矿物资源等。自然环境是人类赖以生存和发展的物质基础,在自然地理学上,通常把这些构成自然环境总体的因素划分为大气圈、水圈、土壤圈、生物圈和岩石圈等五个自然圈。

社会环境是指人类在自然环境的基础上,为不断提高物质和精神生活水平,通过长期有计划、有目的的发展,逐步创造和建立起来的人工环境,如城市、农村、工矿区等。社会环境的发展和演替,受自然规律、经济规律以及社会规律的支配和制约,其质量是人类物质文明建设和精神文明建设的标志之一。

从性质来考虑,环境可分为物理环境、化学环境和生物环境等。

按照环境要素来分类,环境可分为大气环境、水环境、地质环境、土壤环境及生物环境等。

按照人类生存环境的空间范围,由近及远,由小到大,环境可分为聚落环境、地理环境、地质环境和星际环境等,而每一层次均包含各种不同的环境性质和要素,并由自然环境和社会环境共同组成。

聚落是指人类聚居的中心,活动的场所。聚落环境是人类有目的、有计划地利用和改造自然环境而创造出来的生存环境,是与人类的生产和生活关系最密切、最直接的工作和生活环境。聚落环境中的人工环境因素占主导地位,也是社会环境的一种类型。人类的聚落环境,从自然界中的穴居和散居,直到形成密集栖息地的乡村和城市。显然,聚落环境的变迁和发展,为人类提供了安全清洁和舒适方便的生存环境。但是,聚落环境乃至周围的生态环境由于人口的过度集中、人类缺乏节制的频繁活动以及对自然界的资源和能源超负荷索取而受到巨大的压力,造成局部、区域以至全球性的环境污染。因此,聚落环境历来都引起人们的重视和关注,也是环境科学的重要和优先研究领域。

地理学上所指的地理环境位于地球表层,处于岩石圈、水圈、大气圈、土壤圈和生物圈相互制约、相互渗透、相互转化的交融带上。它下起岩石圈的表层,上至大气圈下部的对流层顶,厚10~20 km,包括了全部的土壤圈,其范围大致与水圈和生物圈相当。概括地说,地理环境是由与人类生存与发展密切相关的,直接影响到人类衣、食、住、行的非生物和生物等因子构成的复杂的对立统一体,是具有一定结构的多级自然系统,水圈、土壤圈、大气圈、生物圈都是它的子系统。每个子系统在整个系统中有着各自特定的地位和作用,非生物环境都是生物(植物、动物和微生物)赖以生存的环境要素,它们与生物种群共同组成生物的生存环境。这里是来自地球内部的内能和来自太阳辐射的外能的交融地带,有着适合人类生存的物理条件、化学条件和生物条件,因而构成了人类活动的基础。

地质环境主要指地表以下的坚硬地壳层,也就是岩石圈部分。它由岩石及其风化产物——浮土两个部分组成。岩石是地球表面的固体部分,平均厚度30 km左右;浮土是由土壤和岩石碎屑组成的松散覆盖层,厚度范围一般为几十米至几千米。实质上,地理环境是在地质环境的基础上,在星际环境的影响下发生和发展起来的,在地理环境、地质环境和星际环境之间,经常不断地进行着物质和能量的交换与循环。例如,岩石在太阳辐射的作用下,在风化过程中固结在岩石中的物质释放出来,进入地理环境中,再经过复杂的转化过程又回到地质环境或星际环境中。如果说地理环境为人类提供了大量的生活资料,即可再生的资源，那么地质环境则为人类提供了大量的生产资料，特别是丰富的矿产资源，即难以再生的资源，它对人类社会发展的影响将与日俱增。

星际环境又称为宇宙环境，是指地球大气圈以外的宇宙空间环境，由广漠的空间、各种天体、弥漫物质以及各类飞行器组成。它是在人类活动进入地球邻近的天体和大气层以外的空间的过程中提出的概念，是人类生存环境的最外层部分。太阳辐射能为人类生存提供主要的能量。太阳的辐射能量变化和对地球的引力作用会影响地球的地理环境，与降水量、潮汐现象、风暴和海啸等自然灾害有明显的相关性。随着科学技术的发展，人类活动越来越多地延伸到大气层以外的空间，发射的人造卫星、运载火箭、空间探测工具等飞行器本身失效和遗弃的废物，将给宇宙环境以及相邻的地球环境带来新的环境问题。

第二节　环境的特征

环境与其他所有事物一样，有其自身特征。对于环境的特征，从不同的角度可以有不同的表达方式，从对人类社会生存发展的利弊角度来考察和研究环境，我们可以把环境的特征归纳为以下几个方面。

一、整体性和区域性

（一）整体性

所谓环境的整体性，是指环境的各个组成部分和要素之间构成了一个完整的体系，这个体系向外界显示的性质是均一的、特定的、整体的。也就是说，在这个完整的体系内，各个组成部分以一定的数量、相应的位置和特定的方式联系在一起，形成了特定的结构。例如，在戈壁沙漠地区，地面布满卵石和沙粒，生物稀少，水分奇缺，空气干燥，风沙较大，一片荒凉；而在平原地区，土地肥沃，生物种类繁多，空气湿润，人群密集，一片生机盎然。再如，我国北方地区气候干燥，南方地区气候湿润。大陆、海洋、河流、土壤等各自都具有一个完整的系统，而这个系统内部各组成部分都有一定的数量、位置，以一定的方式联系在一起。正因为数量、位置、组成方式不同，才显示出各自具有的不同特征，或者各自具有不同功能。另外，环境的整体性还体现在某一环境要素的变化，会导致环境整体质量的变化，最终影响人类的生存和发展。如燃煤排放SO_2，引起大气环境污染，由此引发酸沉降，土壤及水环境酸化，水环境生态系统、农业生态系统被破坏，农业生产的产量和品质下降。

（二）区域性

所谓环境的区域性，是指在整体环境中所呈现出的局部性差异。例如，沙漠环境中的绿洲，地球环境中的陆地环境和海洋环境，陆地环境中的高山、平原、湖泊和河流，海洋中的滨海区、浅海区、深海区，表层海水、中层海水和深层海水等都是在整体环境中所呈现出的局部或区域差异，正是环境的这一局部差异才使环境具有区域性。

（三）整体性和区域性之间的关系

环境的整体性和区域性之间既有区别，又有联系。从范围上来讲，整体性包含着区域性；从性质上来看，两者具有鲜明的差异。例如，陆地上生存的人类，从总体上来看都是人类，来自同一个祖先，具有许多共同的特征，如结构功能等。不过，不同的地区具有不同的特征。例如，草原人过着游牧生活，活动空间开阔，因此性情豪放；平原人过着稳定的生活，活动场所相对狭小,因此性情比较温和。城市人因人口密集、见多识广,文体娱乐生活丰富,文化素质高;偏远的山村人因人烟稀少、消息闭塞,思维就显得不那么活跃,生产生活方式比较原始。非洲多为黑种人,欧洲多为白种人,亚洲多为黄种人等。环境的气候特征更能说明这一问题。如总体上显示出的大陆性气候,由于所处的纬度、海拔、距离海洋的不同而显示出不同的温度、湿度,在此环境下生存的生物也显示出极大的差异。而这些差异也不是一成不变的。如北半球高纬度地区寒流南下引起低纬度地区气温下降,生态的破坏引起一个地区水土流失、气候干旱、土地沙化,温室气体的排放引起气候异常等。

需要指出的是,环境的整体性和区域性使人类在不同环境中采取了不同的生活方式和发展模式,并形成了不同的文化。

二、变动性和稳定性

(一)变动性

辩证唯物论认为,世界是由物质组成的,物质是在不停地变化的。环境世界同样具有变动性。所谓变动性,是指环境在自然的、人为的或者两者共同作用下,其内部结构和外在状态始终处于不断的变化之中。例如,地壳的升降使海陆发生迁移;环境污染改变了环境的物质组成;生态破坏引起土地沙化、水土流失等,都显示出环境始终处于不断的变化之中。需要指出的是,环境的变化无论是由自然因素还是由人为因素引起的,都具有突发性和漫长性。如山洪的暴发、火山的喷发、核物质(或有毒气体)的泄漏和疫情的出现等均属于突发性的环境变化;而低浓度污染物的排放所引起的环境污染则属于一种缓慢的变化过程。另外,环境的变化还具有有利变化和不利变化的区别。如生态恢复引起的环境变化是朝着有利于人类生存方向进行的,是有利变化;而环境污染引起的环境变化是一种不利变化。

(二)稳定性

所谓环境的稳定性,是指环境系统对环境变动具有一定的自我调节功能的特性,也就是说,环境在自然因素或人类活动的影响下,其结构、状态和物质组成不会发生根本性的变化,或者说这种变化是暂时的、小尺度的,在环境自身功能的作用下此变化可以恢复到原来的水平。不过这种变化不能超过一定的限度即环境的自我调节限度,否则,环境的这种变化就难以恢复,同时环境的稳定性也就遭到破坏。例如,排入水体中的废(污)水污染物的数量,只要不超出水体的自净能力,这些污染物在水体的自净作用(物理作用、化学作用、生物作用)的影响下,会逐渐消失或转化,就不会引起水体污染;反之,如果向水体排放大量污染物,其数量超出了水环境的自净能力,这时就会引起水体污染。

(三)变动性和稳定性之间的关系

环境的变动性是绝对的,而环境的稳定性是相对的,变动性与稳定性是对立统一的。限度是决定能否稳定的条件,而这种限度由环境本身的结构和状态决定。目前的问题是,由于人口快速增长,工业迅速发展,人类对环境的干扰和无止境的需求与自然的供给不成比例,各种污染物与日俱增,自然资源日趋枯竭,从而使环境发生剧烈变化,破坏了其稳定性,即环境变化的限度远远超出了环境的稳定性范围,从而引起环境的破坏。环境的这一性质与弹簧的特性极为相似,即弹簧在弹性形变范围内,其形变可以恢复原状;否则,就不可以。

三、资源性与价值性

(一)资源性

环境在其漫长的发展过程中创造了人类,并且还为人类的生存和发展提供了丰富的有形的物质基础(食物、水和原料)和无形的生存空间以及丰富多彩的精神财富(优美的自然景观),也就是说,环境是人类社会生存和发展的必不可少的一部分,因此环境本身就是资源。环境资源包括空气资源、生物资源、矿产资源、淡水资源、海洋资源、土地资源和森林资源等。这些资源均属于物质性的。

除此之外,环境还为人类提供了美好的自然景观。例如桂林山水甲天下、锦绣河山、夕阳无限好、无限风光在险峰、千里冰封、万里雪飘、好一派北国风光等。广阔的空间、优美的大自然是另一类可满足人类精神需求的资源。

(二)价值性

环境具有资源性,当然就有其价值性。人类的生存和发展,社会的进步,一刻也离不开资源,这就说明了环境的价值性。不过,这里的价值性,有些是可以用金钱来衡量的,而有些是无法用金钱来衡量的。

对于环境的价值性,存在一个如何认识和评价的问题。从历史来看,最初人们从环境中取得物质资料,满足了生产和生活需要。这是自然行为,对环境造成的影响也不大。长期以来,形成了环境资源是取之不尽、用之不竭的信念,即环境无价值之说。随着人类社会的发展进步,特别是从二次工业革命以来,人类在各方面都得到了突飞猛进的发展,随之对环境的压力也越来越大。资源的枯竭、环境的污染,危害着人类的健康。人们开始认识到环境价值的存在。例如我国城市生活用水,过去人口少、人均水资源量大,可以不受限制地任意使用;但是后来缺水问题就比较明显,特别是现在水问题更加突出。从自来水的价格就可以看出这一问题。在过去用水不要钱,后来几分钱一吨水,再后来几角钱一吨水,现在几元甚至十几元、几十元一吨水。

以上这些环境的特征,使人们认识到应该与所生存的环境保持协调发展,应该利用、改造、保护生态环境。在环境评价过程中,充分认识环境的这些特征,具有十分重要的现实意义和指导意义。

第三节　环境问题

环境问题多种多样,归纳起来有两大类:一类是自然演变和自然灾害引起的原生环境问题,也叫第一环境问题。如地震、洪涝、干旱、台风、崩塌、滑坡、泥石流等。另一类是人类活动引起的次生环境问题,也叫第二环境问题和“公害”。次生环境问题一般又分为环境污染和环境破坏两大类。如乱砍滥伐引起的森林植被的破坏、过度放牧引起的草原退化、大面积开垦草原引起的沙漠化和土地沙化、工业生产造成大气和水环境恶化等。本节所讲的环境问题主要是指第二环境问题,即人类活动引起的次生环境问题。已经威胁人类生存并已被人类认识到的环境问题主要有:气候变暖、臭氧层破坏、生物多样性减少、酸雨、森林资源锐减、土地荒漠化、大气污染、水体污染、海洋污染、固体废物污染等众多方面。下面就这些问题进行介绍。

一、气候变暖

气候变暖指的是在一段时间中，地球的大气和海洋温度上升的现象，主要是指人为因素造成的温度上升。它很可能是由温室气体排放过多造成的。

全球气候变暖是一种自然现象。由于人们焚烧化石矿物以生成能量或砍伐森林并将其焚烧时产生二氧化碳等多种温室气体，这些温室气体对来自太阳辐射的可见光具有高度的透过性，而对地球反射出来的长波辐射具有高度的吸收性，也就是常说的“温室效应”，导致全球气候变暖。近百年来，全球平均气温经历了冷→暖→冷→暖两次波动，总的来看为上升趋势。进入20世纪80年代后，全球气温明显上升。全球气候变暖的后果是全球降水量重新分配，冰川和冻土消融，海平面上升等，既危害自然生态系统的平衡，又威胁人类的食物供应和居住环境。

全球大气层和地表这一系统就如同一个巨大的玻璃温室，使地表始终维持着一定的温度，产生了适于人类和其他生物生存的环境。在这一系统中，大气既能让太阳辐射透过而达到地面，同时又能阻止地面辐射的散失，我们把大气对地面的这种保护作用称为大气的温室效应。造成温室效应的气体称为温室气体，它们可以让太阳短波辐射自由通过，同时又能吸收地表发出的长波辐射。这些气体有二氧化碳、甲烷、氯氟化碳、臭氧、氮的氧化物和水蒸气等，其中最主要的是二氧化碳。近百年来，全球的气候正在逐渐变暖，与此同时，大气中的温室气体的含量也在急剧增加。许多科学家都认为，温室气体的大量排放所造成温室效应的加剧可能是全球气候变暖的基本原因。

人类燃烧煤、油、天然气和树木，产生的大量二氧化碳和甲烷进入大气层后使地球升温，使碳循环失衡，改变了地球生物圈的能量转换形式。自工业革命以来，大气中二氧化碳含量增加了25%，远远超过科学家已经勘测出来的过去16万年的全部历史纪录，而且目前尚无减缓的迹象。

大气中二氧化碳排放量增加是地球气候变暖的根源。国际能源机构的一项调查结果表明，美国、中国、俄罗斯和日本的二氧化碳排放量几乎占全球总量的一半。调查表明，美国二氧化碳排放量居世界首位，年人均二氧化碳排放量约20 t，排放的二氧化碳占全球总量的23.7%。中国年人均二氧化碳排放量为2.51 t，排放的二氧化碳约占全球总量的13.6%。

最近科学家提出了一个新的观念，即宇宙射线是全球变暖的原因之一，它通过改变低层大气中形成云层的方式来使气候变暖。

二、臭氧层破坏

臭氧在1849年首次被人类发现，臭氧层问题是美国化学家罗兰和穆连于1974年首先提出来的。臭氧(O_3)是氧气(O_2)的一种异构体，在大气中的含量仅占亿分之一，其浓度因海拔而异。臭氧层可以说是地球的保护层，它主要围绕在地球外部离地面20~25 km高度的地方。臭氧层的臭氧含量虽然极其微少，却具有非常强的吸收紫外线的功能，可以吸收太阳紫外线中对生物有害的部分(即UV-B，它是紫外线的一段波长，为280~315 nm)。由于臭氧层有效地挡住了来自太阳紫外线的侵袭，人类和地球上各种生命才能够存在、繁衍和发展。紫外线是平流层的热能来源，臭氧分子是平流层大气的重要组成部分，所以臭氧层在平流层的垂直分布对平流层的温度结构和大气运动起着决定性的作用，发挥着调节气候的重要功能。

在对流层大气中极稳定的化学物质氯氟烃(CFC)被输送到平流层后,在那里分解产生的氯原子(Cl)就将有可能破坏臭氧层。20世纪70年代末,科学家们开始每年春天在南极考察臭氧层。1994年,人们观察到了南极臭氧空洞,它的面积相当于一个欧洲。南极上空的臭氧层是在20亿年的漫长岁月中形成的,可是仅在一个世纪里就被破坏了60%。

臭氧层破坏会对人类生活、生产及生态环境造成巨大的影响,主要表现在:

(1)臭氧层被破坏后,吸收紫外线辐射的能力减弱,将给人体健康带来很多不利影响。紫外线辐射的增强将使患呼吸系统传染病的人数增加,还会增加皮肤癌和白内障的发病率,促使皮肤老化和病变。

(2)紫外线辐射的增加,对水生生态系统有较大的影响。研究结果表明,紫外线辐射的增加会直接引起浮游植物、浮游动物、幼体鱼类以及整个水生食物链的破坏。

(3)紫外线辐射的增加会使植物叶片变小,减少了植物进行光合作用的面积,植物更易受杂草和病虫害的损害,从而影响作物的产量。过量紫外线辐射还会影响到部分农作物种子的质量,使农作物更易受杂草和病虫害的损害。一项对大豆的初步研究表明,臭氧层厚度减少25%,大豆将会减产20%~25%。

(4)紫外线辐射的增强还会使城市内的烟雾加剧,使橡胶、塑料等有机材料加速老化,使油漆退色等,在高温和阳光充足的热带地区,这种破坏作用更为严重。

我们能为保护臭氧层做些什么呢?答案很简单:选用无氟冰箱,不使用含氟的发用摩丝、定型发胶、领洁净、空气清新剂等物品。氟利昂等消耗臭氧物质是臭氧层破坏的元凶,氟利昂是20世纪20年代合成的,其化学性质稳定,不具有可燃性和毒性,被当做制冷剂、发泡剂和清洗剂,广泛用于家用电器、泡沫塑料、日用化学品、汽车、消防器材等领域。80年代后期,氟利昂的生产达到了高峰,年产量达到了144万t。在对氟利昂实行控制之前,全世界向大气中排放的氟利昂已达到了2 000万t。由于它们在大气中的平均寿命达数百年,所以排放的大部分氟利昂仍留在大气层中,其中大部分仍然停留在对流层,一小部分升入平流层。在对流层相当稳定的氟利昂,在上升进入平流层后,在一定的气象条件下,会在强烈紫外线的作用下被分解,分解释放出的氯原子同臭氧发生连锁反应,不断破坏臭氧分子。科学家估计一个氯原子可以破坏数万个臭氧分子。

三、生物多样性减少

人们在开展自然保护的实践中逐渐认识到,自然界中各个物种之间、生物与周围环境之间都存在着十分密切的联系,因此自然保护仅仅着眼于对物种本身进行保护是远远不够的,往往也是难以取得理想效果的。要拯救珍稀濒危物种,不仅要对所涉及的物种的野生种群进行重点保护,而且要保护好它们的栖息地。或者说,需要对物种所在的整个生态系统进行有效的保护。生物多样性这一概念由美国野生生物学家和保育学家雷蒙德(Ramond F. Dasman)1968年在其通俗读物《一个不同类型的国度》一书中首先使用,是Biology和Diversity的组合,即Biological diversity。此后的十多年,这个词并没有得到广泛的认可和传播,直到20世纪80年代,"生物多样性"(Biodiversity)的缩写形式由罗森(W. G. Rosen)在1985年第一次使用,并于1986年第一次出现在公开出版物上,由此"生物多样性"才在科学和环境领域得到广泛传播与使用。生物多样性是一个描述自然界多样性程度的内容广泛的概念。它是生物及其环境形成的生态复合体以及与此相关的各种生态过程的综合，包括动物、植物、微生物和它们所拥有的基因以及它们与其生存环境形成的复杂的生态系统。根据《生物多样性公约》的定义，生物多样性是指所有来源的活的生物体中的变异性，这些来源包括陆地、海洋和其他水生生态系统及其所构成的生态综合体，包括物种内、物种之间和生态系统的多样性。

生物多样性是生物及其与环境形成的生态复合体以及与此相关的各种生态过程的总和，由遗传(基因)多样性，物种多样性和生态系统多样性三个层次组成。遗传(基因)多样性是指生物体内决定性状的遗传因子及其组合的多样性。物种多样性是生物多样性在物种上的表现形式，也是生物多样性的关键，它既体现了生物之间及环境之间的复杂关系，又体现了生物资源的丰富性。生态系统多样性是指生物圈内生境、生物群落和生态过程的多样性。

生物多样性是人类社会赖以生存和发展的基础。我们的衣、食、住、行及物质文化生活的许多方面都与生物多样性的维持密切相关。保护生物多样性具有重要意义，主要体现在：

(1)生物多样性为我们提供了食物、纤维、木材、药材和多种工业原料。我们的食物全部来源于自然界，维持生物多样性，我们的食物品种会不断丰富，生活质量会不断提高。

(2)生物多样性还在保持土壤肥力、保证水质以及调节气候等方面发挥了重要作用。黄河流域曾是我们中华民族的摇篮，在几千年以前，那里还是一片十分富饶的土地，树木林立，百花芬芳，各种野生动物四处出没。但由于长期的战争及人类过度开发利用，这里已变成生物多样性十分贫乏的地区，到处是黄土荒坡，遇到刮风的天气便是飞沙走石，沙漠化现象十分严重。近年来，由于人工植树，大搞“三北防护林”工程，生物多样性得到了一定程度的恢复，沙漠化进程得到了抑制，森林覆盖率逐年上升，环境得到不断改善。

(3)生物多样性在大气层成分、地球表面温度、地表沉积层氧化还原电位以及 pH 值等的调控方面发挥着重要作用。例如，现在地球大气层中的氧气含量为21%，供给我们自由呼吸，这主要应归功于植物的光合作用。在地球早期的历史中，大气中氧气的含量要低很多。据科学家估计，假如没有植物的光合作用，那么大气层中的氧气将会由于氧化反应在数千年内消耗殆尽。

(4)维持生物多样性有益于一些珍稀濒危物种的保存。在生态系统中，野生生物之间具有相互依存和相互制约的关系，它们共同维系着生态系统的结构和功能。我们都知道，任何一个物种一旦灭绝，便永远不可能再生。今天仍生存在我们地球上的物种，尤其是那些处于灭绝边缘的濒危物种，一旦消失了，那么人类将永远丧失这些宝贵的生物资源，同时生态系统的稳定性就要遭到破坏，人类的生存环境也就要受到影响。而保护生物多样性，特别是保护濒危物种，对人类后代和科学事业都具有重大的战略意义。

物种的灭绝与物种的形成一样，是一个自然的过程，两者之间处于一种相对的平衡状态。有人估计，物种自然灭绝的速度大约为每 100 年仅有 90 个物种灭绝。人类出现以后，尤其是近百年来，随着人口的增长和人类活动的加剧，物种灭绝的速度大大加快了。以哺乳动物为例，在 17 世纪时，每 5 年有一个物种灭绝，到 20 世纪则平均每 2 年就有一个物种灭绝。就鸟类而言，在更新世的早期，平均每 83.3 年有一个物种灭绝，而现代则每 2.6 年就有一种鸟类从地球上消亡。在印度洋、大西洋中的一些岛屿上生活的特产鸟类灭绝的速度，1601 ~ 1699 年为 8 种，1700 ~ 1799 年为 21 种，1800 ~ 1899 年为 69 种，1900 ~ 1978 年为 63

种。目前,生物多样性正以前所未有的速度在丧失。据国外的科学家估计,目前物种灭绝的速度比人类干预以前的自然灭绝速度要快1 000倍。以鸟类为例,在世界上9 000多种鸟类中,1978年以前仅有290种鸟类不同程度地受到灭绝的威胁,而现在则上升到1 000多种,大约占鸟类总数的11%。据联合国环境计划署估计,在未来的20~30年,地球总生物多样性的25%将处于灭绝的危险之中。在1990~2020年,因砍伐森林而损失的物种,可能要占世界物种总数的5%~25%,即每年将损失15 000~50 000个物种,或每天损失40~140个物种。大量的物种从地球上消失,生物多样性锐减,已引起了国际社会的广泛关注。生物多样性减少的原因主要有以下几个方面。

(一)人口增加

自从有了人类,人口的数量就在增长。19世纪工业革命后,人口的增加就成了全球的主流,在发展中国家最为明显。1830年全球人口只有10亿,1930年达到20亿,2000年达到了60亿。人口增加后,必须扩大耕地面积,满足吃饭的需求,这样就对自然生态系统及生存其中的生物物种产生了最直接的威胁。

(二)生境的破碎化

生物多样性减少最重要的原因是生态系统在自然或人为干扰下偏离自然状态,生境破碎,生物失去家园。与自然系统相比,一般地,退化的生态系统种类组成变化、群落或系统结构改变,会造成生物多样性减少,生物生产力降低,土壤和微环境恶化,生物间相互关系改变。Daily(1995)对造成生态系统退化和生物多样性减少的人类活动进行了排序:过度开发(含直接破坏和环境污染等)占35%,毁林占30%,农业活动占28%,过度收获薪材占6%,生物工业占1%。其中前三项人类活动占93%,而这些破坏的最直接结果是造成了物种生境的破碎化、栖息地环境的岛屿化。

生物多样性减少的程度取决于生态系统的结构或过程受干扰的程度,例如人类对植物获取资源过程的干扰(如过度灌溉影响植物的水分循环,超量施肥影响生物地球化学循环)要比对生产者或消费者的直接干扰(如砍伐或猎取)产生的负效应大。一般地,在生态系统组成成分尚未完全破坏前排除干扰,生态系统的退化会停止并开始恢复(例如少量砍伐后的森林恢复),生物多样性可能会增加;但在生态系统的功能过程被破坏后排除干扰,生态系统的退化很难停止,而且有可能会加剧(例如火烧山地后的林地恢复)。

(三)环境污染

随着人类的发展,环境污染也不断加剧。环境污染会影响生态系统各个层次的结构、功能和动态变化,进而导致生态系统退化。关于环境污染对生物多样性的影响目前有两个基本观点:一是由于生物对突然发生的污染在适应上可能存在很大的局限性,故生物多样性会丧失;二是污染会改变生物原有的进化和适应模式,生物多样性可能会向着污染主导的轨道发展,从而偏离其自然或常规轨道。环境污染会导致生物多样性在遗传、种群和生态系统三个层次上降低。

(1)在遗传层次上的影响。虽然污染会使生物具有抵抗性并逐渐适应,但最终会导致遗传多样性减少。这是因为在污染条件下,种群的敏感性个体消失,这些个体具有特质性的遗传变异因此消失,进而导致整个种群的遗传多样性水平降低;污染引起种群数量减小,以至于达到了种群的遗传学阈值,即使种群最后恢复到原来的种群大小时,遗传变异的来源也大大降低。

(2)在种群层次上的影响。物种是以种群的形式存在的,最近研究表明,当种群以复合种群的形式存在时,某处的污染会导致该亚种群消失,而且由于生境的污染,该地方明显不再适合另一亚种群入侵和定居。此外,由于各物种种群对污染的抵抗力不同,有些种群会消失,而有些种群会存活,但最终的结果是当地物种丰富度会减少。

(3)在生态系统层次上的影响。污染会影响生态系统的结构、功能和动态变化。严重的污染可能具有趋同性,即将不同的生态系统类型最终变成基本没有生物的死亡区。一般的污染会改变生态系统的结构,导致功能的改变。值得指出的是,重金属或有机物污染在生态系统中经食物链作用,会产生放大效应,最终会影响到人类健康。

(四)外来物种入侵

外来物种的入侵从字面上理解是增加了一个地区的生物多样性,事实上,历史上那些无害的生物也是通过人的努力而扩大了分布范围的,一些改良后的作物和驯化了的动物已经成了人类的朋友,如我们食物中的马铃薯、西红柿、芝麻、南瓜、白薯、芹菜,树木中的洋槐、英国梧桐、火炬树,动物饲料中的苜蓿,动物中的红鳟鱼、海湾扇贝等,这些物种进入到异国他乡带来的利益是大于其危害的。

对于生态平衡和生物多样性来讲,生物的入侵毕竟是个扰乱生态平衡的过程,因为任何地区的生态平衡和生物多样性都是经过了几十亿年演化的结果,这种平衡一旦打破,就会失去控制而造成危害。人们最初引进物种时,仅是引进了原产地生态系统的一个组分,食物网中的一些天敌或者它所控制的物种是没有办法引进的,这样,若控制不好,成灾就不可避免,而成灾的一个直接后果是对当地的生态多样性造成危害,甚至是灭顶之灾。

我国动物种类约10.45万种,占世界总数的10%。脊椎动物4 400多种,占世界总种数的10%以上,其中两栖类210种、爬行类320种、鸟类1 170种、兽类500种、鱼类2 200余种,分别占世界总数的10%、13%、5%、7%、10%。昆虫约10万种。由于人口的急剧增长,不合理的资源开发活动,以及环境污染和自然生态破坏,我国的生物多样性损失严重,动植物种类中已有总物种数的15%~20%受到威胁,高于世界10%~15%的水平。在《濒危野生动植物种国际贸易公约》所列640个种中,中国就占156个种。近50年来,中国约有200种植物已经灭绝,高等植物中濒危和受威胁的高达4 000~5 000种,占总种数的15%~20%。许多重要药材如野人参、野天麻等濒临灭绝。《中国珍稀濒危保护植物名录》确定珍稀濒危植物354种,其中,一级8种,二级143种,三级203种。中国近百年来,有10余种动物绝迹,如高鼻羚羊、麋鹿、野马、犀牛、新疆虎等。目前,有大熊猫、金丝猴、东北虎、雪豹、白鳍豚等20余种珍稀动物也面临灭绝的危险。《国家重点保护野生动物名录》确定国家重点保护动物257种,其中一级96种,二级161种。丹顶鹤、台湾猴、扭角羚、白唇鹿、华南虎、褐马鸡、黑颈鹤、绿尾红雉、扬子鳄、中华鲟等属于我国100多种珍稀动物之列。

四、酸雨

被称为“空中恶魔”的酸雨目前已成为一种范围广泛、跨越国界的大气污染现象。埃及金字塔前有一座著名的狮身人面像,它叫司芬克司。司芬克司在金字塔前稳坐了几千年,可却在近几十年“坐”不住了。酸雨腐蚀了司芬克司,狮身女妖就像被泼了一瓢又一瓢硫酸,脸上坑坑洼洼,大斑连着小斑,有的地方还一块一块地往下掉,又脏又黑。

酸雨不仅在非洲肆虐,羞辱司芬克司,还在美洲兴风作浪,使美国的自由女神像和其他文物蒙上黑斑。为了修复被酸雨破坏的文物,美国每年大约要花去50亿美元。现在酸雨正转向美国人口稠密地区和自然保护区,把美国人搞得惶惶不可终日,美国整个西部宝贵的水资源、林业资源、11个国家森林公园和数百万亩的自然耕地正处在酸雨的淫威之下。

在欧洲,酸雨的危害也日益严重。以森林湖泊众多著称的瑞典有15 000个湖泊发生酸化。在意大利北部,有9 000多公顷的森林毁于酸雨。

据普查统计,我国有22个省、自治区、直辖市遭遇过酸雨,遭遇酸雨的面积占国土面积的6.8%。目前,酸雨主要在我国南方地区肆虐。重庆、自贡、贵阳、柳州、南宁等城市受害最深,这些地方的水稻、小麦死苗,土壤酸化,肥力减退,土壤中有害重金属活力增加,对森林和作物危害极大。

酸雨是人类活动造成的。大气中的污染物二氧化硫、氮氧化物等酸性氧化物是酸雨之源。这些酸性氧化物和云中的水汽作用,就演变为酸雨降落地面,“撒下人间都是怨”。酸性氧化物则是在煤和石油燃烧、金属冶炼中形成的。由于大气流动没有国界,此地向大气排放污染物可能使彼地的无辜者受害。加拿大和美国就曾因酸雨发生过纠纷。由于美国工业污染造成的酸雨不时侵入近邻加拿大的领空,降落到加拿大的国土上,加拿大的几百个湖泊因为酸化而毁灭,另外还有几千个湖泊濒临死亡,这些湖泊中的水生生物面临覆灭的危运。难怪加拿大政府要与美国发生纠纷了。因此,居住在地球村里的居民,只有采取跨国的联合行动,才能阻遏空中恶魔——酸雨的危害。

五、森林资源锐减

曾几何时,地球上森林满布,水草肥美。就拿我国的黄土高原来说,很早的时候水是清的,地是肥的,森林茂密,风光秀丽。西周时期,黄土高原的森林面积达32万km^2(4.8亿亩),覆盖率约为53%。到了秦代至南北朝时期,森林覆盖率也还超过了40%。公元13世纪,成吉思汗路过黄土高原,他极力称赞黄土高原景色如画,风景优美。可是,由于人们不注意保护环境,对森林乱砍滥伐,加上战争和自然灾害的影响,到了新中国成立前夕,黄土高原的森林覆盖率只有5%了。

如今,黄河中下游已经成为我国水土流失最严重的地区,每立方米的黄河水中含有泥沙35 kg,是世界上含沙量最高的河流。由于泥沙淤积,黄河下游变成高高在上的“悬河”,严重威胁着人民生命财产的安全。近年来,在全国人民的努力下,我国的森林覆盖率有所上升,据第七次全国森林资源清查,我国森林覆盖率为20.4%,但这个数据与世界平均水平的30.3%仍相差甚远。

绿色植物起着涵养水源、调节气候、净化空气的作用。因此,一旦这些绿色“长城”被毁,造成的后果将是十分严重的。植物能够蓄积雨水、保护水土。因此,在植物繁茂的地方,即使下瓢泼大雨,山间流淌的仍是清泉。而在植被遭到破坏的地方,情况就大不相同了。大雨过后,泥沙俱下,大量肥沃泥土被冲走。久而久之,剩下的只能是裸岩和碎石。

近几十年来,我国南方的山地和丘陵地区的森林资源被严重破坏,长江流域的土壤侵蚀量每年达24亿t,那里已经成为我国第二个水土流失严重的地区。我国的第一大河长江面临着变成第二条黄河的危险。而在我国北方的内蒙古乌兰布和沙漠,1964年还有着20 000多km^2的梭梭林,由于盲目开采,毁林造田,原先茂密的梭梭林早已荡然无存,水草丰盛的牧场则成了风沙肆虐的荒漠。

更可悲的是,水土的流失导致了耕地贫瘠化和荒漠化,而土地的荒漠化又反过来加剧了当地的贫困化,恶性循环就是这样形成的。就水资源来说,我国的水资源人均占有量只有世界平均水平的1/4,而且我国的水资源在地域上分布是极不均匀的。淮河以北的耕地面积占全国的64%,但水资源却仅占全国的19%,华北、胶东、辽宁中部和南部以及西北地区严重缺水,全国500多个城市中有300多个缺水,其中严重缺水的有40多个。普遍的浪费现象和水污染更加剧了水资源的短缺。据统计,全国已有几百万人的生活用水处于紧张状态,因缺水而减少的工农业年产值已达数千亿元。目前,这种缺水现象还在加剧。

六、土地荒漠化

简单地说,土地荒漠化就是指土地退化,也叫沙漠化。1992年联合国环境与发展大会对"荒漠化"的概念作了这样的定义:荒漠化是由于气候变化和人类不合理的经济活动等因素,干旱、半干旱和具有干旱灾害的半湿润地区的土地发生了退化。1996年6月17日第二个世界防治荒漠化和干旱日,联合国防治荒漠化公约秘书处发表公报指出:当前世界荒漠化现象仍在加剧。全球现有12亿多人受到荒漠化的直接威胁,其中有1.35亿人在短期内有失去土地的危险。荒漠化已经不再是一个单纯的生态环境问题,而演变为经济问题和社会问题,它给人类带来贫困和社会不稳定。到1996年,全球荒漠化的土地已达到3 600万km^2,占到整个地球陆地面积的1/4,相当于俄罗斯、加拿大、中国和美国国土面积的总和。全世界受荒漠化影响的国家有100多个,尽管各国人民都在进行着同荒漠化的抗争,但荒漠化却以每年5万~7万km^2的速度扩大,相当于爱尔兰的面积。到20世纪末,全球将损失约1/3的耕地。在人类当今诸多的环境问题中,荒漠化是最为严重的灾难之一。对于受荒漠化威胁的人们来说,荒漠化意味着他们将失去最基本的生存基础——有生产能力的土地。

狭义的荒漠化(即沙漠化)是指在脆弱的生态系统下,由于人为过度的经济活动,破坏其平衡,原非沙漠的地区出现了类似沙漠景观的环境变化过程。正因为如此,凡是具有发生沙漠化过程的土地都被称为沙漠化土地。沙漠化土地还包括在沙漠边缘风力作用下沙丘前移入侵的地方和原来的固定、半固定沙丘由于植被破坏发生流沙活动的沙丘活化地区。

广义的荒漠化则是指由于人为因素和自然因素的综合作用,干旱、半干旱甚至半湿润地区自然环境退化(包括盐渍化、草场退化、水土流失、土壤沙化、狭义沙漠化、植被荒漠化、历史时期沙丘前移入侵等以某一环境因素为标志的具体的自然环境退化)的总过程。

从世界范围来看,在1994年通过的《联合国关于发生严重干旱或荒漠化国家(特别是非洲)防治荒漠化公约》中,荒漠化是指包括气候变异和人类活动在内的各种因素造成的干旱(arid)、半干旱(semi-arid)和亚湿润干旱(dry subhumid)地区的土地退化。

20世纪60年代末70年代初,非洲西部撒哈拉地区连年严重干旱,造成空前灾难,使国际社会密切关注全球干旱地区的土地退化,"荒漠化"名词于是开始流传。据联合国资料,目前全球1/5的人口,1/3的土地受到荒漠化的影响。1992年6月世界环境和发展会议已把防治荒漠化列为国际社会优先发展和采取行动的领域,并于1993年开始了《联合国关于发生严重干旱或荒漠化国家(特别是非洲)防治荒漠化公约》的政府间谈判。1994年6月17日公约文本正式通过,我国是该公约的缔约国之一。1994年12月联合国大会通过决议,从1995年起,把每年的6月17日定为"全球防治荒漠化和干旱日",对群众进行宣传。

我国荒漠化形势十分严峻,1998年国家林业局防治荒漠化办公室等政府部门发表的材料指出，我国是世界上荒漠化严重的国家之一。全国沙漠、戈壁和沙化土地普查及荒漠化调研结果表明，我国荒漠化土地面积为262.2万km^2，占国土面积的27.3%，近4亿人口受到荒漠化的影响。据中国、美国、加拿大国际合作项目研究，中国荒漠化造成的直接经济损失约为541亿元人民币。

我国荒漠化土地中，以大风造成的风蚀荒漠化面积最大，为160.7万km^2。据统计，20世纪70年代以来仅土地沙化面积扩大速度，就有2 460 km^2/a。

土地的沙化给大风起沙制造了物质源泉，因此我国北方地区沙尘暴（强沙尘暴俗称"黑风"。因为进入沙尘暴之中常伸手不见五指）发生越来越频繁，且强度大、范围广。1993年5月5日新疆、甘肃、宁夏先后发生强沙尘暴，造成116人死亡或失踪，264人受伤，损失牲畜几万头，农作物受灾面积33.7万hm^2，直接经济损失5.4亿元。1998年4月15～21日，自西向东发生了一场席卷我国干旱、半干旱和亚湿润地区的强沙尘暴，途经新疆、甘肃、宁夏、陕西、内蒙古、河北和山西西部。4月16日，飘浮在高空的尘土在京津和长江下游以北地区沉降，形成大面积浮尘天气。其中北京、济南等地因浮尘与降雨云系相遇，于是"泥雨"从天而降。宁夏银川因连续下沙子，飞机停飞，人们连呼吸都觉得困难。

据记载，我国西北地区从公元前3世纪到1949年间，共发生有记载的强沙尘暴70次，平均31年发生一次。而新中国成立以来近50年中已发生71次。虽然历史记载与现今气象观测在标准上差异较大，但沙尘暴现在比过去多得多，这是没有疑问的。

根据对我国17个典型沙区，同一地点不同时期的陆地卫星影像资料进行的分析，也证明了我国荒漠化形势十分严峻。毛乌素沙地地处内蒙古、陕西、宁夏交界，面积约4万km^2，40年间流沙面积增加了47%，林地面积减少了76.4%，草地面积减少了17%。浑善达克沙地南部由于过度放牧和砍柴，短短9年间流沙面积增加了98.3%，草地面积减少了28.6%。此外，甘肃民勤绿洲的萎缩，新疆塔里木河下游胡杨林和红柳林的消亡，甘肃阿拉善地区草场退化、树林消失等一系列严峻的事实，都向我们敲响了警钟。

七、大气污染

按照国际标准化组织（ISO）的定义，大气污染通常是指由于人类活动或自然过程引起某些物质进入大气中，呈现出足够的浓度，达到足够的时间，并因此危害了人体的舒适、健康和福利或环境的现象。

凡是能使空气质量变坏的物质都是大气污染物。目前已知的大气污染物有100多种，有自然因素（如森林火灾、火山爆发等）和人为因素（如工业废气、生活燃煤、汽车尾气、核爆炸等）两种，且以后者为主，尤其是工业生产和交通运输所造成的大气污染物。大气污染过程由污染源排放、大气传播、人与物受害这三个环节所构成。影响大气污染范围和强度的因素有污染物的性质（物理的和化学的）、污染源的性质（源强、源高、源内温度、排气速率等）、气象条件（风向、风速、温度层结等）、地表性质（地形起伏、粗糙度、地面覆盖物等）。防治大气污染的方法很多，根本途径是改革生产工艺，综合利用，将污染物消灭在生产过程之中；另外，全面规划，合理布局，减少居民稠密区的污染；在高污染区，限制交通流量；选择合适厂址，设计恰当的烟囱高度，减少地面污染；在最不利气象条件下，采取措施，控制污染物的排放量。中国已制定《中华人民共和国环境保护法》，并制定国家和地区的废气排放标准，以减轻大气污染，保护人民健康。大气污染物按其存在状态可分为两大类：一类是气溶胶状态污染物,另一类是气体状态污染物。气溶胶状态污染物主要有粉尘、烟液滴、雾、降尘、飘尘、悬浮物等。气体状态污染物主要有以二氧化硫为主的硫氧化合物,以二氧化氮为主的氮氧化合物,以二氧化碳为主的碳氧化合物以及碳、氢结合的碳氢化合物。大气中不仅含无机污染物,而且含有机污染物。随着人类不断开发出新的物质,大气污染物的种类和数量也在不断变化着。

大气中有害物质的浓度越高,污染就越重,危害也就越大。污染物在大气中的浓度,除取决于排放的总量外,还同排放源高度、气象和地形等因素有关。污染物一进入大气,就会稀释扩散。风越大,大气湍流越强,大气越不稳定,污染物的稀释扩散就越快;相反,污染物的稀释扩散就慢。在后一种情况下,特别是在出现逆温层时,污染物往往可积聚到很高浓度,造成严重的大气污染事件。降水虽可对大气起净化作用,但因污染物随雨雪降落,大气污染会转变为水体污染和土壤污染。地形或地面状况复杂的地区,会形成局部地区的热力环流,如山区的山谷风,滨海地区的海陆风,以及城市的热岛效应等,都会对该地区的大气污染状况产生影响。烟气运行时,碰到高的丘陵和山地,在迎风面会发生下沉作用,引起附近地区的污染。烟气如越过丘陵,在背风面出现涡流,污染物聚集,也会形成严重污染。在山间谷地和盆地地区,烟气不易扩散,常在谷地和坡地上回旋。特别在背风坡,气流作螺旋运动,污染物最易聚集,浓度就更高。夜间,由于谷底平静,冷空气下沉,暖空气上升,易出现逆温,整个谷地在逆温层覆盖下,烟云弥漫,经久不散,易形成严重污染。位于沿海和沿湖的城市,白天烟气随着海风和湖风运行,在陆地上易形成"污染带"。

早期的大气污染,一般发生在城市、工业区等局部地区,在一个较短的时间内大气中污染物浓度显著增高,使人或动物、植物受到伤害。20 世纪 60 年代以来,一些国家采取了控制措施,减少污染物排放或采用高烟囱使污染物扩散,大气的污染程度有所减轻。高烟囱排放虽可降低污染物的近地面浓度,但是把污染物扩散到更大的区域,从而造成远离污染源的广大区域的大气污染。大气层核试验的放射性降落物和火山喷发的火山灰可广泛分布在大气层中,造成全球性的大气污染。

大气污染物主要分为有害气体(二氧化碳、氮氧化物、碳氢化物、光化学烟雾和卤族元素等)及颗粒物(粉尘和酸雾、气溶胶等)。它们的主要来源是工厂排放、汽车尾气、农垦烧荒、森林失火、炊烟(包括路边烧烤)、尘土(包括建筑工地)等。大气污染对人体的危害主要表现为呼吸道疾病,对植物可使其生理机制受压抑,成长不良,抗病虫能力减弱,甚至死亡。大气污染还能对气候产生不良影响,如降低能见度,减少太阳辐射(资料表明,城市太阳辐射强度和紫外线强度要分别比农村减少 10% ~30% 和 10% ~25%)而导致城市中佝偻病发生率增加。大气污染物能腐蚀物品,影响产品质量。近十几年来,不少国家发现酸雨,降雨中酸度增高,使河湖、土壤酸化,鱼类减少甚至灭绝,森林发育受影响。酸雨是怎样形成的呢? 当烟囱排放的二氧化硫酸性气体,或汽车排放的氮氧化物烟气上升到空中与水蒸气相遇时,就会形成硫酸和硝酸小液滴,使雨水酸化,这时落到地面的雨水就成了酸雨。煤和石油的燃烧是造成酸雨的祸首。酸雨会对环境带来广泛的危害,造成巨大的经济损失,如腐蚀建筑物和工业设备,破坏露天的文物古迹,损坏植物叶面,导致森林死亡,使湖泊中鱼虾死亡,破坏土壤成分,使农作物减产甚至死亡。饮用含酸化物的地下水,对人体有害。

我国目前的空气污染相当于发达国家 20 世纪五六十年代污染最严重时的水平。大气污染以煤烟性污染为主,主要污染物为烟尘和二氧化硫,其中工业二氧化硫排放量约占

70%；我国大城市汽车尾气污染趋势加重，氮氧化物已成为一些大城市空气中的首要污染物。城市大气污染严重程度以广州、北京为首，其次是上海、鞍山、武汉、郑州、沈阳、兰州、大连、杭州等。全国600多个城市中，大气环境质量符合国家一级标准的城市不到1%；全国大、中城市的总悬浮微粒和降尘基本都超过国家规定的标准。

八、水体污染

水体污染是指一定量的污水、废水、各种废弃物等污染物质进入水域，超出了水体的自净和纳污能力，从而导致水体及其底泥的物理、化学性质和生物群落组成发生不良变化，破坏了水中固有的生态系统和水体的功能，从而降低水体使用价值的现象。

造成水体污染的因素是多方面的：向水体排放未经过妥善处理的城市生活污水和工业废水；施用的化肥、农药及城市地面的污染物，被雨水冲刷，随地面径流进入水体；随大气扩散的有毒物质通过重力沉降或降水过程而进入水体等。其中第一项是水体污染的主要因素。

20世纪70年代后，随着全球工业生产的发展和社会经济的繁荣，大量的工业废水和城市生活废水排入水体，水体污染日益严重。

造成水体水质、水中生物群落以及水体底泥质量恶化的各种有害物质（或能量）都可叫做水体污染物。水体污染物从化学角度可分为无机有害物、无机有毒物、有机有害物、有机有毒物4类。从环境科学角度则可分为病原体、植物营养物质、需氧化质、石油、放射性物质、有毒化学品、酸碱盐类及热能8类。

无机有害物如砂、土等颗粒状的污染物，它们一般和有机颗粒性污染物混合在一起，统称为悬浮物（SS）或悬浮固体，使水变浑浊。还有酸、碱、无机盐类物质，氮、磷等营养物质。无机有毒物主要有：非金属无机毒性物质，如氰化物（CN^-）、砷（As），金属毒性物质，如汞（Hg）、铬（Cr）、镉（Cd）、铜（Cu）、镍（Ni）等。长期饮用被汞、铬、铅及非金属砷污染的水，会使人发生急、慢性中毒或导致机体癌变，危害严重。

有机有害物如生活及食品工业污水中所含的碳水化合物、蛋白质、脂肪等。有机有毒物多属人工合成的有机物质，如农药滴滴涕、六六六等、有机含氯化合物、醛、酮、酚、多氯联苯（PCB）和芳香族氨基化合物、高分子聚合物（塑料、合成橡胶、人造纤维）、染料等。有机物污染物因须通过微生物的生化作用分解和氧化，所以要大量消耗水中的氧气，使水质变黑发臭，影响水中鱼类及其他水生生物，甚至使其窒息。

病原体污染物主要是指病毒、病菌、寄生虫等。危害主要表现为传播疾病：病菌可引起痢疾、伤寒、霍乱等；病毒可引起病毒性肝炎、小儿麻痹等；寄生虫可引起血吸虫病、钩端旋体病等。

含植物营养物质的废水进入天然水体，造成水体富营养化，藻类大量繁殖，耗去水中溶解氧，造成水中鱼类窒息而无法生存，水产资源遭到破坏。水中氮化合物的增加，给人畜健康带来很大危害，亚硝酸根与人体内亚铁血红蛋白反应，生成高铁血红蛋白，使血红蛋白丧失输氧能力，使人中毒。硝酸盐和亚硝酸盐等是形成亚硝胺的物质，而亚硝胺是致癌物质，在人体消化系统中可诱发食道癌、胃癌等。

石油污染指在开发、炼制、储运和使用中，原油或石油制品因泄露、渗透而进入水体。它的危害在于原油或其他油类在水面形成油膜，隔绝氧气与水体的气体交换，在漫长的氧化分解过程中会消耗大量的水中溶解氧,堵塞鱼类等动物的呼吸器官,黏附在水生植物或浮游生物上,导致大量水鸟和水生生物的死亡,甚至引发水面火灾等。

热电厂等的冷却水是热污染的主要来源,直接排入天然水体,可引起水温上升。水温的上升,会造成水中溶解氧的减少,甚至使溶解氧降至零,还会使水体中某些毒物的毒性升高。水温的升高对鱼类的影响最大,甚至引起鱼的死亡或水生物种群的改变。

我国江河湖库水域普遍受到不同程度的污染,78%的城市河段不适宜作饮用水源,50%的城市地下水受到污染,工业较发达城镇附近的水域污染突出。我国七大水系污染程度的次序为:辽河、海河、淮河、黄河、松花江、珠江、长江。从河流的氨氮、高锰酸盐、挥发酚等主要污染参数来看,水质情况普遍不好。有些河流中铜、氰化物、汞有超标现象。城市河段悬浮物超标现象普遍,主要污染物是耗氧的有机物和氯化物等。我国主要淡水湖泊污染程度的次序为:巢湖(西半湖)、滇池、南四湖、太湖、洪泽湖、洞庭湖、镜泊湖、兴凯湖、博斯藤湖、松花湖、洱海。主要淡水湖泊和水库氮、磷污染面广,部分湖泊和水库汞或其他重金属污染严重;城市中80%以上工业废水和生活污水未经处理排入水体,使流经主要城市的70%河段受到不同程度的污染。主要污染物来自化工、石化、造纸、食品、制革、纺织等企业排放的高浓度有机废水和大量未经处理的城市生活污水。城市生活污水排放量还在逐年递增,目前城市污水处理率仅为5%,绝大部分污水直接排入江河湖泊中。生活污水加上化肥和农药中氮、磷的流失,促使了我国的湖泊富营养化。50%的城市饮用水源受到污染。地下水因过量开采,形成地面下沉和水质恶化。我国四大海域(东海、渤海、黄海和南海)的近岸海域污染加重,无机氮、无机磷和石油类污染普遍超标。

九、海洋污染

20世纪50年代以来,随着各国社会生产力和科学技术的迅猛发展,海洋受到了来自各方面不同程度的污染和破坏,日益严重的污染给人类的生存和发展带来了极为不利的后果。据不完全统计,1999年我国共发生较大渔业污染损害事故947起,造成直接经济损失约5亿元;2000年发生较大渔业污染损害事故1 120起,造成直接经济损失约5.6亿元。据不完全统计,1999年我国共发生较大突发性海洋渔业污染损害事故104起,造成直接经济损失约2.7亿元,其中特大渔业污染损害事故(经济损失在1 000万元以上)3起,重大渔业污染损害事故(经济损失在100万元以上)12起。2000年共发生较大渔业污染损害事故120余起,造成直接经济损失约3亿元,其中特大渔业污染损害事故4起,重大渔业污染损害事故11起。日益严重的污染给生态环境带来了极为不利的后果,这一问题引起了有关国际组织及各国政府的极大关注。为防止、控制和减少污染,在一些国家和国际组织的努力下,国际社会先后制定了一系列公约,它们对防止、控制和减少污染起到了积极的作用。虽然,沿海各国政府及国际组织,针对本国实际情况制定了相应的法律,国际社会也针对世界海洋污染制定了一系列的国际公约,但是海洋污染的形势仍非常严重。海洋污染的原因是多种多样的,如空气污染、噪声污染、淡水污染等。

(一)船舶造成的污染

所谓船舶造成的污染,是指船舶操纵、海上事故及经由船舶进行海上倾倒致使各类有害物质进入海洋,造成海洋生态系统平衡遭到破坏。船舶造成的污染主要表现为:①船舶操作污染源。这种污染的产生主要是船舶工作人员的故意或过失造成的。如有的船舶工作人员故意将含有有害物质的洗舱污水排入海洋，船舶机舱工作人员故意将含有污油的机舱污水未经处理排入海洋，还有的船舶工作人员由于工作责任心不强错开阀门将燃油排入海洋等。②海上事故污染源。船舶发生海上事故，如船舶碰撞、搁浅、触礁等事故使各种污染物质，主要是燃油外溢、油舱由于事故破裂造成的渗漏对海洋造成的污染。③船舶倾倒污染源。这种污染源的产生主要表现在：经由船舶故意将陆地工厂生产过程中所产生的生产废料、生活垃圾、清理被污染的航道河道所产生的带有污染物质的污泥污水倾倒入海洋。所以，船舶污染是海洋污染的原因之一。

（二）海洋石油开发对海洋造成的污染

我国海域石油蕴藏量十分丰富，目前多数集中在近海海域勘探开发。随着海洋石油勘探开发的飞速发展，有的钻井船和采油平台人为地将大量的废弃物和含油污水不断地排入海洋，因此海洋石油开发也是目前海洋污染的原因之一，在不同程度上对我国近海海域的自然环境造成了一定的影响。海洋石油开发对海洋造成的污染主要表现在：①生活废弃物、生产（工作）废弃物和含油污水排入海洋。②意外漏油、溢油、井喷等事故的发生。③人为过程中和自然过程中产生的废弃物和含油污水流入海洋中。石油进入海水中，对海洋生物的危害是非常严重的。石油进入海水后，使海水中大量的溶解氧被石油吸收，油膜覆盖于水面，使海水与大气隔离，造成海水缺氧，导致海洋生物死亡。污染对幼鱼和鱼卵的危害也是很大的，在石油污染的海水中孵化出来的幼鱼鱼体扭曲且无生命力，油膜和油块能粘住大量的鱼卵和幼鱼，使其死亡。油污使经济鱼类、贝类等海产品产生油臭味；成年鱼类、贝类长期生活在被污染的海水中，其体内蓄积了某些有害物质，当进入市场被人食用后危害人类健康。

（三）工厂对海洋的污染

随着我国的改革开放政策的不断深入人心，由计划经济到市场经济的跨越，沿海居民对滩涂养殖利用面积正逐年扩大，从养鱼、养虾、养蟹到养殖比前述更有经济价值、更珍奇的水生动植物。这些养殖业的发展，带动了水产市场的繁荣，丰富了人民群众的饮食生活，提高了饮食水平，增加了养殖户的经济收入，给一部分人创造了就业机会。可是，近几年来，在我国沿海时常发生海水赤潮等海水变质现象。这是什么原因造成的呢？除气候原因外，还有一种非常重要的原因，就是陆地工厂对海洋的污染。陆地工厂对海洋的污染主要表现在：①与海洋相通的河流两岸的造纸厂、化工厂等利用河道排放污水而流入海洋。②含有污染物质的工业垃圾、生活垃圾倾倒河岸或河道，随河水或涨落潮流入海洋。

我国的近岸海域已受到不同程度的污染和生态破坏，特别是与大中城市毗连的海域、海湾、入海口处的污染与生态破坏已经比较严重，入海污染物中来自陆上的占80%以上。渤海、黄海、东海和南海四海区中，近岸海域石油类污染普遍严重，并存在不同程度的有机物污染和富营养化，部分近岸海域水质和底质的重金属污染也比较严重。1990年，在中国沿岸海域从南到北相继发生赤潮34起，为1961～1980年平均值的30倍；海洋环境污染和生态破坏导致了沿岸、近海渔业资源衰退，生物种类减少，水产品质量下降，养殖滩涂大片荒废，海水养殖污染损害事故不断发生，造成经济损失几亿元。近岸海域以有机物污染和石油类污染为主要类型的污染有加重趋势，沿海乡镇企业的进一步发展，将加速海洋环境污染由沿海城市毗连海域向沿海农村近岸海域扩散。中国近海长期过度捕捞渔业资源，致使一些传统经济鱼类种群生态衰退，如不采取有力措施加以保护和休养生息，中国近海渔业资源将难以恢复其再生增殖能力。南海的珊瑚礁和红树林近年来被开采砍伐,不仅破坏了这些宝贵的资源,而且使红树林和珊瑚礁鱼类失去生存环境和营养供应地,种群也在消退。若对江豚、海豹、海龟及玳瑁等珍稀动物不采取有效的保护措施,它们有在中国近海逐渐消退的危险。

十、固体废物污染

固体废物按来源大致可分为生活垃圾、一般工业固体废物和危险废物三种。此外,还有农业固体废物、建筑废料及弃土。固体废物如不妥善收集、利用和处理,将会污染大气、水体和土壤,危害人体健康。

生活垃圾是指在人们日常生活中产生的废物,包括食物残渣、纸屑、灰土、包装物、废品等。一般工业固体废物包括粉煤灰、冶炼废渣、炉渣、尾矿、工业水处理污泥、煤矸石及工业粉尘。危险废物是指易燃、易爆和具腐蚀性、传染性、放射性等有毒有害废物,除固态废物外,半固态、液态危险废物在环境管理中通常也被划入危险废物一类进行管理。

固体废物具有两重性,也就是说,在一定时间、地点,某些物品对用户不再有用或暂不需要而被丢弃,成为废物;但对其他用户或者在某种特定条件下,废物可能成为有用的甚至是必要的原料。固体废物污染防治正是利用这一特点,力求使固体废物减量化、资源化、无害化。对那些不可避免地产生和无法利用的固体废物需要进行处理。

固体废物还有来源广、种类多、数量大、成分复杂的特点。因此,防治工作的重点是按废物的不同特性分类收集、运输和储存,然后进行合理利用和处理。

我国废弃物排放量大,工业废渣和城市垃圾大都堆积在城市的郊区和河流荒滩上,已成为严重的污染源,由于综合利用和处置率低,累计堆存量达 65 亿 t,占地 5 万余 hm^2。随着中国化学工业的发展,有毒有害废物也有所增长。有毒有害固体废弃物都未经过严格的无害化和科学的安全处置,成为中国亟待解决并具有严重潜在性危害的环境问题;城市生活垃圾无害化处理率仅为 1.2%,全国有 2/3 的城市陷于垃圾围城。露天简单堆放的垃圾不仅影响城市景观,同时污染了大气、水体和土壤,成为城市发展中棘手的环境问题之一;全国有 1/4 的城市垃圾粪便不能日产日清。

附:20 世纪全球十大环境公害

(1)1930 年马斯河谷烟雾事件。

在比利时马斯河谷工业区狭窄的河谷里有炼油厂、金属厂、玻璃厂等许多工厂。12 月 1 日到 5 日的几天里,河谷上空出现了很强的逆温层,致使 13 个大烟囱排出的烟尘无法扩散,大量有害气体积累在近地大气层,对人体造成严重伤害。一周内有 60 多人丧生,其中心脏病、肺病患者死亡率最高,许多牲畜死亡。这是 20 世纪最早记录的公害事件。

(2)1943 年洛杉矶光化学烟雾事件。

夏季,美国洛杉矶市 250 万辆汽车每天燃烧掉 1 100 t 汽油。汽油燃烧后产生的碳氢化合物等在太阳紫外线照射下发生化学反应,形成浅蓝色烟雾,使该市大多数市民患上了眼红、头疼病。后来人们称这种污染为光化学烟雾。1955 年和 1970 年洛杉矶市又两度发生光化学烟雾事件,前者有 400 多人因五官中毒、呼吸衰竭而死亡,后者使全市 3/4 的人患病。

(3)1948 年多诺拉烟雾事件。

美国的宾夕法尼亚州多诺拉城有许多大型炼铁厂、炼锌厂和硫酸厂。1948 年 10 月 26 日清晨,大雾弥漫,受反气旋和逆温控制,工厂排出的有害气体扩散不出去,全城 14 000 人中有 6 000 人眼痛、喉咙痛、头痛、胸闷、呕吐、腹泻,17 人死亡。

(4)1952 年伦敦烟雾事件。

1952 年以来,伦敦发生过 12 次大的烟雾事件。1952 年 12 月那一次,5 天内就有 4 000 人死亡。祸首是燃烧排放的粉尘和二氧化硫。烟雾逼迫所有飞机停飞,汽车白天开灯行驶,行人走路都困难。烟雾事件使呼吸道疾病患者猛增,两个月内又有 8 000 多人死去。

(5)1953 ~ 1956 年水俣病事件。

日本熊本县水俣镇一家氮肥公司排放的废水中含有汞,这些废水排入海湾后经过某些生物的转化,形成甲基汞。这些汞在海水、底泥和鱼类中富集,又经过食物链使人中毒。当时,最先发病的是爱吃鱼的猫。中毒后的猫发疯痉挛,纷纷跳海自杀。没有几年,水俣地区连猫的踪影都不见了。1956 年,出现了与猫的症状相似的病人。因为开始病因不清,所以用当地地名命名。1991 年 1 月日本环境厅公布的中毒病人有 2 248 人,其中 1 004 人死亡。

(6)1955 ~ 1972 年骨痛病事件。

日本富山县的一铅锌矿在采矿和冶炼中排放废水,废水在河流中积累了重金属镉。人长期饮用这样的河水,食用浇灌含镉河水生产的稻谷,就会得骨痛病。病人骨骼严重畸形,剧痛,身长溶短,骨脆。1968 年日本米糠油事件中,先是几十万只鸡吃了有毒饲料后死亡,人们没深究毒饲料的来源,而后在北九州一带有 13 000 多人受害。这些鸡和人都是吃了含有多氯联苯的米糠油而遭难的。病人开始眼皮发肿,手掌出汗,全身起红疙瘩,接着肝功能下降,全身肌肉疼痛,咳嗽不止。这次事件曾使整个日本陷入恐慌中。

(7)1984 年印度博帕尔事件。

1984 年 12 月 3 日,美国联合碳化公司在印度博帕尔市的农药厂因管理混乱、操作不当,地下储罐内剧毒的甲基异氰酸酯因压力升高而爆炸外泄。45 t 毒气形成一股浓密的烟雾,以每小时 5 000 m 的速度袭击了博帕尔市区。该事件中,死亡近 2 万人,受害 20 多万人,5 万人失明,孕妇流产或产下死婴,受害面积 40 km^2,数千头牲畜被毒死。

(8)1986 年切尔诺贝利核泄漏事件。

1986 年 4 月 26 日,位于乌克兰基辅市郊的切尔诺贝利核电站,由于管理不善和操作失误,4 号反应堆爆炸起火,致使大量放射性物质泄漏。西欧各国及世界大部分地区都测到了核电站泄漏出的放射性物质。该事件中,31 人死亡,237 人受到严重放射性伤害。而且在 20 年内,还有 3 万人可能因此患上癌症。基辅市和基辅州的中小学生全被疏散到海滨,核电站周围的庄稼全被掩埋,损失 2 000 万 t 粮食,距核电站 7 km 内的树木全部死亡,此后半个世纪内,10 km 内不能耕种农作物,100 km 内不能生产牛奶。这次核污染飘尘给邻国也带来严重灾难。这是世界上最严重的一次核污染。

(9)1986 年剧毒物污染莱茵河事故。

1986 年 11 月 1 日,瑞士巴塞市桑多兹化工厂仓库失火,近 30 t 剧毒的硫化物、磷化物与含有水银的化工产品随灭火剂和水流入莱茵河。顺流而下 150 km 内,60 多万条鱼被毒死,500 km 以内河岸两侧的井水不能饮用,靠近河边的自来水厂关闭,啤酒厂停产。有毒物沉积在河底,将使莱茵河因此而"死亡"20 年。

(10)1987 年巴西戈亚尼放射污染事故。

1987 年 9 月,巴西戈亚尼市癌症研究所丢弃的放射性同位素铅储罐被当做废品卖给一收购站。这些罐内的放射性物质外泄,造成 3 人死亡,20 多人患上严重的放射病,还有 200 多人受到不同程度的伤害。

习　题

1. 环境的定义是什么?
2. 自然环境与社会环境的定义是什么?
3. 环境具有哪些特征?
4. 阐述人类所面临的主要环境问题及其形成的原因。

第二章　生态学基础

第一节　生态学与生态系统

一、生态学

生态学是生物科学的一个分支,是一门研究生物与其生存环境相互关系的科学。自然界中的一切生物,其生息繁衍都离不开自身所处的环境,一方面,环境为所有生物提供赖以生存的必要条件和发展的物质基础,使有机生物体在其作用和影响下不断变异、进化、发展,呈现出一个丰富多彩、色彩斑斓的生命世界;另一方面,所有生物的生命活动(包括人类社会的生产、消费等活动)又无时无刻不在影响甚至改造着他们自身所处的环境。因此,生物与其生存环境间实际上存在着一种动态的密切联系,表现为两者相互依存、相互制约、相互促进、相互影响。探求这种动态联系的特点及规律性,认识其发生、发展的原因、趋势和规律,对于人类自身的发展进步,改善自身所处环境都是至关重要的。从生态学角度分析环境受污染或生态系统被破坏的机制和规律,寻找防治的有效途径,是环境科学中一项重要的基础工作。

生态学研究的对象是生物,以其生存环境为背景,主要从两方面研究生物和环境这两个系统间相互转换的机制和规律。一方面,体现在环境为生物提供了必要的生存条件,并不断影响和改变着生物,使生物有机体由简单到复杂、由低级到高级不断进化和发展;另一方面,体现在生物的整个生命过程对环境的反作用。这种相互关系具体表现在作用与反作用、对立与统一、相互依赖与制约、物质的循环与代谢等方面。生物通常是指动物、植物及微生物,而环境则主要指大气、水、土壤等自然因素。

生态学依其研究对象的组建水平不同,分成许多分支。研究个体与环境之间相互关系的生态学称为个体生态学,研究种群与环境之间相互关系的生态学称为种群生态学,研究群落与环境之间相互关系的生态学称为群落生态学。近年来,生态学家把研究的重心转向生物与污染环境之间的关系及对生态系统的研究方向上。

生态学与环境科学之间有很多共同的地方,它们所研究的问题基本上是相近的,只不过研究的对象不同,所以生态学的许多基本原理同样也可以应用于环境科学中。

二、生态系统

生物圈是指地球上有生命活动的领域及其居住环境的整体。它在地面以上达到大致23 km的高度,在地面以下延伸至12 km的深处,包括平流层的下层、整个对流层以及沉积岩圈和水圈。但绝大多数生物通常生存于地球陆地之上和海洋表面之下各约100 m厚的范围内。生物圈主要由生命物质、生物生成性物质和生物惰性物质三部分组成。生命物质又称活质,是生物有机体的总和。生物生成性物质是由生命物质所组成的有机矿质作用和有机作用的生成物，如煤、石油、泥炭和土壤腐殖质等；生物惰性物质是指大气低层的气体、沉积岩、黏土矿物和水。生物圈是一个复杂的、全球性的不断进行物质循环和能量流动，并具有一定调节功能的动态平衡的开放系统，也是一个生命物质与非生命物质的自我调节系统。人类对生物圈的主要影响有温室效应、破坏臭氧层、酸雨和排放有毒物质造成环境污染。

种群就是特定空间同种有机体的集合体，其基本构成成分是有潜在互配能力的个体。种群是由个体组成的，但是当生命组织进入到种群水平时，生物的个体已成为较大和较复杂生物体系中的一部分，此时，作为整体的种群出现了许多不为个体所具有的新属性，如出生率、死亡率、年龄结构、分布格局和某些动物种群独有的社群结构等特征。种群具有相似的形态、生理和生活习性，如一个池塘内所有草鱼就是一个草鱼种群，所有田螺就是一个田螺种群。在自然界中，种群是物种存在、进化和表达种内关系的基本单位，是生物群落或生态系统的基本组成部分，同时也是生物资源开发、利用和保护的具体对象。因此，种群已成为当前生态学中一个重要的研究对象。

群落是指具有直接或间接关系的多种生物种群的有规律的组合，具有复杂的种间关系。组成群落的各种生物种群不是任意地拼凑在一起的，而是有规律地组合在一起的，这样才能形成一个稳定的群落。如在农田生态系统中的各种生物种群是根据人们的需要组合在一起的，而不是由于它们的复杂的营养关系组合在一起的，所以农田生态系统极不稳定，离开了人的因素就很容易被其他生态系统所替代。生物群落有一定的生态环境，在不同的生态环境中有不同的生物群落。生态环境越优越，组成群落的物种种类数量就越多；反之则越少。任何群落都有一定的空间结构，群落的结构有水平结构和垂直结构之分。群落的结构越复杂，对生态系统中的资源的利用就越充分，如森林生态系统对光能的利用率就比农田生态系统和草原生态系统高得多；群落的结构越复杂，群落内部的生态位就越多，群落内部各种生物之间的竞争就相对不那么激烈，群落的结构也就相对稳定一些。

生态系统指由生物群落与无机环境构成的统一整体。生态系统的范围可大可小，相互交错，最大的生态系统是生物圈，最为复杂的生态系统是热带雨林生态系统，人类主要生活在以城市和农田为主的人工生态系统中。生态系统是开放系统，为了维系自身的稳定，生态系统需要不断输入能量，否则就有崩溃的危险；许多基础物质在生态系统中不断循环，其中碳循环与全球温室效应密切相关，生态系统是生态学领域的一个主要结构和功能单位，属于生态学研究的最高层次。

生态系统是英国植物生态学家 A. G. Tansley 于 1935 年首先提出来的。他在对植物群落学进行深入研究的基础上，发现了土壤、气候和动物对植物的分布和丰度有明显的影响，提出了生态系统的概念，并指出生物与环境是不可分割的整体，强调生态系统内生物成分和非生物成分在功能上的统一，将生物成分和非生物成分当做一个统一的自然实体，这个自然实体也就是生态学上的功能单位。

生态系统是自然界一定空间的生物与环境之间相互作用、相互影响，不断演变，不断进行着物质和能量的交换，并在一定时间内达到动态平衡，形成相对稳定的统一整体，是具有一定结构和功能的单位。一个生物物种在一定范围内所有个体的总和在生态学中称为种群，在一定的自然区域中许多不同种群的生物的总和则称为群落。任何一个生物群落与其周围非生物环境的综合体就是生态系统，即由生物群落及其生存环境共同组成的动态平衡系统。

生态系统的范围可大可小,大至整个生物圈、整个海洋、整个大陆,小至一个池塘、一片农田,都可作为一个独立的系统或作为一个子系统,任何一个子系统都可以和周围环境组成一个更大的系统,成为较高一级系统的组成成分。每一个生态系统都处于不停的运动、变化和发展之中,运动的实质就是系统中进行的物质循环和能量流动,从而使系统得以不断更新,保持一种适于生命的环境。无数形形色色、异彩纷呈的生态系统有机地组合起来,便构成地球上最大的生态系统——生物圈。

三、生态系统的组成

在生态系统中,生物和生物之间、生物和环境之间都不断进行着物质交换和能量转移。湖泊、河流、海洋、草原、森林、生物圈等生态系统的外貌和特征虽然大小不一、形形色色,各有其自身的特殊性,但也有其普遍性。按获得能量的方式来划分,任何一个生态系统都包括生物成分和非生物成分(如图 2-1 所示),即由四种基本成分构成:生产者、消费者、分解者和非生物成分。

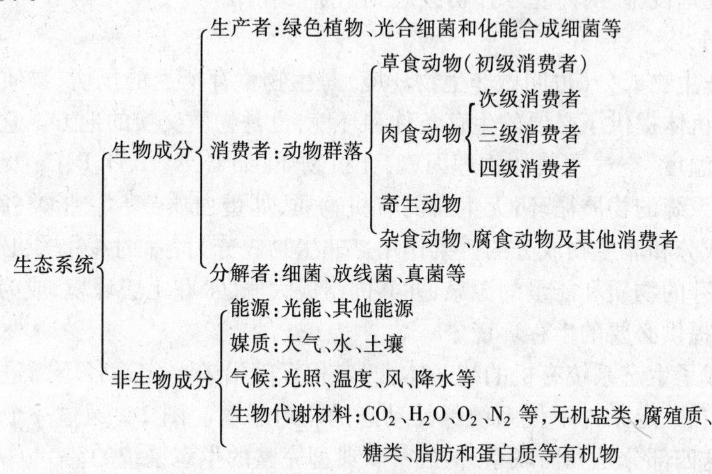

图 2-1 生态系统的组成成分

(一)生产者

凡含有叶绿素的绿色植物(包括单细胞的藻类)、光合细菌以及化能合成细菌都属于生态系统中的生产者。植物群落可通过光合作用,把环境中的无机物(水、二氧化碳、无机盐等)转化为有机物,把太阳能转化为化学能供自身生长发育,而且本身又成为其他生物群体和人类的食物以及能量的来源。化能合成细菌利用某些物质氧化还原反应释放的能量合成有机物,比如,硝化细菌通过将氨氧化为硝酸盐的方式利用化学能合成有机物。生产者在生物群落中起基础性作用,它们将无机环境中的能量同化,同化量就是输入生态系统的总能量,维系着整个生态系统的稳定。另外,各种绿色植物还能为各种生物提供栖息、繁殖的场所。生产者是生命能量的基本生产者,是生态系统中营养结构的基础,因此它们是生态系统中最积极、最活跃的因素。

(二)消费者

消费者是指依靠摄取其他生物为生的异养生物。消费者的范围非常广,包括了几乎所有动物和部分微生物,它们通过捕食和寄生关系在生态系统中传递能量。其中,以生产者为食的消费者被称为初级消费者,以初级消费者为食的消费者被称为次级消费者,其后还有三级消费者与四级消费者。同一种消费者在一个复杂的生态系统中可能充当多个级别,杂食性动物尤为如此,它们可能既吃植物(充当初级消费者),又吃各种食草动物(充当次级消费者)。有的生物所充当的消费者级别还会随季节而变化。数量众多的消费者在生态系统中起着加快物质循环和能量流动的作用,可以看成是一种催化剂。消费者虽然不是有机物的最初生产者,但有机物在消费者体内也有一个再生产过程。因而,消费者在生态系统的物质循环和能量流动过程中是一个极为重要的环节。

(三)分解者

分解者指各种具有分解能力的微生物,主要是细菌、放线菌和真菌,也包括一些微型动物(如鞭毛虫、土壤线虫等)。它们在生态系统中的作用是把动植物的尸体分解成简单化合物或无机盐,部分用于维持自身生命运动,部分又回归环境,重新供植物吸收、利用。分解者在生态系统中的作用极为重要,如果没有它们,动植物的尸体将会堆积如山,物质不能循环,生态系统毁坏。一个生态系统只需生产者和分解者就可以维持运作。利用分解者的分解作用建立的废水生化处理设施,对防止水体污染起到了重要作用。

(四)非生物成分

生态系统中的非生物成分(也叫做非生物环境)是生物生存栖息的场所、物质和能量的源泉,为各种生物有机体提供了必要的生存条件和环境,也是物质交换的地方。它包括气候因子,如光照、水分、温度、空气及其他物理因素;无机物质,如C、N、H、O、P、Ca及矿物质盐类等,它们参加生态系统的物质循环;无生命的有机物质,如蛋白质、糖类、脂类、腐殖质等,它们起到联结生物成分和非生物成分的桥梁作用。非生物成分为各种生物提供必要的营养元素,是生物赖以生存的物质和能量的源泉,并共同组成大气、水和土壤环境,成为生物活动的场所,为各种生物提供必要的生存环境。

以上四部分构成了生态系统有机的统一体,四者相互间沿着一定途径不断进行着物质循环和能量交换,并在一定条件下使系统保持动态的相对平衡。图2-2通过一个湖泊生态系统清楚地反映出这四部分是如何联系,构成一个典型完整的生态系统的。

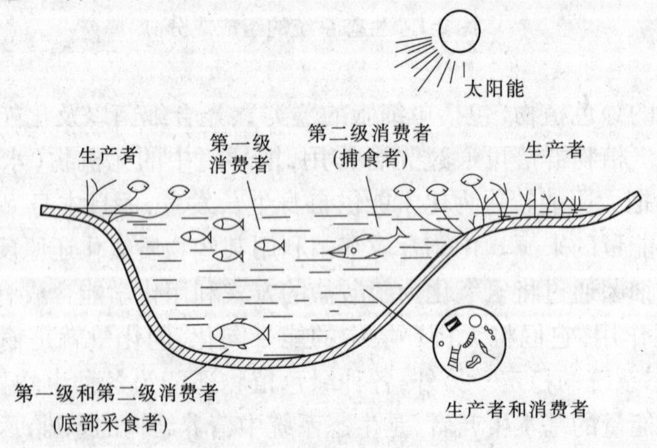

图2-2　湖泊生态系统

生态系统的各组成部分,在种类、数量、空间配置和营养关系上,一定时期内都具有相对稳定的状态或结构。例如,动植物在空间关系中的分层、分区和群落就是生态系统形态结构的主要标志。各组成部分之间建立起的营养关系构成了生态系统的营养结构,又被称为自然界的食物链。

四、生态系统的功能

生态系统的功能表现在生态系统中有规律的能量流动、物质循环和信息传递三个方面。

(一)生态系统中的能量流动

能量流动指生态系统中能量输入、传递、转化和丧失的过程。能量流动是生态系统的重要功能,在生态系统中,生物与环境、生物与生物间的密切联系,可以通过能量流动来实现。

生态系统的能量来自太阳能,太阳能以光能的形式被生产者固定下来后,就开始了在生态系统中的传递,被生产者固定的能量只占太阳能的很小一部分。表 2-1 给出太阳能的主要流向。

表 2-1　太阳能的主要流向

项目	反射	吸收	水循环	风、潮汐	光合作用
所占比例(%)	30	46	23	0.2	0.8

光合作用仅仅是太阳能量流向地球的 0.8%,即 3.8×10^{25} J/s,这个能量也是相当惊人的。在生产者将太阳能固定后,能量就以化学能的形式在生态系统中传递。

绿色植物将太阳的辐射能转化为化学能储存在有机物质中,提供给消费者。能量通过食物链依次传递给草食动物和肉食动物,动物死后的尸体被分解者分解,在分解过程中把有机物储存的能量释放到环境中。同时,生产者、消费者和分解者的呼吸作用,又要消耗一部分能量,被消耗的能量也回到环境中去,这就是能量在生态系统中的流动。

能量在生态系统中的传递是不可逆的,而且逐级递减,递减率为 10% ~20%。能量传递的主要途径是食物链与食物网,这构成了营养关系,传递到每个营养级时,同化能量的去向为:未利用(用于今后繁殖、生长)、代谢消耗(呼吸作用、排泄)、被下一营养级利用(最高营养级除外)。

在生态系统中,每种生物的生存都必然要和其他一些生物间维持相互依存的食物关系。如水鸟食鱼,鱼吃水蚤,水蚤又以藻类为生,藻类—水蚤—鱼—水鸟自然形成一条互为依存的链环。这种以食物关系把多种生物联系在一起的链环就是生态系统中的食物链。能量在生态系统中的流动,就是通过食物链这个渠道来实现的。食物链上的各个环节叫营养级,生产者为第一营养级,初级消费者为第二营养级……依次类推。一般生态系统有 4 ~5 个营养级。所有的食物链都以绿色植物为基础环节。通常能量在生态系统中大都沿着绿色植物—食草动物—小型肉食动物—大型肉食动物这条最典型的食物链逐级流动。

生态系统中有多种食物链,它们之间往往纵横交错,形成食物网。一般一个生态系统中生物的种类越丰富,食物网也越复杂。食物链(网)是生态系统长期发展进化形成的,它维持着生态系统的平衡。系统中生产者和消费者之间既相互矛盾,又相互依存,其中某一种群的数量突然发生变化,必然牵动整个食物链,在食物链上反映出来。另外,食物链(网)还具有浓缩和降解效应。当环境被污染时,化学污染物既可以通过食物链(网)被降解净化,又可以在生物体内被逐级浓缩。

生态系统中的能量流动有三个特点:一是生态系统中的能量来源于太阳能,对太阳能的利用率只有1%左右;二是生态系统中的能量流动是单方向的,即沿着食物链由低级向高级流动,具有不可逆性;三是生态系统中的能量沿食物链逐渐减少,通常某一营养级只能从其前一级营养级获得其所含能量的10%。

(二)生态系统中的物质循环

在生态系统中物质的循环与能量的流动是密切结合的,生物为了生存,不仅需要能量,也需要物质。物质既是化学能量的运载工具,又是有机体维持生命活动所进行的生物化学过程的结构基础。假如没有物质作为能量的载体,能量就会自由散失,不能沿着食物链转移;假如没有物质满足有机体生长发育的需要,生命就会停止。

维持有机体生命活动的物质通常以水、二氧化碳、硝酸盐和磷酸盐的形式被植物吸收、利用,进入食物链。这些物质首先在植物体内形成有机物,然后以有机物形式通过食物链在各营养级之间逐级传递,最终被微生物重新分解成无机物,回归环境供植物再次利用。在生态系统中,物质如此沿食物链周而复始地循环,从而使自然界生机盎然。在生态系统中,不同的物质具有不同的循环途径,最基本的也是与环境关系最密切的是水、碳、氮和有害物质四种循环。

1. 水循环

水循环是指大自然的水通过蒸发、植物蒸腾、水汽输送、降水、地表径流、下渗、地下径流等环节,在水圈、大气圈、岩石圈、生物圈中进行连续运动的过程。水循环是生态系统的重要过程,是所有物质进行循环的必要条件。水是一切生命的基础,没有水的循环,生物地球化学循环就不能存在,生态系统就无法开动,生命就不能维持。各种物质只有借助水才能在生态系统中进行永无止境的流动。在自然界中通过河、湖、海等地表水的蒸发,植物叶面蒸腾,水以水蒸气的形式进入大气,然后又以雨、雪或其他降水形式重返地球表面,从而完成水的循环。水循环是多环节的自然过程,全球性的水循环涉及蒸发、大气水分输送、地表水和地下水循环以及多种形式的水量储蓄。降水、蒸发和径流是水循环过程的三个最主要环节,这三者构成的水循环途径决定着全球的水量平衡,也决定着一个地区的水资源总量。图2-3为水的自然循环过程。

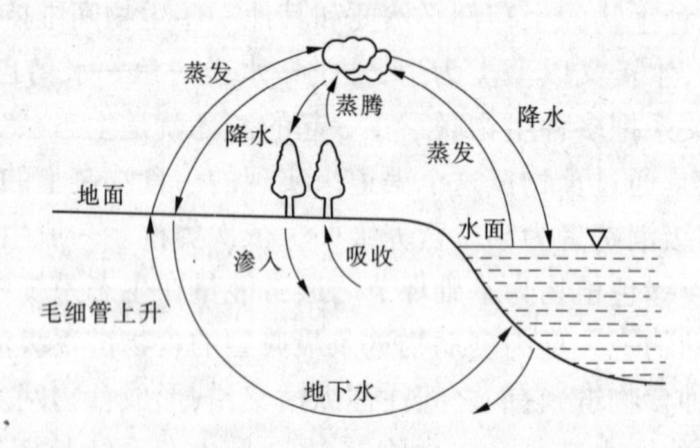

图2-3　水的自然循环过程

从海洋蒸发出来的水蒸气,被气流带到陆地上空,凝结为雨、雪、雹等降落到地面,一部分被蒸发返回大气,其余部分成为地面径流或地下径流等,最终回归海洋。这种海洋和陆地之间水的往复运动过程,称为水的大循环。仅在局部地区(陆地或海洋)进行的水循环称为水的小循环。环境中水的循环是大、小循环交织在一起的,并在全球范围内和在地球上各个地区内不停地进行着。

水循环是太阳能所推动的各种循环中的中心循环，因为其他许多物质通常只有溶解于水中，才能得以正常循环，所以对水循环的任何干预，都会使其他一些物质的循环受到干扰。在现代社会，随着人类用水量的增加，又产生了水的社会循环。人类社会为满足生产、生活的需要，要从自然界的各种水体中取用大量的水，生活用水和工业用水在使用后，往往成为污水、废水，它们被排放后，流入天然水体中，于是，人类社会又构成了一个局部的水循环体系，常称为水的社会循环。这种循环不是水体的更新，而是给天然水体带来污染，给人类带来危害。

水循环是联系地球各圈和各种水体的"纽带"，是"调节器"，它调节了地球各圈层之间的能量，对冷暖气候变化起到了重要的作用。水循环是"雕塑家"，它通过侵蚀、搬运和堆积，塑造了丰富多彩的地表形象。水循环是"传输带"，它是地表物质迁移的强大动力和主要载体。更重要的是，通过水循环，海洋不断向陆地输送淡水，补充和更新陆地上的淡水资源，从而使水成为了可再生的资源。水循环的主要作用表现在三个方面：

(1)水是所有营养物质的介质，营养物质的循环和水循化不可分割地联系在一起；

(2)水是物质的很好溶剂，在生态系统中起着能量传递和利用的作用；

(3)水是地质变化的动因之一，一个地方矿物质元素的流失，以及另一个地方矿物质元素的沉积，往往要通过水循环来完成。

2. 碳循环

碳是构成生物有机体的基本元素，植物(生产者)通过光合作用，把环境中的二氧化碳带入生物体内，结合成碳水化合物，又经过消费者和分解者，在呼吸和残体腐败分解过程中从生物体内以二氧化碳的形式重返环境，这就是碳循环的基本过程。碳循环过程如图2-4所示。

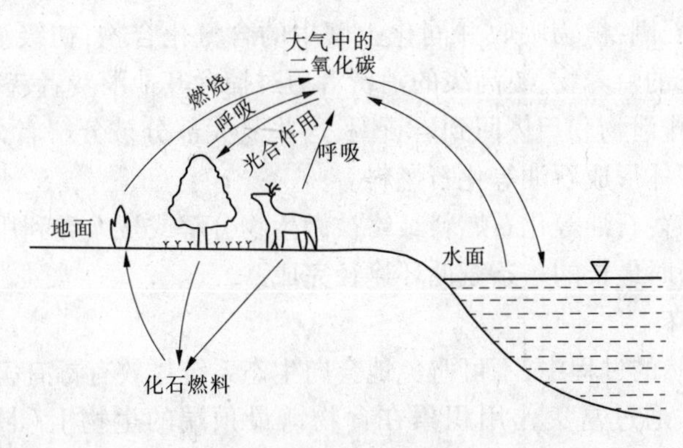

图2-4　碳循环过程

碳循环的主要流程：

大气圈→生物群落：植物通过光合作用将大气中的二氧化碳同化为有机物；消费者通过食物链获得植物生产的含碳有机物；植物与动物在获得含碳有机物的同时，有一部分通过呼吸作用回到大气中。动植物的尸体和排泄物中含有大量的碳，这些产物是下一环节的重点。

生物群落→岩石圈、大气圈：植物与动物的一部分尸体和排泄物被微生物分解成二氧化碳，回到大气，另一部分尸体和排泄物在长时间的地质演化中形成石油、煤等化石燃料。分解生成的二氧化碳回到大气中开始新的循环；化石燃料将长期深埋地下，进行最后一个环节。

岩石圈→大气圈:一部分化石燃料被细菌(比如嗜甲烷菌)分解生成二氧化碳回到大气,另一部分化石燃料被人类开采利用,经过一系列转化,最终形成二氧化碳。

在整个碳循环过程中,二氧化碳的固定速度与生成速度保持平衡,大致相等。但随着现代工业的快速发展,人类大量开采化石燃料,极大地加快了二氧化碳的生成速度,打破了碳循环的速率平衡,导致大气中二氧化碳浓度迅速增长,这是温室效应产生的重要原因。

3. 氮循环

氮循环是自然界中氮单质和含氮化合物之间相互转换过程的生态系统的物质循环。氮是构成生命物质——蛋白质的重要元素之一。氮在常温下为不活泼的气体,通常只能通过间接形式进入生物体内。

氮循环的主要流程如下:

氮的固定:氮气是十分稳定的气体单质,氮的固定就是通过自然或人工方法,将氮气固定为其他可利用的化合物的过程。这一过程主要有三条途径:第一,在闪电的时候,空气中的氮气与氧气在高压电的作用下会生成一氧化氮,之后一氧化氮经过一系列变化,最终形成硝酸盐,硝酸盐是可以被植物吸收的含氮化合物,氮元素随后开始在岩石圈循环;第二,根瘤菌、自生固氮菌能将氮气固定生成氨气,这些氨气最终被植物利用,在生物群落中开始循环;第三,利用人工固氮方法以来,人们将氮气固定为氨气,最终制成各种化肥投放到农田中,氮元素随后开始在岩石圈循环。

微生物循环:氮被固定后,土壤中的各种微生物可以通过化能合成作用参与循环。反硝化细菌还原生成的氮气重新回到大气开始新的循环,这是一条最简单的循环路线。如果进入岩石圈的氮没被微生物分解,而是被植物的根系吸收进而被植株同化,那么这些氮还将经历另一个过程。

生物群落→岩石圈:植物吸收并同化土壤中的含氮化合物;初级消费者通过摄取植物体,将氮同化为自身的营养物,更高级的消费者通过捕食其他消费者获得这些氮;植物、动物体内的氮最终通过排泄物和尸体回到岩石圈,这些氮大部分被分解者分解生成硝酸盐和铵盐,少部分动植物尸体形成石油等化石燃料。

化石燃料的分解:石油等化石燃料最终被微生物分解或被人类利用,氮元素也随之生成氮气回到大气中,历时最长的一条氮循环途径完成。

4. 有害物质循环

人类在改造自然的过程中,不可避免地会向生态系统排放有毒有害物质,这些物质会在生态系统中循环,并通过富集作用积累在食物链最顶端的生物上(最顶端的生物往往是人)。生物的富集作用指的是:生物个体或处于同一营养级的许多生物种群,从周围环境中吸收并积累某种元素或难分解的化合物,导致生物体内该物质的平衡浓度超过环境中浓度的现象。有毒有害物质的生物富集曾引起包括水俣病、痛痛病在内的多起生态公害事件。

生物富集对自然界的其他生物也有重要影响,例如美国的国鸟白头海雕就曾受到 DDT 生物富集的影响。1952~1957 年,已经有鸟类爱好者发现白头海雕的出生率在下降,随后的研究则表明,高浓度的 DDT 会导致白头海雕的卵壳变软以致无法承受自身的重量而碎裂。直到 1972 年 11 月 31 日,美国环境保护署正式全面禁止使用 DDT,白头海雕的数量才开始恢复。

(三)生态系统中的信息传递

在生态系统各组成部分之间及各组成内部都存在着各种形式的信息。生态系统的信息传递在沟通生物群落与其生活环境之间、生物群落内部各种群之间的关系上有重要的意义。生态系统的信息传递形式主要有物理信息、化学信息、营养信息和行为信息。

1. 物理信息

生态系统中以物理过程为传递形式的信息称为物理信息,生态系统中的各种光、声、热、电、磁等都是物理信息。比如高空中的鹰通过视觉发现地面的兔子,陆地上的蝙蝠和生活在水中的鲸类靠声呐定位,含羞草在强烈声音的刺激下产生小叶合拢和叶柄下垂的运动,鳗鱼、鲑鱼等能按照洋流形成的地电流来选择方向和路线,候鸟、信鸽凭着自己身上带的电磁场与地球磁场的相互作用确定方向和方位等是物理信息传递。

2. 化学信息

在生态系统的个体内,通过激素或神经体液系统协调各器官的活动;在种群内部,通过种内信息素(又称外激素)协调个体之间的活动,以调节受纳动物的发育、繁殖、行为的信息是化学信息。化学信息是生态系统中信息传递的重要组成部分,可提供某些情报并将其储存在记忆中。比如猫可通过排尿标记自己的行踪和活动范围;蜜蜂通过花蕊中含有昆虫的性信息素取食和传粉;小蠹甲在发现榆、松寄生植物后释放聚集信息素,以召唤同类来共同取食;胡桃树通过分泌大量胡桃醌对害虫起毒害作用等。

3. 营养信息

营养信息是指在食物链中某一营养级的生物由于种种原因而变少了,另一营养级的生物就会发出信号,同级生物感知这个信号后就进行迁移,以适应新的环境。通过营养交换形式,可把信息从一个种群传递给另一个种群。例如,一些鸟类以某些昆虫为食,在这类昆虫多的区域,这些鸟类便大量聚集,迅速生长、繁殖,因为昆虫为这些鸟类提供了营养信息。

4. 行为信息

行为信息是指某些动物通过特殊的行为方式向同伴或其他生物发出识别、挑战等信息,也是借光、声及化学物质等进行信息传递。同类生物常表现各种有趣的行为传递信息。如草原上的鸟,当出现敌情时,雄鸟急速起飞,扇动两翅,给雌鸟发出警报;丹顶鹤求偶时,雌雄便双双起舞,传递"爱"的信息等。

第二节 生态平衡

一、生态平衡的含义

生态平衡是指在一定时间内生态系统中的生物和环境之间、生物各个种群之间,通过能量流动、物质循环和信息传递,它们相互之间达到高度适应、协调和统一的状态。也就是说,当生态系统处于平衡状态时,系统内各组成成分之间保持一定的比例关系,能量、物质的输入与输出在较长时间内趋于相等,结构和功能处于相对稳定状态。在生态系统受到外来干扰时,能通过自我调节恢复到初始的稳定状态。在自然生态系统中,生态平衡的表现是生物种类和数量的相对稳定以及生态系统结构和功能的相对稳定。

生态平衡是一种动态的平衡,而不是静态的平衡。这是因为变化是宇宙间一切事物的最根本的属性，生态系统这个自然界复杂的实体，当然也处在不断变化之中。例如生态系统中的生物与生物、生物与环境以及环境各因子之间，不停地在进行着能量的流动与物质的循环；生态系统在不断地发展和进化：生物量由少到多、食物链由简单到复杂、群落由一种类型演替为另一种类型等；环境也处在不断的变化中。因此，生态平衡不是静止的，总会因系统中某一部分先发生改变，引起不平衡，然后依靠生态系统的自我调节能力使其又进入新的平衡状态。正是这种从平衡到不平衡到又建立新的平衡的反复过程，推动了生态系统整体和各组成部分的发展与进化。

此外，生态平衡是一种相对平衡，而不是绝对平衡。这是因为任何生态系统都不是孤立的，都会与外界发生直接或间接的联系，会经常遭到外界的干扰。生态系统对外界的干扰和压力具有一定的弹性，其自我调节能力也是有限度的。如果外界干扰或压力在生态系统所能忍受的范围之内，当这种干扰或压力去除后，它可以通过自我调节能力而恢复；如果外界干扰或压力超过了它所能承受的极限，其自我调节能力也就遭到了破坏，生态系统就会衰退，甚至崩溃。通常把生态系统所能承受压力的极限称为“阈限”。例如，草原应有合理的载畜量，超过了最大适宜载畜量，草原就会退化；森林应有合理的采伐量，采伐量超过生长量，必然引起森林的衰退；污染物的排放量不能超过环境的自净能力，否则就会造成环境污染，危及生物的正常生活，甚至生命等。

因此，生态平衡是一种动态的、相对的平衡，是生态系统内部长期适应的结果，即生态系统的结构和功能处于相对稳定的状态，其特征为：

（1）能量与物质的输入和输出基本相等，保持平衡；

（2）生物群落内种类和数量保持相对稳定；

（3）生产者、消费者、分解者组成完整的营养结构；

（4）具有典型的食物链与符合规律的金字塔营养级；

（5）生物个体数、生物量、生产力维持恒定。

二、影响生态平衡的因素

通常，当一个生态系统被扰乱时，该系统会通过自身对抗瓦解的调节机制来保护自己，但这种自我调节的能力总是有限的。如果外来干扰超过这个限度，调节机制就不再起作用，从而便会使生态平衡遭到破坏，主要表现为系统结构的破坏和功能的衰退。影响生态平衡的因素有自然因素和人为因素。自然因素包括水灾、旱灾、地震、台风、山崩、海啸等。由自然因素引起的生态平衡破坏，称为第一环境问题。由人为因素引起的生态平衡破坏，称为第二环境问题。人为因素是生态平衡失调的主要原因。

自然因素主要是指自然界发生的异常变化或自然界本来就存在的影响人类和生物的因素。包括地壳变动、火山爆发、山崩、海啸、水旱灾害、流行病等都会引起生态平衡的破坏。例如，秘鲁海面每隔6～7年就会发生一次海洋变异，结果使来自寒流海域的鳀鱼大量死亡，使食鱼的海鸟因缺食也大批死亡，从而又造成以鸟粪为肥料的当地农田因缺肥而减产。

人为因素造成生态平衡的破坏具体表现在以下三方面：

（1）使环境因素发生改变。人类的生产活动和生活活动产生大量的废气、废水、废物，它们不断地排放到环境中，使环境质量恶化，产生近期效应或远期效应，使生态平衡失调或破坏。例如，近年来巴西毫无节制地乱砍滥伐森林、露天开矿，使其热带雨林资源受到严重破坏,水土严重流失。而工业生产排放大量的"三废",农田中滥施农药,无限制地围湖垦田,不适当的灌排体系、库坝等水利工程都会危及生态系统的平衡,并带来各种严重的甚至是无法补偿的恶果。

(2)使生物种类发生改变。在生态系统中盲目增加一个物种,有可能使生态平衡遭受破坏。例如,美国于1929年开凿的韦兰运河,将内陆水系与海洋沟通,导致八目鳗进入内陆水系,使鳟鱼年产量由2 000万kg减至5 000 kg,严重地破坏了水产资源。在生态系统中减少一个物种,也有可能使生态平衡遭受破坏。例如,1859年澳大利亚为了满足肉食和毛皮需要,引进野兔。由于澳大利亚本土原来没有兔子,草场肥沃,没有天敌限制,因此野兔成灾,草原遭到破坏,野兔大量繁殖与牛羊争草,使澳大利亚本以畜牧业为主的经济受到极大影响。中国20世纪50年代曾大量捕杀麻雀,致使一些地区虫害严重。究其原因,就是害虫的天敌麻雀被捕杀,害虫失去了自然抑制因素。

(3)信息系统的破坏。生物与生物之间彼此靠信息传递,才能保持其集群性和正常的繁衍。人为向环境中施放某种物质,干扰或破坏了生物间的信息传递,就有可能使生态平衡失调或遭受破坏。例如自然界中有许多雌性昆虫靠分泌释放性外激素引诱同种雄性成虫前来交尾,如果人们向大气中排放的污染物能与之发生化学反应,则性外激素就失去了引诱雄虫的生理活性,结果势必影响昆虫交尾和繁殖,最后导致种群数量下降甚至消失。

三、最佳生态平衡

当生态系统的结构遭到破坏,功能表现衰退时,首先要查明破坏的原因、系统调节能力的范围以及人类干扰的容许限度,这样才能采取合理、有效的措施,扭转生态系统瓦解的趋势,使生态平衡重新恢复。只有这样,才能从生态系统中获得持续稳定的产量,才能使人与自然和谐地发展。人类可以在遵循生态平衡规律的前提下,建立新的生态平衡,使生态系统朝着更有益于人类的方向发展。例如有人在被破坏的草原生态系统中增加一个环节,放养大批以牛羊粪便为食的蜣螂。一段时间后,大量覆盖在牧草上的粪便被清除,土壤结构得到疏松,养分也得到补充。原来枯萎、衰败的牧草重新放青,失去生机的草原重又恢复生态平衡。

人类社会不断的发展,越来越深刻地影响环境,影响生态系统的面貌。自然界旧的生态平衡不断被打破,怎样建立新的平衡?关键在于要防止产生诸如农田盐碱化、森林沙漠化等低产、劣质平衡,而应该利用先进的科学技术手段,依据生态平衡的规律,建立起新层次上的现代优质高产平衡,这就是所谓最佳平衡。我国某地的桑基鱼塘就是运用现代科学技术,创造出的一个新型高效人工生态系统。在这个系统中用桑叶养蚕,用蚕粪养鱼,用塘泥再种桑。桑—蚕—鱼紧紧联系在一起,陆地和水域有机结合,达到了高效高产的最佳平衡目的。另外,加快环境立法,强化法制手段,建立全社会的环境意识,从法律角度遏制对生态系统的破坏行为,也是从根本上保持自然界生态平衡的一项刻不容缓的重要工作。

四、促进生态平衡的手段

人类在创造物质文明和精神文明的同时,又对生态平衡造成破坏。为了自身的生存和后代的持续发展,人类必须充分运用和发挥人类的智慧和文明,主动地调节生态系统的各种关系,保持生态平衡。对生态系统进行重建的关键是恢复其自我调节能力与生物的适应性,主要依靠生态系统自身的恢复能力,辅以人工的物质与能量投入,并采用生态工程的办法进行生态恢复。可通过以下几个基本措施来促进生态平衡:

(1)对自然资源进行多学科的综合考察,制订符合生态学原理的开发利用方案;

(2)在对生态系统进行全面研究,充分掌握其规律的基础上,对生态系统进行合理的调整,保持生态系统的稳定;

(3)防灾、减灾,对环境生态进行综合整治;

(4)加大力度对濒危生物栖息地进行保护;

(5)采取果断措施对人为污染生态恶化的区域、流域进行综合治理与生态恢复。

第三节 生态系统的环境服务功能及价值

一、生态系统服务功能的含义

生态系统作为生物圈中最基本的组织单元和最为活跃的部分,它不仅为人类提供各种商品,而且在维系生命的支持系统和环境的动态平衡方面起着重要作用。近几个世纪以来,随着工业化的进程,人们干预自然的能力不断增强,森林采伐、湿地开发、生物资源的开发利用,以及土地利用方式的改变,使全球生态系统的格局发生了极大的变化。自然生态系统面积减少,受人控制的生态系统面积迅速增加,同时,大量环境污染物进入生态系统,大大超过生态系统的承载容量,进而破坏生态系统的结构与功能,生态系统服务功能受到损害。长期以来,人们对生态系统服务功能价值的认识片面地集中在具有商品属性的部分,而对具有公共物品属性的服务功能认识不足。生态系统调节大气化学环境,保育生物多样性及进化进程,维持土壤肥力等的能力受到削弱,从而导致了全球性的生态环境危机,使人类未来的发展受到威胁。从这个角度理解,可持续发展的核心就是要通过维持与保护生态系统服务功能来保护人类的生存环境,保护地球生命支持系统,维持一个可持续的生物圈。现代研究也证明,生态服务功能是人类生存与现代文明的基础,科学技术能影响生态服务功能,但不能替代自然生态系统服务功能,维持生态服务功能是可持续发展的基础。加强对生态系统服务功能及其经济价值的了解,可以更加全面地揭示生态系统的功能特征及其对人类社会发展的影响,极大地丰富生态学和经济学的理论体系,有效地促进生态经济学的健康发展。

生态系统的功能是为人类提供各种产品和服务的基础。生态系统服务可由一种或多种功能共同产生,而一种生态系统功能也可提供两种或多种服务,服务不能够在市场上买卖,但具有重要价值。生态系统功能可定义为自然过程及其组成部分提供产品和服务从而满足人类直接或间接需要的能力。当生态系统功能被赋予人类价值的内涵时便成为生态系统产品和服务。生态系统产品和服务是以人类为中心的,人类作为评价者将生态系统结构和过程看成负载价值的实体。对于生态系统服务功能概念的理解,应该注意生态系统功能与生态系统服务的区别和联系。生态系统服务是建立在生态系统功能基础之上的,是人类能够从中获益的生态系统功能,是人类出现之后产生的;而生态系统功能是生态系统结构的外在表现,是生态系统所固有的本质属性,是不以人的意志为转移的,是人类出现之前就已经存在的。两者不可等同,但联系又十分密切。人类对生态系统服务的利用导致生态系统结构变化和功能退化。如果生态系统功能消失,生态系统服务将无从谈起。因此,生态系统服务的研究和保护必须建立在生态系统功能研究和保护的基础之上。

二、生态系统环境服务功能的分类

生态系统具有多种多样的环境服务功能,各种功能之间相互联系、相互作用。根据评价与管理的需要,可将生态系统环境服务功能分为四大类:供给服务、调节服务、文化服务和支持服务。

(一)供给服务

从生态系统获取的产品,包括:

(1)食物和纤维:来自植物、动物和微生物的多种食物,还包括原材料如木材、黄麻、大麻和许多其他产品。

(2)燃料:作为能源的木材、粪和其他生物材料。

(3)遗传资源:用于植物和动物繁育及生物技术的基因和遗传信息。

(4)生化药剂、天然药材和药品:从生态系统获得的许多药物、生物杀虫剂、食物添加剂以及生物原料。

(5)观赏资源:用于观赏的花卉和动物产品,如毛皮和壳,与文化服务相联系。

(6)淡水:与调节服务相联系。

(二)调节服务

从生态系统过程调节中获取的效益,包括:

(1)空气质量维持:生态系统吸收和释放到大气中的化学物质,多方面影响和改变空气质量。

(2)气候调节:生态系统影响区域和全球气候。例如,在区域尺度上,土地覆盖的变化能够影响温度和降水;在全球尺度上,生态系统通过吸收或排放温室气体对气候产生重要影响。

(3)水调节:土地覆盖的变化,如湿地、森林转化为农田或农田转化为城市,影响径流、洪水的时间和规模,以及地下含水层的补充,特别是生态系统蓄水能力的改变。

(4)侵蚀控制:植被覆盖在土壤保持和防治滑坡方面起到重要作用。

(5)水净化和废物处理:生态系统既可能是淡水中杂质的来源之一,也能够过滤和分解进入内陆水体、海岸和近海生态系统的有机废物。

(6)人类疾病调节:生态系统的变化可能直接改变人类病原体,如霍乱,以及携带病菌者(如蚊子)的数量。

(7)生物控制:生态系统变化影响作物和家畜病虫害的传播。

(8)传粉:生态系统变化影响传粉者的分布、数量和传粉效果。

(9)防风护堤:海岸生态系统(如红树林和珊瑚礁)的存在能够显著减少飓风和海浪的损害。

(三)文化服务

人类通过精神上的充实、感知上的发展、印象、娱乐和审美体验等从生态系统获得的非物质效益,包括:

(1)文化多样性:生态系统的多样性是文化多样性的主要影响因素之一。

(2)精神和宗教价值:许多宗教中将生态系统及其组成部分赋予精神的宗教的价值。

(3)知识体系:生态系统影响在不同文化背景下发展的知识体系。

(4)教育价值:生态系统及其组成部分和过程能够为正规和非正规教育提供基础。

(5)灵感:生态系统为艺术、民间传说、国家象征、建筑和广告等提供丰富的灵感源泉。

(6)美学价值:生态系统的许多方面具有美景或美学价值,如对公园、风景路线的支持,以及居民点的选择等。

(7)社会关系:生态系统影响建立在不同文化背景之上的社会关系的类型,如渔业社会与游牧或农耕社会在社会关系的很多方面不同。

(8)地方感:许多人给地方感赋予价值,地方感与环境特征(包括生态系统方面的特征)相联系。

(9)文化遗产价值:许多社会对重要历史景观(文化景观)或文化物种的维持赋予很高的价值。

(10)娱乐和生态旅游:人们经常选择那些以自然或农业景观为特征的地方度过他们的休闲时光。

文化服务与人类的价值观和行为、人类社会的制度和模式、经济和政治组织等紧密联系。不同的个人和群体对文化服务的理解可能不同,比方说对食物生产的重要性的理解。

(四)支持服务

支持服务是所有其他生态系统服务功能的产生所必需的,其对人们产生的影响是间接的或者经过很长时间才出现,而供给服务、调节服务和文化服务对人们的影响相对直接且出现时间较短。一些生态系统服务如侵蚀控制,是归类于支持服务还是调节服务,取决于对人们影响的时间尺度和直接性。土壤形成通过影响食物生产的供给服务对人们产生间接影响,属于支持服务。相似地,由于在人类决策的时间尺度上(几十年或几个世纪)生态系统变化对地方或全球气候产生影响,因此气候调节归类于调节服务;然而氧气的生成(通过光合作用)归类于支持服务,这是因为对大气中的氧气浓度产生影响出现在相当长的时间内。支持服务包括第一性生产、大气中氧的生成、土壤形成和保持、营养循环、水循环、提供栖息地等。

三、生态系统环境服务功能的价值

目前,生态系统环境服务功能的价值研究越来越受到重视。一方面,人类对生态系统的影响日益加剧。近几十年来,生态系统遭到越来越严重的损害,而对于生态系统环境服务价值的认识,在过去主要存在于知识界,现在逐渐开始被公众意识到,并且在某种程度上已经影响到社会决策。另一方面,自然环境越来越影响到社会经济活动和人类生活。人类对于生态系统所提供的资源、净化能力、舒适性以及生命支持系统的需求和依赖影响着人类的活动。

如何度量和评价生态系统服务?如何揭示生态系统服务的重要性和价值?如何把生态系统服务价值观念融入决策体系?如何理解环境和经济的关系?以上问题涉及自然科学、哲学、社会学和经济学等领域,在当今时代是非常严峻和复杂的,同时也为环境、经济和社会的可持续发展研究指出了方向,必须从多学科交叉角度研究生态系统服务功能及其价值。

生态系统服务功能的研究是价值评估的基础,价值评估是对生态系统服务功能进行货币化的评价过程。各种生态系统服务功能的定量评估指标和单位不同,使得我们难以在不同生态系统和不同功能之间进行比较。货币化方法为统一单位的定量化研究提供了可能,也在生态学与经济学研究之间架起了桥梁。对生态系统服务价值进行量化,明确其价值水平,将深刻影响未来人类对生态系统环境服务功能价值的认识和对生态系统的管理。

四、生态价值

生态价值是区别于劳动价值的一种价值,指的是空气、水、土地、生物等具有的价值,生态价值是在自然物质生产过程中创造的。它是"自然—社会"系统的共同财富。无机环境的价值是显而易见的,它是人类生存和发展的基础,而随着环境问题的日益严重,生物多样性的价值也逐渐被人类发现。

生物多样性指的是一定范围内动物、植物、微生物有规律地结合所构成的稳定的生态综合体。这种多样性包括物种多样性、遗传与变异多样性、生态系统多样性。

生态系统多样性是指不同生境、生物群体以及生物圈生态过程的总和。它表现为生态系统结构多样性以及生态过程的复杂性和多变性。保护生态系统多样性尤为重要,因为无论是物种多样性还是遗传与变异多样性,都寓于生态系统多样性之中,生态系统多样性直接影响物种多样性及其基因多样牲。

生物多样性的价值主要包括潜在价值、直接价值和间接价值。

(1)潜在价值是指潜藏的、一旦条件成熟就可能发挥出来的价值。如自然保护区中多种多样的物种。有些物种目前尚未能明确它们的价值,但随着科学技术水平的提高以及人们认识的深入,有可能揭示出这些物种的经济、科研和生态意义。有些地方曾有过很好的自然环境,但因各种原因遭到了干扰和破坏,如森林经过采伐和火烧,草原经过开垦或放牧,沼泽进行了排水等。在这种情况下,如能进行适当的人工管理或通过天然的恢复,生态系统过去的面貌可以得到复原,有可能发展成比现在价值更大的保护区。当找不到原有高质量的保护区时,这种有潜在价值的地域也可被选为自然保护区。

(2)直接价值是指对人类的医药、仿生、文艺、旅游等具有非实用意义的价值。

(3)间接价值亦称生态功能,指的是对生态环境起稳定调节作用的功能,常见的有湿地生态系统的蓄洪防旱功能、森林和草原防止水土流失的功能。生物多样性的间接价值远大于直接价值。

第四节　生态学在环境水利中的应用

生态学从其独特的角度,在环境监测、评价和治理等方面都起着很重要的作用。

一、利用生物监测与生物评价综合反映环境污染状况与环境质量

环境质量的监测手段在目前主要是化学监测和仪器检测。化学监测和仪器检测的速度较快,对单因子监测的准确率也很高,但也存在一些弱点。首先,化学监测和仪器检测还不能连续进行,往往一年只能进行几次或十几次,用这样的数据代表全年的状况,是不甚合理的。其次,化学监测和仪器检测只能测定某一种污染物质的污染情况,而在实际环境中往往为多种污染物质造成的综合污染。不同污染物质在同一环境中相互作用,有可能使污染的

严重性成倍增加。因此,用单因子污染的效果去说明多因子综合污染的状况,也往往有失准确。

而生物监测在某种程度上则恰恰可以弥补这些不足。所谓生物监测,就是利用生物对环境中污染物质的反应,即利用生物在各种污染环境下所发出的信息,来判断环境污染状况的一种手段。由于生物较长时间地经受着环境中各种物质的影响或侵害,因此它们不仅可以反映环境中各种污染物质的综合影响,而且也能反映环境污染的历史状况,这种反映比化学监测和仪器检测更能接近实际。

水体污染可以利用生物进行监测和评价,污水生物体系法为普遍采用的方法之一。由于各种生物对污水的忍耐力不同,在污染程度不同的水体中,就会出现某些不同的生物种群,根据各个水域中生物种群的组成、数量,就可以判断水体的污染程度。用指示种判断水体污染,也是一种切实可行的方法。此外,应用水生生物的生理指标、毒理指标,水生动物形态和习性的改变,生物体内有毒物质的含量等,也都可以从不同侧面对水体的污染进行监测和评价。

二、利用生态系统中的能量流动特点阐明污染物质在环境中的迁移转化规律

污染物质进入环境中,不是静止不变的,而是随着生态系统的能量流动,在复杂的生态系统中不断地迁移、转化、积累、富集。DDT 本来是用于杀灭农田害虫的,曾被称为"昆虫世界的原子弹",如今通过食物链逐渐富集,成为"生物放大"倍数惊人的环境污染"指示剂"。DDT 在水中溶解度很低,约为 0.002 mg/kg,但它是脂溶性化合物,在脂类中溶解度可达 10 万 mg/kg,为水中溶解度的 5 000 万倍。因此,生物体成了 DDT 的储藏室,DDT 一旦被吃进去,就难以排出来,而且通过食物链逐渐富集,对生物造成严重危害。如水中的 DDT 浓度为 0.000 03 mg/kg,被浮游生物吞食后,在其体内可以富集到 0.04 mg/kg(富集 1 333 倍);若浮游生物为小鱼吞食后,小鱼体内 DDT 浓度可达 0.5 mg/kg(富集 1.67 万倍);若小鱼为大鱼吞食后,大鱼体内 DDT 浓度可以富集到 2.0 mg/kg(富集 6.67 万倍);若大鱼为水鸟所吞食,水鸟体内 DDT 浓度可达 25 mg/kg(富集 83.3 万倍)。如 1953 年日本发生的水俣病,经查明就是工业废水的汞经食物链进入人体所致,由于找到了根源,从而也找到了根除的方法。

三、利用生态系统的自净能力降解、消除污染

生态系统的能量流动和物质循环始终在不断地进行着,自然因素和人为活动会经常给生态系统带来各种污染。但是在正常情况下,生态系统又能保持相对稳定的平衡状况,这种平衡的保持有赖于生态系统的自净能力。利用生态系统的自净能力消除环境的污染,在这方面,目前国内外均已开展大量工作,并取得了良好的成效。

利用生物净化污水已收到良好效果。如目前普遍采用的工业废水的生化处理,主要就是利用活性污泥对污水中有毒物质的吸附和其中的微生物、原生物对有毒物质的分解、氧化作用。在自然水体中,微生物也可以形成生物膜,对水中有毒物质进行分解、氧化,达到净化效果。利用天然池塘、洼地和水坑中的水草、藻类和微生物的吸收、分解、氧化作用净化污水,即氧化塘法,也越来越引起人们的重视。在池塘中大量繁殖吸毒能力强的高等植物,如水葫芦,也是净化污水的有效途径。总之,生态系统与环境是相互影响的统一体,在环境水

利的诸多领域中都涉及生态学的知识。

习　题

1. 什么是生态系统？它由哪几部分组成？
2. 生态系统由哪些基本成分组成？它们之间的关系是什么？
3. 阐述生态系统中水循环、碳循环、氮循环的流程。
4. 生态系统中的信息传递的形式有哪些？试举例说明。
5. 什么是生态平衡？影响生态平衡的因素有哪些？
6. 生态系统环境服务功能有哪些？

第三章 水体污染及控制

第一节 概 述

水是构成生命的基本物质之一,是地球上不可替代的自然资源。水的重要性可以高度概括为"民以食为天,食以水为先"。水是生命的源泉、农业的命脉、工业的血液、城市的生命线、生态环境的支柱和社会安定的因素。但人类活动的干预、严重的环境污染导致一些地区的水资源短缺甚至枯竭。因此,掌握水体自净的知识,防止各种形式的水体污染,具有十分重要的意义。

一、天然水的组成

天然水是由水和各种介质组成的极其复杂的综合体。根据介质粒径大小,天然水可含有如下成分。

(一)悬浮物质

悬浮物质是指粒径大于 10^{-7} m 的物质,它们与水呈机械混合,在水中呈悬浮状态,如泥沙、黏土、藻类及原生动物、细菌及其他不溶物质。这些物质的存在使水着色、浑浊或产生异味,在静水中,悬浮物易于沉降。另外,水中悬浮颗粒物和沉积物都具有很大的比表面积,是众多污染物在水环境中迁移与转化的载体、储库和归宿。

(二)胶体物质

水中的胶体物质是指粒径为 $10^{-7} \sim 10^{-9}$ m 的物质,它们在水中呈高度分散状态,不易沉降。胶体可以是硅、铝、铁等氧化物和氢氧化物及次生黏土矿物等矿物胶体,也可能是以腐殖质为主的有机胶体,或者由矿物胶体和有机胶体相互结合而成的有机矿物胶体(高分子化合物)。

(三)溶解物质

水中的溶解物质包括溶解性气体、一些离子、微量元素、有机物、放射性元素等,一般粒径小于 10^{-9} m。

1.溶解性气体

在标准大气压下水中溶解性气体含量随水温升高而降低,在恒温下溶解性气体含量随压力增加而上升。另外,增加水气交换面积,也可增加水中溶解性气体含量,故动水比静水溶解性气体含量高。

1)溶解氧(DO)

溶解于水中的分子态氧,称为溶解氧。它是水生物生存和水中物质分解、化合的必要条件。溶解氧的来源,一是空气中的氧溶解于水,二是水生植物光合作用放出的氧。水中溶解氧的数量是评价水体有机污染的重要标志。

2)二氧化碳(CO_2)

天然水体中的二氧化碳主要来源于有机物的分解和大气向水中的溶入。溶解在水中呈分子状态的二氧化碳称为游离二氧化碳。

3)硫化氢(H_2S)

缺氧的天然水体,往往由于有机物无氧(嫌气)分解而产生 H_2S,无机的硫化物或硫酸盐在缺氧条件下也可以还原成 H_2S。由于 H_2S 易被水中氧气所氧化,且当水体扰动时易从水中逸出,所以天然水体中 H_2S 的含量不高。含有 H_2S 的水有恶臭味。

2. 主要离子和微量元素

水中形成各种盐类的重要阴离子有 Cl^-、SO_4^{2-}、HCO_3^- 和 CO_3^{2-},主要阳离子有 K^+、Na^+、Ca^{2+}、Mg^{2+}。天然水中常见的微量元素有溴(Br)、氟(F)、碘(I)、铁(Fe)、磷(P)、铜(Cu)、锌(Zn)、铅(Pb)、镍(Ni)、锰(Mn)、钛(Ti)、铬(Cr)、砷(As)、汞(Hg)、镉(Cd)、钡(Ba)、铀(U)等。

3. 有机物

溶解在天然水中的有机物大多是生物生命过程中及生物尸体分解过程中所产生的有机物质。另外,还包括构成各种水生生物的物质,这些水生生物如鱼、浮游动物、浮游植物、底栖动物、巨型植物以及各种藻类、菌类及微生物。

二、天然水的存在形式

(一)海洋

温度和盐度是决定海水各种性质的因素,海洋中的温度和盐度随深度而变化。海洋表层是富氧的,这是因为大气氧的补充和海中浮游生物的光合作用。在深水地区直到海底,氧含量很低但很均一。

海水不宜直接作为水源,但采用淡化技术后,利用海水的规模日益扩大。

(二)地下水

地球上的淡水大部分是储存在地面以下的地下水,所以地下水成为宝贵的淡水资源。地下水的主要水源是大气降水。

(三)河流

大气降水及来自地下的水向低洼处汇集,并在重力作用下沿泄水的长条形凹槽流动,形成河流。常年性流水和槽床(即河床)是形成河流的基本条件。

与地下水相比,河流是敞开流动的水体;与海洋相比,河流只有很小的水量(占地球总水量的百万分之一),所以河流水质变动幅度很大,因地区、气候等条件而异,且受生物和人类社会活动的影响最大。

(四)湖泊

湖泊是由地面上大小形状不同的洼地积水而成的。形成湖泊的必要条件是具有一个周围高、中间低的能蓄水的湖盆,以及长期有水蓄积。

湖水水流缓慢,蒸发量大,蒸发掉的水靠河流及地下水补偿。湖水中含有钙、镁、钠、钾、硅、氮、磷、锰、铁等元素,其中氮、磷等元素引起的富营养化问题是湖泊的主要污染问题。

三、水体

水体也称水环境,是指河流、湖泊、池塘、水库、沼泽、海洋以及地下水等水的聚积体。在环境学中,水体不仅包括水本身,还包括水中的悬浮物、溶解物质、胶体物质、底质(泥)和水生生物等。应把水体看做是完整的生态系统或完整的自然综合体。因此,在环境污染研究中,必须认清水和水体是相互联系的两个不同概念。

水体按其类型不同又可以分成陆地水体和海洋水体以及地表水体和地下水体。一个沼泽、一条河流甚至一滴水我们都可称之为水体。如黄河,我们可以称之为黄河水体;长江,我们可以称之为长江水体等。水体所处环境不同使得水体中出现多种多样的生物群。一般水体的温度自水面向下递减;溶解氧含量自上向下迅速减少,即由氧化环境转变为还原环境;阳光也自上向深处减弱,由强光环境变为弱光环境。因此,水生生物自上而下出现不同的变化。

第二节 水质与水质本底

水质,即水的品质,是指水与其中所含杂质共同表现出来的物理学、化学和生物学的综合特性。水质可以直接用单位水样中所含某种杂质的量即浓度来度量,通常以 c 表示,常用单位有毫克/升(mg/L)和 ppm(mg/kg)。前者表示一升水样中含有某杂质的毫克数;后者则表示每千克水样中含有某杂质的毫克数,又称百万分率。显然两者实质上是相当的,各自的派生单位分别是:微克/升(μg/L)=1/1 000 毫克/升和 ppb(μg/kg)=1/1 000 ppm。此外,也可以间接用这种杂质的共同特性来反映其水中含量。例如利用有机物容易被氧化的特性,用耗氧量来间接反映有机物的含量;对于微生物的含量则是直接测定其数量的多少。

从应用角度看问题,水质只具有相对意义。例如经二重蒸馏处理后所得纯水只是在精密化学实验室中才称得上是优质水。相反,对饮用水则要求其中含有一定数量的溶解态二氧化碳,适量钙、镁和微量铁、锰元素及某些有机物质等。

水质的优劣程度可以由水质指标来判断,根据水质指标的性质可分为物理指标、化学指标、毒理学指标、氧平衡指标和细菌学指标。

一、物理指标

(一)温度

温度是常用的物理指标之一。由于许多物理过程、化学过程、生物过程都与温度有关,所以温度是必须测定的项目。

(二)嗅与味

根据水的嗅与味可以推测水中所含的杂质及有害成分的情况,这一指标主要用于生活饮用水。我国饮用水标准,规定原水及煮沸的水都不能有异嗅或异味。

水中嗅与味主要来自:①水生动植物和微生物的繁殖和死亡;②有机物的腐烂分解;③溶解的气体,如硫化氢;④溶解的矿物盐或混入的泥土;⑤工业废水中的各种杂质,如石油、酚等;⑥饮用水中消毒用氯过多。

(三)颜色和色度

天然水经常表现出各种颜色。河水、湖水和沼泽水呈黄褐色或黄绿色,这是由腐殖质造成的。水中悬浮泥沙和不溶解的矿物质也会带有颜色,例如黏土使水呈黄色,铁的氧化物使水呈黄褐色;各类水藻的繁殖可使水呈绿色、红褐色;工业废水和印染造纸等废水使水呈现很深的各种颜色;新鲜的生活污水呈暗灰色,腐败的污水呈黑褐色。根据水的颜色可以推测水中所含杂质的种类和数量。

色度是对黄褐色天然水或处理后的各种用水进行颜色定量测定时所规定的指标。目前世界各国统一用氯铂酸钾(K_2PtCl_6)和氯化钴($CoCl_2 \cdot 6H_2O$)配制的混合溶液作为色度的标准溶液。规定1 L水中含2 491 mg氯铂酸钾和200 mg氯化钴时所产生的颜色为1度。

多数清洁的天然水色度为15~25度,湖沼水色度可在60度以上,生活饮用水规定不超过15度。

(四)浑浊度

水中若含有悬浮物或胶态杂质,就会产生不透明的浑浊现象。水的浑浊程度以浑浊度为指标,规定1 L蒸馏水中含1 mg SiO_2所构成的光学阻碍现象为浑浊度1度。这是我国目前使用的被称为"硅单位"的浑浊度标准单位。

浑浊度是从表观上判断水体是否遭受污染的主要特征之一。水的浑浊度高,其中有害杂质含量必然多。生活饮用水一般规定浑浊度不超过3度。

(五)透明度

透明度是表示水透明程度的指标。它和浑浊度的意义恰巧相反,表明水中杂质对透过光线的阻碍程度。

(六)电导率

电导率的大小可以间接表示出溶解盐的含量。天然水是一种稀溶液,电导率一般较低,故常用的单位为μS/cm。一般天然淡水或处理后淡水的电导率为50~500 μS/cm,某些含盐量高的废水电导率可达1.0×10^4 μS/cm。

二、化学指标

(一)pH值

pH值可表示水的酸碱性。pH值对水中其他杂质存在的形态和各种水质的控制过程都有广泛的影响,是最重要的水质指标之一。

(二)碱度

水中OH^-、HCO_3^-、CO_3^{2-}的总量称为碱度。不同的天然水体中存在的碱度组分及其含量是不相同的。水中碱性物质除非含量过高,一般不会造成很大危害。但是它们在水中同很多化学反应都有密切关系,因此是水质的重要指标之一。

(三)硬度

水的硬度原指沉淀肥皂的程度,一般定义为钙离子(Ca^{2+})、镁离子(Mg^{2+})的含量,包括总硬度、暂时硬度、永久硬度。水中所含Ca^{2+}、Mg^{2+}的总量称为总硬度。Ca^{2+}、Mg^{2+}的碳酸盐和重碳酸盐,由于煮沸时容易生成沉淀析出,故其构成的硬度被称为暂时硬度;Ca^{2+}、Mg^{2+}的硫酸盐和氯化物,由于煮沸后不能生成沉淀从水中析出,故其构成的硬度被称为永久硬度。

硬度较高的水不适合于工业和生活用水,因为水被加热时,能生成碳酸盐和氢氧化镁等难溶物质,沉积在加热器的壁上形成水垢。在生活用水及纺织工业用水中,硬水可与肥皂作用生成沉淀,降低肥皂的去污能力。

（四）其他化学性指标

铁和锰元素是天然水中常见的杂质，铁含量高的水可使铁细菌迅速繁殖，导致地下管道堵塞。锰的氢氧化物呈灰黑色，可造成“黑水”现象。锌和铜元素在天然水中含量甚微，若水体被 Cu^{2+}、Zn^{2+} 污染，超过规定标准，将给人类健康带来危害。

三、毒理学指标

水中有些污染物是难降解的累积性毒物。如汞、镉、铬、铅、砷（类金属）等重金属元素，氰化物、氟化物等有毒无机物，酚类化合物（可降解有机物）、有机氯农药、多氯联苯、多环芳烃（难降解有机物）等有毒有机物。

四、氧平衡指标

氧平衡指标是影响水质变化的关键指标，它表示水中溶解氧的情况，反映水体被有机物污染的程度。

（一）溶解氧（DO）

溶解氧是反映天然水中氧的浓度指标，单位为 mg/L。清洁的地表水在正常情况下所含的溶解氧量接近饱和。当大量有机物污染水体时，这些有机物腐烂使水变臭，水体中的溶解氧被大量消耗。严重污染的水体，DO 接近于零，水质极差。掌握天然水中 DO 的含量对分析水体污染和自净状况具有重要意义。

（二）生化需氧量（BOD_5）

BOD_5 一般是指在温度为 20 ℃的条件下进行生物氧化 5 天所消耗的溶解氧的数量。水中有机污染物越多，则水中的 BOD_5 值就越高，相应 DO 值就越低，不过 BOD_5 能比 DO 更迅速、敏感地反映初期有机物对水体的污染程度。

（三）化学耗氧量（COD）

COD 是指 1 L 水中还原物质（包括有机物和无机物）在一定条件下被氧化时所消耗的溶解氧的毫克数。COD 的测定，一般采用高锰酸钾法或重铬酸钾法。COD 的测定不受水样水质条件限制，而且测定速度较快。显然，COD 值越高，就相对表明水中有机污染物含量越多。

（四）总需氧量（TOD）和总有机碳（TOC）

TOD、TOC 是近年来为克服 BOD_5 不能快速反映水体被需氧有机物污染程度而采用的新指标，均可进行自动快速测定。前者的测定方法是在特殊的燃烧器中，以铂为催化剂，在 900 ℃的温度下使一定量的水样汽化，让其中有机物燃烧，然后测定气体中氧的减少量，即为有机物完全氧化时所需要的氧量。后者的测定方法与前者类似，只是在水样汽化的情况下，测定气体中 CO_2 的含量，从而确定水样中碳元素的总量。

五、细菌学指标

水质的细菌学指标以检验水中的细菌总数和大肠杆菌数来间接判断水质被污染的情况。

（一）细菌总数

水中细菌总数越多，说明水体受污染越严重。

(二)大肠菌类

水中大肠菌类的量,一般以 1 L 水中所含大肠菌数(又叫肠菌指数)来表示。水体中大肠菌数增加,说明水体污染程度增大。

水在自然界中有自然循环和社会循环两种循环方式。在其自然循环过程中,在与大气、土壤和其他物质或物体接触中,都会有各种杂质混入或溶入水中,使自然界几乎不存在纯粹的水。通常把自然污染状态下,水体中某种物质的固有含量称为该物质的背景含量或水质本底。通常用其浓度 c_b 表示,单位多为 mg/L。通过水质现状与水质本底的对比,便可确定河、湖以及其他水体遭受污染的程度。受不同地域的影响,不同水体在各自生态平衡状态下的水质本底各不相同,但有一定的变化范围。

第三节 水体污染

一、水体污染的概念

在水的社会循环中,特别是在人类生活和生产活动中会有大量的废弃物排入水中,使水体受到污染。这是水体污染的一般概念,也称为人为污染。然而,自然界是一个动态平衡体系,对其中各种物质的变化具有一定的自动调节能力和缓冲作用。因此,任何污染物进入水体后,除会产生污染的结果,即水体的水质恶化外,同时也有环境的反应,即水体相应具有一定的自净能力,这两种现象互为依存,始终贯穿于水体的污染过程中,并且在一定条件下可互相转化。根据水体有天然自净能力的现象,水体污染可进一步定义为:进入水体的污染物含量超过了水体的自净能力而使水质恶化,破坏了水体原有功能和用途,并对人类环境或水的利用产生不良影响。很显然,水体污染是和水的有效利用相联系的。另外,由于水体总是伴有水底底泥和水生生物等,所以水体污染包括水本身污染的同时,也应包括水底底泥和水生生物的污染。

二、水体污染源

通常把向水体中排放污染物质的策源地和场所称为水体污染源。由于水体污染和人类生产活动密切相关,因此按人类活动可把污染源分为工业废水、生活污水和农业退水三大类。

(一)工业废水

工业废水是造成天然水体污染的主要来源,其毒性和污染危害较严重,且进入水体中不容易净化。工业废水所含的成分复杂,主要取决于各种工矿企业的生产过程及使用的原料和产品。按废水中所含的成分不同,工业废水可分为三类,第一类是含无机物的废水,包括冶金、建材、无机化工等工业排出的废水;第二类是含有机物的废水,包括炼油、石油加工、塑料加工及食品工业排出的废水;第三类是既含有无机物又含有机物的废水,如焦化厂、煤气厂、有机合成厂、人造纤维厂及皮革加工厂等排出的废水。

(二)生活污水

生活污水是人们日常生活中产生的各种污水混合物,如各种洗涤水和人畜粪便等,是仅次于工业废水的又一主要污染源。生活污水的特点是氮、硫、磷的含量较高,在厌氧微生物的作用下易产生硫化氢、硫醇等具有恶臭气味的物质，一般呈弱碱性，pH 为 7.2～7.8。从外表来看，水体浑浊，呈黄绿色以至黑色。

（三）农业退水

农业退水主要指农业生产中的污水。随着现代农业的发展，农药和化肥的施用量日益增多，在喷洒农药和除草剂以及施用化肥的过程中，只有少量附着于农作物上，大部分残留在土壤中，通过降雨和地表径流的冲刷而进入地表水和地下水中，造成污染。

三、水体主要污染物及其危害

（一）耗氧有机污染物

1. 含义

耗氧有机污染物主要包括碳水化合物、蛋白质、脂肪、木质等有机物，它们在微生物的作用下会进一步分解成简单的无机物、二氧化碳和水。因为这类有机物在分解过程中要消耗大量的氧气，故称之为耗氧有机污染物。

2. 来源

耗氧有机污染物主要来源于造纸、皮革、制糖、印染、石化等工业排放的废水及城市生活污水。

3. 危害

耗氧有机污染物一般不具有毒性，但它们在水中大量分解，消耗水中的溶解氧而使水体缺氧，影响鱼类和其他水生生物的正常生活，甚至造成大量鱼类死亡。同时，当水中溶解氧含量显著减少时，水中的厌氧微生物将大量繁殖，有机物在厌氧微生物的作用下进行厌氧分解，产生甲烷、硫化氢、氨等有害气体，使水体发黑变臭，恶化水质。

（二）无机悬浮物

1. 含义

无机悬浮物主要指泥沙、炉渣、铁屑、灰尘等固体悬浮颗粒。

2. 来源

无机悬浮物主要来源于采矿、建筑、农田水土流失和工业、生活污水。

3. 危害

无机悬浮物使水体浑浊，影响水生动、植物生长。粗颗粒常淤塞河道，妨碍航运，一般无毒的细颗粒则会在水中吸附大量有毒物质，随流迁移扩大污染范围。

（三）重金属污染物

1. 含义

通常把元素周期表中原子序数超过 20 的金属元素称为重金属。污染天然水的重金属主要是指汞、镉、铬、铅等生物毒性显著的元素，也指有一定毒性的一般金属，如锌、铜、镍和钴等。此外，非金属砷的毒性与重金属相似，通常一起讨论。

2. 来源

重金属污染物主要来自采矿、冶炼、电镀、焦化、皮革等工业排放的废水。

3. 危害

重金属污染物具有相当大的毒性，它们不能被微生物分解，有些重金属还可在微生物的作用下转化为毒性更大的化合物，它们可通过食物链逐级富集起来，以致在较高级的生物体内含量成千百倍增加。重金属进入人体后往往蓄积在某些器官中,造成慢性积累性中毒。

(四)氰、氟污染物和一些有机有毒物

1. 含义

有毒污染物是指对生物有机体有毒性危害的污染物,可分为无机有毒物和有机有毒物。重金属污染物属无机有毒物,还有非金属类的无机有毒物,如氰化物和氟化物;有机有毒物分为易分解的有机有毒物(如酚、醛、苯等)和难分解的有机有毒物(如多氯联苯、有机磷、有机氯等)。

2. 来源

氰化物来自含有氰化物的工业废水,如炼焦厂及高炉煤气洗涤水及冷却水;氟化物在地壳中分布较广,在干旱的内陆盆地和盐渍化海滨地区,土壤及水中的含氟量可能较高;有机有毒物多来自于工业废水及农药喷洒。

3. 危害

氰化物是无机盐中毒性最大的污染物,进入人体后可立即与血红细胞中的氧化酶结合,造成细胞缺氧,从而导致死亡,地表水中的氰化物浓度很低时便可导致鱼的死亡;氟化物则会对人体的骨骼、牙齿造成极大的破坏。

酚类化合物可通过皮肤、黏膜、呼吸道和消化道进入人体,与细胞中蛋白质反应,使细胞变性、凝固,若渗入神经中枢,会导致全身中毒、昏迷甚至死亡。

难分解的有机有毒物可在水中不断积累,通过食物链在生物体内不断富集。

(五)酸、碱和一般无机盐污染物

1. 含义

酸、碱以及可溶性硫酸、硝酸、碳酸盐类污染物。

2. 来源

酸、碱和一般无机盐污染物来自于矿山排水及化纤、造纸、制革、炼油工业排放的废水,大气中的硫氧化合物 SO_x、氮氧化合物 NO_x 等也可转变为酸雨降落至水体。

3. 危害

酸和碱进入水体都能使水的 pH 值发生变化,pH 值过低或过高均能杀死鱼类和其他水生生物,消灭微生物或抑制微生物的生长,妨碍水体的自净作用。水质若含硫酸盐和硝酸盐成分,饮用后可直接影响人体健康(导致心血管疾病与癌症),还可使供水管道受到腐蚀而使水质更具毒性。用含有酸、碱、盐的水灌溉农田,会导致土壤盐碱(酸)化,使农业产量下降。酸、碱、盐的污染还会使水的硬度升高,给工业用水和生活用水带来不良影响。

(六)植物营养污染物

1. 含义

氮、磷及其他为植物生长、发育所需要的物质。

2. 来源

植物营养污染物主要来自某些工业废水(如屠宰、食品、皮革、造纸、化肥)和城市生活污水,以及施用化肥、人畜粪便后的农业排水。

3. 危害

氮、磷等植物养料一旦进入水体,就会使藻类等浮游生物迅速过量繁殖,水中溶解氧相应急剧减少,从而使水体富营养化,产生严重的危害。

1)水质恶化,水体生态平衡被破坏

水体的富营养化会使水质恶化,透明度降低,大量藻类生长,消耗大量溶解氧,使水底中的有机物处于腐化状态,并逐渐向上层扩展,严重时,可使部分水域成为腐化区。这样,由一开始的水生植物大量增殖,到水生动植物大量死亡,破坏水体的生态平衡,最终导致并加速湖泊等水域的衰亡。

2)使水体失去水产养殖的功能

对具有水产养殖功能的水体,严重的富营养化使一些藻类大量繁殖,饵料质量下降,影响鱼类的生长。同时,藻类覆盖水面,再加上藻类死亡分解时消耗大量溶解氧,导致鱼类缺氧而大批死亡。

3)危害水源,破坏水体的供水功能

对具有供水功能的水体,由于富营养化,大量增殖的浮游生物的分解产生异味,硝酸盐、亚硝酸盐的含量增大,它们是强致癌物亚硝酸胺的前身。另外,人畜饮用富营养化的水还会使血液丧失输氧能力。

由于富营养化污染源的复杂性及营养物质的难以去除性,加上它的严重危害性,因此富营养化的防治在水处理中成为最复杂、最困难的问题。

(七)热污染

1. 含义

水生生物只能在一定的温度范围内生存。当大量的“热流出物”(如冷却水)排入水体后会使水温升高,若水温升高到足以使水生生物的种类和数量发生变化,影响其繁殖和生长时,称为热污染。

2. 来源

热污染主要来自热电厂、核发电厂以及冶金、化工、建材、石油、机械等工业部门排出的冷却水。

3. 危害

热污染进入河、湖等的天然水中后,可在很大范围内扩散,提高这些水域的水温,从而严重影响这些水域的水生生物的生长、繁殖,甚至导致水体生态平衡的破坏。当河流水温超出正常水温过多时,便会破坏鱼类的生活,并使一些藻类疯狂生长,引起富营养化问题;水温升高还会加大水中有毒物质的毒性;水温升高后,水中的溶解氧含量降低,同时高水温加速了水中有机物的分解,使水中的溶解氧进一步降低,导致水质恶化。

热水还能使河面蒸发量加大,导致严重失水;抬高河床,增加洪水发生次数;引起致病微生物的大量繁殖,对人类健康带来影响。

试验证明,水体温度的微小变化对水生生态系统有深刻的影响。

(八)油污染

1. 含义

近海石油开采及航运中所泄漏的油类物质对水域(尤其是海洋)的污染。

2. 来源

油污染主要来自石油运输、近海海底石油开采、工业含油废水的排放及大气油类物质的降落等。

3. 危害

油类物质进入水体后，可形成油膜，影响大气和水体的热交换，减少空气中氧进入水体的数量，降低水体的自净能力；藻类因油污染光合作用受阻碍而死亡，水生生物因油污块堵塞呼吸器官而窒息死亡；石油中的化学毒物可使生物中毒，对人体有致癌作用。

（九）病原微生物污染

1. 含义

病原微生物包括致病细菌、病虫卵和病毒。

2. 来源

病原微生物主要来自城市生活污水、医疗系统污水、垃圾的淋溶水及制革、屠宰等工业废水。

3. 危害

病原微生物通过水、食物进入人体，并在人体内寄生，一旦条件成熟就会引起疾病，以致死亡。病原微生物污染的特点是数量大、分布广、存活时间长、繁殖速度快。病原微生物还能产生抗药性，很难彻底消除。

综上所述，可总结出水体污染造成的危害：

（1）对人体健康的直接危害。主要表现在急（慢）性中毒、致癌、影响人体发育、破坏某些器官的功能。这种危害一般涉及面大，潜伏期长，一旦发生后果很严重，甚至会影响下一代人。

（2）对工业的危害。由于污染引起水质恶化，大量水不能满足工业用水的基本要求，从而造成工业设备的非正常损耗破坏（如锅炉腐蚀），导致产品质量降低或不合格。对造成污染源的工矿企业来说，由水污染造成的问题又严重制约其发展。

（3）对农业的危害。污水对土壤的性质有很大影响。不经处理的污灌，往往会破坏土壤原有的结构、性能，使农作物直接或间接受到危害。一方面表现为农作物生长不良，引起减产；另一方面，一些有毒污染物潜伏隐藏在农作物的茎、叶、果实中，通过食物链富集危害人体，也可能引起地下水的污染。

（4）对渔业的危害。在淡水养殖业中，水体污染会造成水产品的减产、降质、绝收，而渔产品中污染物富集和湖、塘的富营养化，更是不能忽视的问题。

（5）对社会生活的危害。由于水体污染经常引起社会矛盾、经济纠纷，从社会学角度看，这将影响社会生活的和谐和社会结构的安定，这种巨大损失很难用经济指标衡量。

前面所述的还只是狭义上的水体污染，大型水资源工程对水资源功能的破坏、对环境和自然生态的不良影响，应属于广义的水体污染，其危害的范围是相当大的，影响也是极深远的。总的来说，水体一旦受到污染，水环境的平衡状态受到破坏，便会对人体健康、工农渔业生产、生态环境、社会经济的发展造成很大危害。

四、水体污染的机制

总的来说，污染物进入水体后成为水体的一部分，在与周围物质相互作用并形成危害的污染过程中，受到水温、水速、水压和污染物的种类、数量等多方面因素的影响，从而也决定着污染程度、污染发展方向和污染危害的大小。

水体污染实质上是物理、化学、生物、物理化学与生物化学综合作用的结果。由于污染物性质不同以及水环境背景状态不同，在某些条件下也可能以某一种作用为主。

(一)物理作用

水体污染的物理作用一般表现为污染物在水体中的物理运动，如污染物在水中的分子扩散、紊动扩散、迁移，向底泥中的沉降积累以及随底泥冲刷重新被运移等，以此来影响水质。这种作用只影响水体的物理性质、状况、分布，而不改变水的化学性质，也不参与生物作用。

影响物理作用的因素是污染物物理特性、水体的水力学特性、水体的物理特性(温度、密度等)以及水体的自然条件。

(二)化学与物理化学作用

水体污染的化学与物理化学作用是指进入水体的污染物发生了化学性质方面的变化，如氧化—还原、分解—化合、吸附—解吸、沉淀—溶解、胶溶—凝聚等，这些化学与物理化学作用能改变污染物质的迁移、转化能力，改变污染物的毒性，从而影响水环境化学的反应条件和水质。

影响化学与物理化学作用的因素是污染物的化学与物化特性、水体本身的化学与物化特性以及水体的自然条件。

(三)生物与生物化学作用

水体污染的生物与生物化学作用是指污染物在水中受到生物的生理、生化作用和通过食物链的传递过程发生分解作用、转化作用和富集作用。生物和生物化学作用主要是将有害的有机污染物分解为无害物质，这种现象称为污染物的降解，但在特定情况下，某些微生物可以将水中一种有害物质转化为另一种更有害的物质。此外，水中有许多有害的微量污染物可以通过生态系统的食物链将污染物浓度富集千百倍以上，从而使生物和人体受害。

总而言之，水体污染的机制是比较复杂的，往往是多种因素同时作用但又以某种因素为主，因此便衍生出形形色色的水体污染现象。

五、水体污染的类型

水体污染按污染的原因可分为自然污染和人为污染，按污染物的性质可分为物理污染、化学污染和生物污染，按被污染的水体类型可分为河流污染、湖泊污染、海洋污染、河口污染和地下水污染。各种水体的特性不同，受污染的特点亦不相同。

(一)河流污染

河流是与人类关系最密切的水体，全世界最大的工业区和绝大部分城市都建立在河流之滨，依靠河流供水、运输、发电。河流又常是城市、工厂排放污水、废水的通道，目前大多数河流都受到不同程度的污染。

河流污染有如下特点。

1. 污染程度随径流量变化

河流的径流量决定了河流对污染物的稀释能力。在排污量相同的情况下，河流的径流量越大，稀释能力就越强，污染程度就越轻，反之就越重。而河流的径流量是随时间变化的，所以河水的污染程度亦随时间而变化，当排污量一定时，汛期的污染程度较轻，枯水期的污染程度较重。

2. 污染物扩散快

污染物排入河流先呈带状分布，经排污口以下一段距离的逐渐扩散、混合，达到河流全断面均匀混合。污染物在河流中的扩散迁移与河流的流速、水深及水体紊动强度有关。

3. 污染影响面大

河流是流动的水体，上游遭受污染会很快影响到下游，一段河道受污染可以影响整个河道的生态环境，甚至使与其关联的湖泊、水库、地下水、近海受到不同程度的污染。

4. 河流的自净能力较强

河流是动水环境，河水的流动性有使污染快速扩散的一面，同时流动水面与大气交界面经常相互混掺，复氧条件好，有利于有机污染物的降解，使水体具有较强的自我恢复、自我净化能力的一面。另外，由于河水交替快，污染物在河道中是易于运移的"过路客"，这些都加快了具体河段的自净过程，因而河流的污染相对比较容易控制。

(二)湖泊污染

湖泊的水流速度较小，水体更替缓慢，因此很多污染物能够长期悬浮于水中或沉入底泥。湖泊承纳了河流来水的污染物，以及沿湖区工矿、乡镇直接排入的污水、废水，因此有些湖泊受到了很严重的污染。

湖泊污染有以下特点。

1. 污染来源广、途径多、种类复杂

湖泊大多地势低洼，因此暴雨径流在集水区和入湖河道可挟带湖区各种工业废水和居民生活污水，湖区周围土壤中残留的化肥、农药等也通过农田回归水和降雨径流的形式进入湖泊。湖泊中的藻类、水草、鱼类等动植物死亡后，经微生物分解，其残留物也可污染湖泊。

2. 稀释和搬运污染物的能力弱

水体对污染物的稀释和迁移能力，通常与水流的速度成正比，流速越大，稀释和迁移能力越强。湖泊由于水域广阔、储水量大、流速缓慢，故污染物进入湖泊后，不易被湖水稀释而充分混合，往往以排污口为圆心，浓度逐渐向湖心减小，形成浓度梯度。湖水流速小，使污染物易于沉降，且使复氧作用降低，湖水的自净能力减弱。因此，湖泊是使污染物易于留滞沉积的封闭型水体。

3. 易发生湖泊富营养化

富营养化是水体衰老的一种表现。湖泊富营养化通常是指湖泊水体内氮、磷等营养元素过量富集，使水体内生产力提高，某些特征性藻类(主要为蓝藻、绿藻)异常增殖。有机物的分解大量消耗溶解氧，而湖水流速缓慢又使水的复氧作用降低，造成水体溶解氧长期缺少，水生生物不能继续生存，使水质变坏、发臭。

4. 对污染物质的转化与富集作用强

湖泊中水生动植物多，水流缓慢，有利于生物对污染物质的吸收，通过生物系统的食物链作用，微量污染物质能不断被富集和转移，其浓度可上百万倍增长。有些微生物还能将一些毒性一般的无机物转化为毒性很大的有机物。

最后，值得一提的是，水库可以看做是一种人工的湖泊，其水质污染规律基本上与湖泊相似。但水库水交换过程受水库运用方式的影响，在水交换快时，水质污染规律类似于河流。

(三)海洋污染

海洋是地球上最大的水体。海洋污染主要是由河流带入海洋的污染物,人为地向海洋倾倒废水、污染物以及海上石油业和海上运输排放和泄漏的污染物造成的。

海洋污染有以下特点。

1. 污染源多而复杂

海洋污染除海上航行的船舰和海下油井外,沿海和内陆地区的城市和工矿企业排放的污染物,最后大多进入海洋。陆地上的污染物可通过河流进入海洋,大气污染物也可随气流运行到海洋上空,随降雨进入海洋。

2. 污染持续时间长、危害性大

海洋是各地区污染物的最后归宿,污染物进入海洋后很难转移出去。难溶解和不易分解的污染物在海洋累积起来,数量逐年增多,并通过迁移转化而扩大危害,对人类健康构成潜在的威胁。

3. 污染范围大

世界上各个海洋之间是互相沟通的,海水也在不停地运动,污染物可以在海洋中扩散到任何角落。所以,污染物一旦进入海洋,是很难控制的。

(四)河口污染

河口是河流与海洋的交界处,它的物理、化学和生态特征具有与河流和海洋相同之处,同时也有独特之处。由于潮汐运动的作用,河口污染既可以由河流输送下来的污染物引起,也可以由海水侵入河口带进来的污染物造成。污染物在河口区往往形成一个累积区(浮泥区),对该区的生态环境产生某些特殊的影响。

河口污染的特殊性不仅表现在污染物来源上,而且表现在污染物在河口水体中的物理、化学和生物效应上。由于河口是咸淡水交界地区,污染物在水中的胶体化学行为即絮凝现象表现突出,底泥和悬浮物中累积的污染物对鱼贝等水生物的影响明显。

(五)地下水污染

污染物通过河流、渠道、渗坑、渗井、地下岩溶通道、地面污灌等途径,从地表进入地下,引起地下水污染。地下水污染可分为直接污染和间接污染两类。直接污染是地下水污染的主要方式,污染物直接进入含水层,在污染过程中,污染物的性质不变,易于追溯,如城市污水经排水渠边壁直接下渗。在间接污染中,污染物先作用于其他物质,使这些物质中的某些成分进入地下水,造成污染,如由污染引起的地下水硬度增加、溶解氧减少等。间接污染的过程缓慢、复杂,污染物性质与污染源已不一致,故不易查明。

地下水与地表水之间有着互补的关系,地表水的污染往往会影响地下水的水质。由于地下水流动一般非常缓慢,其污染过程也很缓慢且不易察觉。一旦地下水被污染,治理非常困难,即使彻底切断了污染源,水质恢复也需要很长时间,往往需要几十年甚至上百年。

六、水底沉积物

判断水体污染,除直接测定水中污染物的含量外,对沉积物的研究也是重要的一方面。水底沉积物是现代沉积过程的产物,研究沉积物的污染状况,不但可以判断、衡量当前水体的污染程度,也可以追溯水体污染的历史过程。

水底沉积物是指被降雨、径流等动力因素带入河湖中,沉淀到水底的物质,以沙粒、黏土、有机物残体为主,又称为底质或底泥。沉积物的组成往往反映流域的气候、地质和土壤的特征以及水体本身发展的特点,所以研究沉积物的污染特征是十分重要的。

(一)沉积物的沉积特征

河流、湖泊和水库都有沉积物的沉积过程,但这些过程也不是完全相同的。下面以河流为例,简单地说明河流沉积物的沉积特征。

一般来说,河流沉积物的组成和沉积规模,直接与河流的类型和水文条件有关。坡陡流急的山区河流,沉积物多为砾石,且受洪水影响经常迁移变动。所以,研究山区河流沉积物在河流污染中的作用是比较困难的。平原河流水势平缓,搬运堆积的多为吸附性强的细沙、粉沙或黏土质颗粒。虽然受洪水影响,河道主槽沉积物会有季节性的迁移变动,但滩地沉积物年复一年的累积基本保持相对的稳定性。湖库沉积也有此特点。所以,沉积层的污染状况实际上勾勒出河流污染的历史轨迹。

(二)沉积物中污染物的背景含量及影响因素

正如前面所述,在判断沉积物的污染水平和污染程度的时候,常常需要寻求沉积物中污染元素的背景含量。所谓背景含量,就是指在河流中不受污染的河段,底部沉积物中某些污染元素原有的自然含量。在研究河流某一部位沉积物的污染情况时,也可以把该部位下面的沉积物中元素含量定义为背景含量,深层沉积物必须是不受污染时期的样品。

不同河流的地理位置和水文状况不同,背景含量值实际上也有一定幅度的变化。通过沉积物中污染物实际含量和背景含量的对比,就可以确定水体污染程度,据以选择环境对策。

在动态水域中,沉积物中污染物含量受内、外两方面因素影响。外部因素为污染源排放到废水中的污染物含量、河道水流条件、沉积物中微生物以及水的 pH 值等;内部因素为沉积物的矿物组成、机械组成和有机质含量,它们在沉积物的排放、输移、絮凝沉降等不同阶段对污染物含量有着不同程度的影响。

(三)沉积物的吸附效应与解吸效应

1. 吸附效应

沉积物的吸附作用在水体污染过程中有非常重要的影响。吸附效应常用以下指标来度量:在一定条件下,向含有污染物的水溶液中加入定量的沉积物,经过一定时间后,测定水溶液中污染物减少量与原有含量之比。吸附效应 f_x 的计算式为:

$$f_x = \frac{c_x - c_i}{c_x} \times 100\% \tag{3-1}$$

式中　f_x——沉积物的吸附效应百分数(%);

c_x——加入沉积物前水溶液中原有的污染物的浓度,mg/L;

c_i——加入沉积物后水溶液中污染物的浓度,mg/L。

吸附效应与水体的 pH 值和沉积物组成有关,一些重金属污染物的吸附、迁移就直接受酸碱度的影响。例如,偏碱性的河流,对重金属污染物的吸附效应较强,它们就不易顺流迁移;而在偏酸性河流中重金属污染物则很难被吸附,大多被带到下游造成危害。被吸附在沉积物上的污染物,可以有两种去向,一种是被沉积物中微生物慢慢分解或转化为其他化合物,另一种是残留在沉积物上或者被后来的沉积物所覆盖。

2. 解吸效应

含有污染物的沉积物还具有与吸附效应相反的解吸效应。所谓沉积物的解吸效应,是

指在一定条件下,含有污染物的沉积物向水中释放污染物的量与沉积物中污染物原有含量的比。解吸效应f_y的计算式为:

$$f_y = \frac{c_y - c_i}{c_y} \times 100\% \tag{3-2}$$

式中 f_y——沉积物的解吸效应百分数(%);

c_y——沉积物中原有的污染物的量,mg/L;

c_i——释放后尚存于沉积物中的污染物的量,mg/L。

沉积物的解吸效应受水环境条件影响,例如,pH值增加会使解吸效应相应增加。f_y反映了沉积物中的污染物向水中释放的相对数量,它的大小对水体能否引起次生的二次污染具有重要影响。

第四节　水体自净

水体自净作用有多种多样的解释,但是从广义上来说,就是指进入水体的污染物浓度随时间的推移和流动空间的变化具有自然降低的现象。各类天然水体都有一定的自净能力。

一、水体自净的原理

水体自净是水体中物理因素、化学因素和生物因素共同作用的结果,自净作用按其机制可分为物理自净作用、化学自净作用、生物自净作用三种,这三种作用在天然水体中并存,同时发生,又相互影响,但其中经常以生物自净作用为主。

(一)物理自净作用

物理自净作用是指水体的稀释、混合、吸附和沉淀等作用。物理自净作用只能降低水体中污染物质的浓度,并不能减少污染物质的总量。

1.稀释与混合

稀释是指污染物质进入天然水体后,便在一定范围内相互掺合,使污染物质的浓度降低。距排污口越近,污染物质的浓度越高,反之越低。污染物质顺水流方向的运动称为对流,污染物质由高浓度区向低浓度区迁移称为扩散。稀释作用主要取决于对流和扩散的强度。

污水与天然水的混合状况,取决于天然水体的稀释能力、径(天然水体的径流量)污(污水量)比、污水排放特征等。径污比和污水排放特征也影响着天然水与污水完全混合所需的时间或流经的距离。

2.吸附和沉淀

吸附和沉淀作用是指很多污染物通过吸附在水中悬浮物上随流迁移、沉积,从而完成了水与水底沉积物之间污染物的交换。这类自净作用虽然可以使水质得到净化,但沉积物中的污染物却增加了,因而水体存在着引发二次污染的隐患。

吸附与沉淀作用还受到水中pH值、离子浓度的影响,发生一种叫絮凝的物理化学作用,会使水中的黏粒形成胶团,又相互吸附成团成片,更易沉积并形成沿水体底部流动的浮泥,这使污染物的吸附、沉淀与迁移增强。沿海的一些港口和流经城市的一些河道便经常受这种含有大量污染物的浮泥的影响。

(二)化学自净作用

化学自净作用包括化学、物理化学及生物化学作用,其具体反应又可分为污染物的氧化还原反应、酸碱反应、水解与聚合反应、分解与化合反应等。

1. 氧化还原反应

水体化学自净过程的动力因素是太阳能和空气中的氧,而且大部分与生命系统有联系,故主要表现在有机污染物的分解与水中溶解氧的变化这类生物化学净化过程上。

有机污染物进入水体后,在生物化学作用下便开始分解转化(氧化分解)。这个过程的速度有快有慢,主要受有机污染物含量和水中溶解氧含量的影响,即有机污染物降解的数量与水体中氧的消耗量是正相关的,故可用水体溶解氧DO的变化来反映有机污染物的分解动态(降解过程)。

河流中溶解氧的变化主要受两种因素影响,一是排进的有机污染物降解时的耗氧,二是河流自身不断的复氧。河流的净化作用可以用DO沿程(随时间)变化的氧垂曲线来形象反映,如图3-1所示。图中DO的变化为一悬索状下垂曲线,在起始(排污口)断面附近,入河有机污染物强烈的氧化分解作用使DO迅速减小,氧垂曲线迅速下降,同时也开始刺激复氧过程。但耗氧大于复氧,使溶解氧逐渐降至最低点DO_{min},此时水体可能发黑变臭。随后,由于水中氧亏加大,复氧加快,流经一段距离(时间)后,溶解氧又逐渐回升还原,受污染的河水重新被净化。这种河流氧平衡的DO悬垂曲线概括了一般河流有机污染物变化的普遍规律。

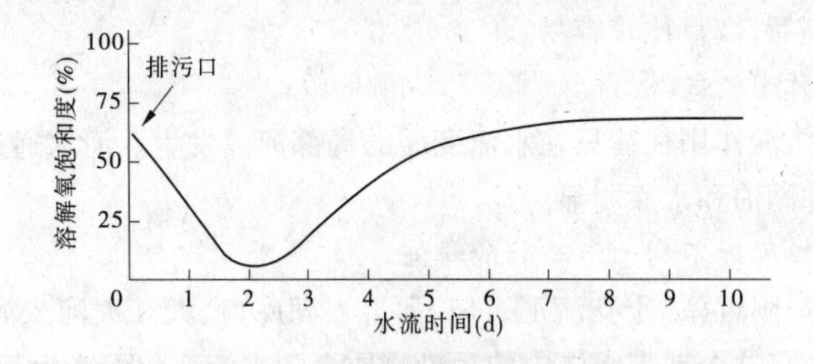

图3-1　有机物氧化分解耗氧过程

除有机污染物的氧化反应外,其他水中的污染物质也可与水中的溶解氧发生氧化反应,如水中的某些重金属离子被氧化成难溶的沉淀物沉降(如铁、锰等被氧化成氢氧化铁、氢氧化锰沉淀);有些离子被氧化成各种酸根而随水迁移(如硫离子被氧化成硫酸根离子)等。

2. 酸碱反应

当含酸性或碱性的污水排入天然水体时,其pH值发生变化,不同pH值的天然水体对污染物质有着不同方式的净化作用。如某些元素在酸性环境中会形成易溶化合物,随水流迁移而稀释;而在中性或碱性环境中则形成难溶的氢氧化物而沉降,从而起到了净化水质的作用。

(三)生物自净作用

生物自净在地表天然水的净化作用中是最重要也是最活跃的过程。天然水净化过程中生物所起的作用,主要有两个方面:一方面生物区系在水的自净过程中将一些有毒物质分解转化为无毒物质,消耗水中的溶解氧;另一方面水体污染又使该环境中的生物区系本身发生变化,以适应环境状态的一些改变。也就是说,可以把生物区系的变化当做评价污染对环境影响的一个综合质量指标。

河流的生物自净作用直接与河水中生物区系的种类和数量有关。能分解污染物的微生物种类和数量越多,河流的生物自净作用相应就越强、越快。

二、不同水体的自净特点

江、河、湖、库等各种不同的天然水体,各自具备不同的水环境条件和水体污染特征,它们的自净作用也有很大差别。

(一)河流水体的自净特点

河流是流动的,因此河流水体的自净特点都是通过水流作用所产生的一系列自净效应体现的。

1. 河水流动有利于污染物的稀释、迁移

河水在河道中流动,沿程各断面流速分布梯度的变化,将有利于对水中污染物质的稀释、迁移作用。在水流湍急、断面流速分布梯度变化大的河段,紊动作用就强烈;而在水流缓慢、断面流速分布梯度变化小的河段,沉淀作用就会产生。

2. 河水流动使水中的溶解氧含量增加

流动的河水,由于曝气作用显著,水中溶解氧含量增加,分布比较均匀,有利于生物化学作用和化学氧化作用对污染物的降解。河流的水量交换频繁,污染物质的输入、输出量变化大,当河流受到污染后,恢复比较容易。

3. 河水的沉淀作用较差

河流水体中的沉淀作用往往只在水流变缓的局部河段发生。河水通过沉淀对水中杂质的净化效果,远不如湖泊和水库明显。

4. 河流的汇合口附近不利于污染物的排泄

在河流的汇合口附近(如干支流汇入口、河流入湖库口、大江大河入海口等),河水流向和流速经常变动着,在这个地带水体中的污染物质会随水流变化而产生絮凝和回荡现象,不利于污染物的排泄和迁移,使污染物质在河段中停留与分解的时间变长。

5. 河流的自净作用受人类活动的干扰和自然条件的变化影响较大

正如前面所述,河流是与人类关系最密切的水体,污染和自净都易受人类活动的干扰。

暴雨洪水的冲刷也可使局部地区原来沉积河底的污染物质重新进入水中,结果使水体的沉积物得到净化而水质受到污染;汛期和枯水期河流的流量变化大,自净作用的差异也很显著。

总之,河流的水流作用明显,产生自净作用的因素多、自净能力强,河水被污染后较容易进行控制和治理。

(二)湖库水体的自净特点

湖库水体基本上属于静水环境,流速的分布梯度不明显,因此其自净特点与河流有很大差别。

1. 沉淀是主要的自净作用

湖泊、水库水体的深度较大,流动缓慢,在水体自净作用中,最明显的是对水中污染物质的沉淀净化作用和各种类型的生物降解作用,而稀释、迁移及紊动扩散作用相对较小。

2. 随季节性变化的水温分层

对于深水湖泊、大型水库，由于水深大，水层间的水量交换条件差，因此一般存在着随季节性变化的水温分层现象，对水体的自净作用有特殊的影响。

3. 水中溶解氧随水深变化明显

湖库水体中只有表层水在与大气的接触过程中，产生曝气作用，太阳辐射产生的光合作用也只在表层水中进行，这就造成了水中溶解氧随水深而明显变化，湖库表层水的溶解氧含量最高，而在中间水层的底部溶解氧含量常减小很多（甚至为零），随着水深继续加大，溶解氧含量又有所上升，最后又逐渐变小，至湖库底部常减小为零，所以湖库底部常呈缺氧状态。湖库表层水好氧分解活跃，中间水层兼气性微生物作用明显，而在湖库底部基本上是厌氧分解作用。

4. 湖库水体污染后难以恢复

湖库水体与外界的水量交换小，污染物进入水体后，会在水体中的局部地区长期存留和累积，这使得湖库水体被污染后难以恢复。

总之，与河流相比，湖库水体中的污染物质的紊动扩散作用不明显，自净能力较弱，水体受到污染后不易控制和治理。

（三）地下水的自净特点

地下水的自净作用是指污染物质在进入地下水层的途中和在地下水层内所产生的有利的改变。这种改变的产生在物理净化方面有土壤和岩石空隙的过滤作用，以及土壤颗粒表面的吸附作用；在化学净化方面有化学反应的沉淀作用和土壤颗粒表面的离子交换作用；在生物净化方面有土壤表层微生物的分解作用。通过这些作用，原来不良的水质可以得到一定程度的改善。

三、影响水体自净的主要因素

水体自净是一个比较复杂的过程，影响自净作用的因素很多且相互联系，综合地起着净化水体中污染物质的作用。影响水体自净的主要因素有以下几个方面。

（一）污染物质的性质与浓度

各种污染物质本身所具有的物理化学性质及浓度不同，对水体自净作用产生的影响也不同。就污染物质本身的物理化学性质而论，可将水体中存在的污染物质分为：易降解的污染物与难降解的污染物，易被微生物分解的污染物与易进行化学分解的污染物，在好氧条件下易降解的污染物与在厌氧条件下易降解的污染物等。除污染物质的物理化学属性外，污染物质的浓度也对自净作用有特殊的影响。污染物质有高浓度的污染物与低浓度的污染物之分，当污染物质的浓度超过某一限度后，水体自净速度便会迅速降低，污染物质的降解状态会突然改变。如可降解的有机污染物质，在一定浓度下可在好氧微生物作用下彻底分解，而当浓度增加造成水中严重缺氧时，好氧分解受到抑制，使有机污染物质的降解变为由厌氧菌进行的不彻底分解，从而在分解过程中产生有害气体。

（二）水体的水情要素

影响水体自净作用的主要水情要素有水温、流量、流速和含沙量等。

水温不仅直接影响着水体中污染物质的净化速度（如化学反应速度），而且还影响着水中饱和溶解氧浓度和水中微生物的活动，间接影响了水体的自净作用。

水体的流速、流量等水文水力学条件,对自净作用的直接或间接影响也很突出。在紊动强烈的流动方式中,稀释、扩散能力加强,并使与水体表面状态有关的气体交换(如复氧)速度增大。因为水温和流量都具有季节性变化的特点,所以水体自净作用也随季节变更而有差异。

水中含沙量的大小与污染物质浓度的变化也有一定关系,这主要是由于水中的泥沙颗粒能吸附水中某些污染物质,当泥沙沉降时,水质被净化;当泥沙悬浮时,水质被污染。调查证明,黄河中含沙量与含砷量呈紧密的正相关关系,这是因为河流中的泥沙对砷的吸附能力强。

(三)水生生物

生活在水体中的动植物(特别是其中的微生物)的种类和数量与水体的自净作用密切相关。当水中能分解污染物质的各种微生物种类和数量较多时,水体的自净作用就强。如果水体污染严重,微生物的生命活动受限或引起微生物大量死亡,则自净作用便降低。

(四)周围环境

1. 大气

水体自净作用的强弱与水中溶解氧的含量及分布密切相关,而水中溶解氧的补给很大程度上取决于大气复氧的条件,如水面形态、水的流动方式、大气与水中氧的分布、大气与水体的温度差等。同时,大气中的污染物质也可以通过多种途径进入水体而影响自净作用,而水中的有害气体向大气挥发又促进了水体自净作用。冬季水面由于降温结冰,冰面阻碍了水体与空气之间的物质交换,水中溶解氧得不到补充,这种情况不利于水体自净,如果此时排入含大量有机质的废水,就有可能使水中的溶解氧进一步降低,甚至消耗殆尽,使鱼类窒息死亡。

2. 太阳辐射(光照条件)

太阳辐射对水体自净作用的影响有直接和间接两方面。直接的影响如太阳辐射(特别是紫外线)能使水中污染物质迅速分解;间接的影响如太阳辐射可以引起水温变化,以及促使浮游植物与水生植物进行光合作用,改变溶解氧条件等。太阳辐射作用对浅层水体的影响大于对深层水体的影响。

3. 水底沉积物

水底沉积物能够富集污染物质。水体与底部的基岩及沉积物之间有着不断的物质交换过程,不同的沉积物影响着底栖生物的种类和数量,从而影响污染物质的分解。因为不同的沉积物对污染物的吸附能力有差异,所以河底表面面积的大小也影响到自净作用。

4. 地质地貌条件

地质、地貌及河流形态,湖库底部特征等也通过某种间接方式对水体自净作用产生影响。如河流的河床形态不同,水流的运动方式也不一样,从而影响各个河段的自净作用。位于冲积扇顶部的地表水遭到工业废水污染后,不仅影响下游地表水的自净作用,而且由于地表水和地下水密切的补给关系,通过各含水层之间的水力联系,会将污染物质迁移至位于冲积扇下部的地下水,从而影响到那里地下水源的自净作用。

总之,从保护水资源角度来看,水体自净是环境调节的一种必然现象,同时水体的自净能力也是有一定限度的。若要正确制定水环境政策,必须把握好这一点。

第五节　水体污染的控制与治理

一、水体污染控制的目标

控制水体污染的目标主要有以下几个方面：

(1)确保地表水和地下水饮用水源地的水质，为向居民供应安全可靠的饮用水提供保障。

(2)恢复各类水体的使用功能和生态环境，确保自然保护区、珍稀濒危水生动植物保护区、水产养殖区、公共游泳区、海上娱乐体育活动区、工业用水取水区和农业灌溉等水质，为经济建设提供合格的水资源。

(3)保持景观水体的水质，美化人类居住区的景色。

二、水体污染的防治措施

水体污染防治主要是为了制定区域(流域)或城镇的水污染防治规划，在调查分析现有水环境质量及水资源利用需求的基础上，明确水污染防治的任务，制定相应的防治措施；加强对污染源的控制，包括工业污染源、城市居民区污染源、畜禽养殖业污染源，以及农田径流等面污染源，采取有效措施减少污染源的污染物量；对各类废水进行妥善的收集和处理，建立完善的排水管理网及污水处理厂，使污水排入水体前达到排放标准；开展水处理工艺的研究，满足不同水质、不同水环境的处理要求；加强对水环境和水资源的保护，通过法律、行政、技术等一系列措施，使水环境和水资源免受污染。主要防治措施有以下几点。

(一)减少耗水量

当前我国水资源的利用，一方面表现为水资源紧张，另一方面表现为浪费严重。同工业发达国家相比，我国许多单位产品耗水量要高得多。耗水量大，不仅造成了水资源的浪费，而且是水环境污染的重要原因。

通过企业的技术改造，推行清洁生产，降低单位产品耗水量，一水多用，提高水的重复利用率等，在实践中被证明是行之有效的。

(二)建立城市污水处理系统

为了控制水污染的发展，工业企业必须积极治理水污染，尤其是有毒污染物的排放必须单独处理或预处理。随着工业布局、城市布局的调整和城市下水道管网的建设与完善，可逐步实现城市污水的集中处理，将城市污水处理与工业废水治理结合起来。

(三)产业结构调整

水体的自然净化能力是有限的，合理的工业布局可以充分利用自然环境的自然能力，变恶性循环为良性循环，起到发展经济、控制污染的作用。应关、停、并、转那些耗水量大、污染重、治污代价高的企业。也要对耗水大的农业结构进行调整，特别是干旱、半干旱地区要减少水稻种植面积，走节水农业与可持续发展之路。

(四)控制农业面源污染

农业面源污染包括农村生活源、农业面源、畜禽养殖业、水产养殖业的污染。解决面源污染比解决工业污染和大中城市生活污水难度更大，需要通过综合防治和开展生态农业示范工程等措施进行控制。

（五）开发新水源

我国的工农业和生活用水的节约潜力不小，需要抓好节水工作，减少浪费，达到降低单位国民生产总值的用水量的目的。南水北调工程的实施，对于缓解山东、华北地区严重缺水情况有重要作用。修建水库、开采地下水、净化海水等可缓解日益紧张的用水压力，但修建水库、开采地下水时要充分考虑对生态环境和社会环境的影响。

（六）加强水资源的规划管理

水资源规划是区域规划、城市规划、工农业发展规划的主要组成部分，应与其他规划同时进行。

必须根据水的供需状况，实行定额用水，并将地表水、地下水和污水资源统一开发利用，防止地表水源枯竭、地下水位下降，切实做到合理开发、综合利用、积极保护、科学管理。

利用市场机制和经济杠杆作用，促进水资源的节约化，促进污水管理及其资源化。为了有效地控制水污染，在管理上应从浓度管理逐步过渡到总量控制管理。

三、水体污染治理技术

水是基础性的自然资源和战略性的经济资源。在人均水资源拥有量日益减少的同时，水环境恶化所造成的水质性和功能性缺水现象亦日益突出，已成为突出的、全球性的共同的问题。早在20世纪初，欧美有些国家就关注水环境的污染，并且开始研究与防治。近几十年来，各国为控制水环境污染进行了大量研究，并且耗巨资对有些主要湖泊和城市河道进行了大范围治理。大量实践证明，水环境的污染是可以治理的，但这种治理常常费时长、费钱多：国际上治理最成功的美国华盛顿湖，耗资1.3亿美元，前后经过17年治理才达到目标；而面积仅1 km^2 的瑞典的Frumman湖，费时22年，耗资90万美元才治理完毕，等等。据此，从20世纪70年代起，尤其是近十几年来，日本、美国、德国、瑞士等发达国家纷纷对以往的水环境治理思路进行反思，提出了生态治水的新理念，尊重河湖系统的自然规律，注重对其自然生态和自然环境的恢复和保护，使河湖的综合服务功能展现得更好。

农业面源污水由于量大面广，其治理难度不亚于点源，就美国、日本等发达国家对农业面源污染治理尤其是近年治理发展趋势来看，主要采用生物氧化塘、人工湿地和土地处理系统等来治理农业面源污染。

就具体的技术发展趋势来看，生物和生态法是修复水生态系统中最为推崇的举措之一。这种技术实际上是对水体自净能力的强化，是人们遵循生态系统自身规律的尝试。而在具体的实施时，更趋向于多种技术的集成。具体由哪几种技术集成，则需要根据目的水域的污染性质、程度、生态环境条件和阶段性或最终的目标而定，亦即在实施前要对目的水域作系统周密的论证，而后制订实施方案，才能达到预期的目标。

大量实践证明，以相应的试验示范基地为平台，开展相应的应用基础研究与新技术开发，同时引进异地实用高新技术，进行本地化研究与示范，是有利于早出成果且直接将其转化为生产力的可行途径。如日本在琵琶湖和霞浦湖等建立了针对流域水环境治理与生态修复的试验示范基地，取得了环境教育、新方法和新技术研究开发与技术成果展示效果，为增强市民的环境意识和科技成果的推广应用起到了积极的促进作用。

大量研究表明，对水域的水环境污染进行有效治理的前提是控制污染源，只有外源得到了有效控制,作为末端治理技术的水环境污染治理才能见效,不然只能起到事倍功半的效果,甚至徒劳。通过大量研究与实践,已明确水环境污染实际上是典型的生态问题,因此在对污染水域进行治理时,应用生态学方法使生态问题得到最终解决。近年来,强调治理与生态修复相结合,甚至更加强调生态修复的作用。

从广义上讲,所有的生物处理都是生态修复。目前,国际上根据原理将已在使用的或已进入中试阶段的水环境治理与生态修复技术分为物理法、化学法、生物和生态法三大类。其中的技术名称包括底泥疏浚、人工增氧、生态调水、化学除藻、絮凝沉淀、重金属化学固定、微生物强化、植物净化、生物膜,详见表3-1。

表3-1　水环境治理与生态修复技术分类及其适用范围

技术分类	技术名称	选用污染水域范围	主要作用
物理法	底泥疏浚	严重底泥污染	外移内源污染物
	人工增氧	严重有机污染	促进有机污染物降解
	生态调水	富营养化,有害无毒污染	通过稀释作用降低营养盐和污染物浓度,改善水质
化学法	化学除藻	富营养化	直接杀死藻类
	絮凝沉淀	底泥内源磷污染	将溶解态磷转化为固态磷
	重金属化学固定	重金属污染	抑制重金属从底泥中溶出
生物和生态法	微生物强化	有机污染	促进有机污染物降解
	植物净化	富营养化、复合性污染	污染物迁移转化后外移
	生物膜	有机污染	促进有机污染物降解

(一)底泥疏浚

底泥疏浚是在水域污染治理过程中普遍采用的措施之一。这是因为底泥是水生态系统中物质交换和能流循环的中枢,也是水域营养物质的储积库和特殊的缓冲载体。在水环境发生变化时,底泥中的营养盐和污染物会通过泥—水界面向上覆水体扩散,尤其是城市湖泊和河道,长期以来累积于沉积物中的氮、磷和污染物的量往往很大,在外来污染源存在时,这些物质只是在某个季节或时期内会对水环境发挥作用,然而在其外来污染源被全部切断后,则逐渐释放出来对水环境发生作用,包括增加上覆水体中的污染物含量和因表层底泥中有机物的好氧生物降解及厌氧消化产生的还原物质消耗水体溶解氧等,并且在很长一段时期内维持对水环境的影响。因此,一般而言,疏浚污染底泥意味着将污染物从水域系统中清除出去,可以较大程度地削减底泥对上覆水体的污染贡献率,从而起到改善水环境质量的作用。

底泥疏浚技术从原理上来说属物理法分类技术。外移内源污染物,这是底泥疏浚技术主要作用所含有的内容。就疏浚技术现状来看,主要包括工程疏浚技术、环保疏浚技术和生态疏浚技术等。就技术的成熟度和采用率而言,其中的工程疏浚技术居首,环保疏浚技术是近年开发并且已进入大规模采用阶段的成熟技术,生态疏浚技术则是最近提出并且在局部实施的新技术。

就实施疏浚技术对水环境质量的改善效果来看,由于工程疏浚技术以往主要是用来疏通航道、增加库容等，长期的实践证明其效果欠佳；环保疏浚技术是以清除水域中的污染底泥、减少底泥污染物向水体释放为目的的技术，其效果因此明显优于工程疏浚技术，而有较高的施工精度，能相对合理地控制疏浚深度，较大幅度地减少疏浚过程中的污染是环保疏浚技术的特点；生态疏浚技术是以生态位修复为目的的技术，以工程、环境、生态相结合来保持河湖可持续发展，其特点是以较小的工程量最大限度地清除底泥中的污染物，同时为后续生物技术的介入创造生态条件。

然而，据日本等发达国家的实践，就特定的水体而言，是否需要对其底泥进行彻底的疏浚，或者疏浚到什么程度，还需要进行细致周密的研究论证，并且应做到根据区域的污染程度、性质和疏浚目的而定，不宜一概采用。这是因为大规模的底泥疏浚不但需要大量资金来支持，而且被清除的污染底泥的最终处理也是一个棘手的问题。

（二）人工增氧

人工增氧是在治理污染河道中较多采用的措施之一。这是因为污染严重的河道水体由于耗氧量远大于水体的自然复氧量，溶解氧普遍较低，甚至处于严重缺氧状态，此时河道的水质严重恶化，水体自净能力低下，水生态系统遭到破坏。人工增氧能较大幅度地提高水体中的溶解氧含量。

人工增氧的结果如下：

（1）加快水体中溶解氧与臭污物质之间发生氧化还原反应的速度。

（2）提高水体中好氧微生物的活性，促进有机污染物的降解速度，这些作用对消除水体的臭污具有较好的效果。

人工增氧一般适宜于在以下两种情况下应用：

（1）为加快对污染河道治理的进程；

（2）作为已经治理过河道中的应急措施。

人工增氧技术从原理上来说属物理法分类技术。促进有机污染物降解，这是人工增氧技术主要作用所含有的内容。

（三）生态调水

生态调水是在敏感水域普遍采用的水环境污染治理措施。生态调水通过水利设施（闸门、泵站等）的调控引入污染水域上游或附近的清洁水源冲刷稀释污染水域，以改善水环境质量。

生态调水的实际作用主要体现在：

（1）将大量污染物在较短时间内输送到下游，减少了原区域水体中污染物的总量，以降低污染物的浓度；

（2）调水时改善了水动力的条件，使水体的复氧量增加，有利于提高水体的自净能力；

（3）使死水区和非主流区的污染水得到置换。

生态调水技术从原理上来说属物理法分类技术。通过稀释作用降低营养盐和污染物浓度，改善水质，这是生态调水技术主要作用所含有的内容。然而，生态调水技术的物理方法是把污染物转移而非降解，会对流域的下游造成污染，所以在实施前应进行理论计算预测，确保调水效果和承纳污染的流域下游水体有足够大的环境容量。

（四）植物净化

植物净化技术从原理上来说属生物和生态法分类技术。污染物迁移转化后外移是植物净化技术主要作用所含有的内容。相对于物理法和化学法而言，生物和生态修复技术的提出时间较晚，而其发展仅仅是从近十几年前才开始的，尤其是其中的植物净化技术近年来才开始得到重视。植物净化技术的最大优点是可以通过植物的吸收吸附作用，降解、转化水体中的有机污染物，继而通过收获植物体的形式将有机污染物从水域系统中清除出去，因此可以达到标本兼治的效果。与此同时，植物的存在为微生物和水生动物提供了附着基质和栖息场所。某些植物的根系能分泌出克藻物质，达到抑制藻类生长的作用，庞大的枝叶和根系成为自然的过滤层，能截获大量的悬浮物质等，对水生态系统的物理、化学以及生物特性亦能产生重要影响。

作为完整的水生态系统包含种类及数量恰当的生产者、消费者和分解者，具体地说，包括水生植物和鱼、螺、虾、贝、大型浮游动物等水生动物，以及种类和数量众多的微生物和原生动物等。其中，水生植物是水生态系统中的初级生产者，其不仅是水体食物网的重要成员，而且在水体溶解氧供应、营养循环中起到重要作用，另外还作为水体结构角色，为其他水生动物提供生存空间和产卵栖息地。

水生植物技术用于生态修复阶段，其主要作用如下：

(1)净化微污染的水体，即通过吸收吸附作用，降解、转化水体中的有机污染物，使水质得到进一步改善；

(2)作为水生态系统的主要成员为其他生物的生存、繁衍提供场所和食物。

水生植物，尤其是其中的浮叶和沉水植物在污染严重的水体中因生境条件不具备，因而难以成活，而修复水生态系统时有水生植物的介入，生态系统就能修复。

四、常用的废污水处理方式与流程

各种污水处理方法都有各自的特点和适用条件，在实际废水处理中，它们往往是要配合使用的，不能预期只用一种方法就能把所有的污染物质都去除干净。这种由若干个处理方法合理组配而成的废水处理系统，通常称为废水处理流程。

按照不同的处理程度，废水处理系统可分为一级处理、二级处理和三级处理，见图3-2。

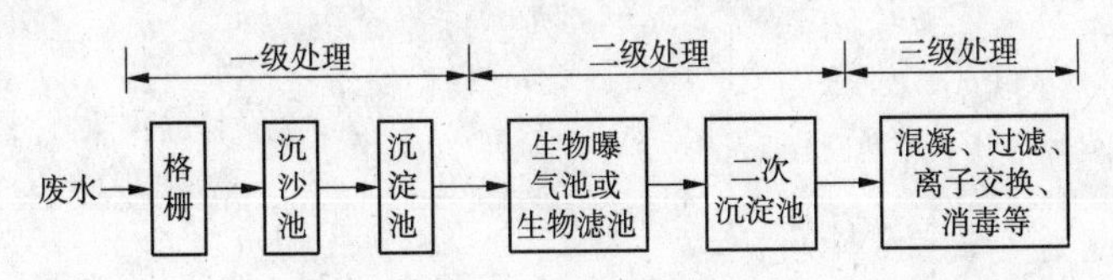

图3-2　废水处理系统

(1)一级处理只去除废水中较大的悬浮物质。物理法中的大部分方法是用于一级处理的。一级处理有时也称为机械处理。废水经一级处理后，可去除30%～50%可降解的有机物，但一般仍达不到排放要求，尚需进行二级处理。从这个角度上说，一级处理只是预处理。

(2)二级处理的主要任务是利用生物化学方法去除废水中呈溶解和胶体状态的有机物质。生物处理法是最常用的二级处理方法，比较经济有效。因此，二级处埋也称为生物处理或生物化学处理。通过二级处理，一般能去除80%～90%可降解的有机物和90%～95%的固体悬浮物，一般废水均能达到排放要求。

(3)三级处理也称为高级处理或深度处理。当对出水水质要求很高时，为了进一步去除废水中的营养物质（氮和磷）、生物难降解的有机物质和溶解盐类等，以便达到某些水体要求的水质标准或直接回用于工业，就需要在二级处理之后再进行三级处理，处理效率可达95%以上，使水质达到要求。

对于某一种废水来说，究竟采用什么样的处理方法、怎样的处理流程，需根据废水的水质和水量、回收价值、排放标准、处理方法的特点以及经济条件等，通过调查、分析和作出技术经济比较后才能确定。必要时，还要进行试验研究。

习 题

1. 在环境水利中，水体和水有何不同？
2. 污染物进入水体后，主要受哪三种作用影响？
3. 为何底质可以反映污染历史过程？
4. 水体自净作用的三个重要环节是什么？

第四章　水质模型

第一节　污染物扩散规律

一、概述

污染物在水中遵循什么传播规律？特点如何？影响的范围又有多大？对于这些只涉及污染物物理运动状况的问题进行研究，可以为水质数学模型的建立奠定基础，同时对于了解和控制水体污染是极为重要的，也是研究水体污染工作中最基本的一环。

污染物在水中传播的一般规律除与污染物的自身特性有关外，也受其水环境条件的重要影响。由于不同的污染物特性及水环境条件将产生不同的传播规律，为了简化方程便于求解，可以对不同的污染物特性及水环境条件进行适当分类。对于污染物，从物理和生化的角度考虑，我们可把它分为持久性污染物和非持久性污染物。前者是指污染物混合到水环境中不会发生生物化学反应或生物降解而生成新的物质，原物质的总量保持恒定。后者则相反。本节仅讨论持久性污染物。对于水环境，一般有静态水环境和动态水环境之分。前者指没有流动或流速很低的水体，如湖泊、水库、池塘等。后者则指具有一定流速的水体，如江河、渠道中的水流等。污染物在水体中的运动形式可分为两类：一类是扩散运动，包括分子扩散、紊动扩散、剪切流扩散（亦称剪切流离散）三种，它们是污染物质在水体中得以产生分散、出现混合的重要物理机制。另一类是随流输移运动，既包括反映污染物服从总体水流的所谓随主流输移运动，又包括沿垂直主流方向，上下层水体的输移交换引起污染物的所谓对流输移运动。此外，实际水体总是有边界的，污染物运动受其限制，在传播中存在边界反射问题，而且这种反射作用往往对污染物的分布产生重要影响，不可忽略。

污染物的扩散、输移、边界反射的水力特性均与水环境的水力要素密切相关。一般这些水力要素总是在时间和空间两个方面不断变化的，因此污染物进入水环境后形成的所谓浓度场也应表示成时空的函数形式，即某污染物的浓度分布可表示为：

$$c = c(x,y,z,t) \tag{4-1}$$

式中　c——污染物浓度；

x、y、z——三维空间变量；

t——时间变量。

二、静水环境中的分子扩散规律

（一）扩散现象

扩散是自然界物质运动的一个普遍现象，所谓扩散，就是指在流体中，物质总是从浓度（或物质含量）高的地方向浓度（或物质的量）低的地方传播的现象。无论物质所在流体是否发生运动，扩散现象都会发生。然而，流体的运动与否，造成了扩散内在机制的差异。当流体静止时，流体中物质的扩散完全依靠该物质分子的热运动完成，例如在一杯静态水中放入颜料或盐分，虽然没有流动，但经过较长时间后，颜料或盐分仍能扩散至全杯，这种扩散运动的速率非常缓慢，我们称之为静态水环境中的分子扩散。当流体具有一定流动速度，特别是当流体达到紊流流态时（天然河流中的流动大多属于紊流），物质在流体微团的紊动作用下，以比分子扩散运动更快的速度进行扩散，我们称之为紊动扩散。

（二）分子扩散运动的费克（Fick）定律

1855年，德国生理学家费克（Adolf Eugen Fick，1829～1901）首先发现了用于描述分子扩散现象的费克定律。在试验中，他发现溶解物质（污染物）在静止溶液（水环境）里的扩散运动与热在金属中的传导具有可比拟性，并进而提出了描述分子扩散现象的著名定律：费克（Fick）定律。

1. 费克第一定律

单位时间内通过单位面积的溶解物质的质量与溶解物质质量浓度在该面积法线方向的梯度成比例，用数学式表示为：

$$Q_x = -D_m \frac{\partial c}{\partial x} \tag{4-2}$$

式中　Q_x——在 x 方向单位时间内通过单位面积的溶解物质（溶质）的质量，简称通量；

c——溶质浓度（单位体积流体中的溶质质量）；

$\frac{\partial c}{\partial x}$——溶质在 x 方向的浓度梯度；

D_m——分子扩散系数，量纲为$[L^2/T]$。

式(4-2)中的负号表示溶质的扩散方向为从高浓度向低浓度，与浓度梯度方向相反。

另需指出，该公式虽是一个梯度型的经验公式，但大量实践表明它能够很好地反映分子扩散运动的函数关系。

2. 费克第二定律

设在含有溶质的静止溶液中，由于溶质浓度分布不均匀而引起分子扩散，取一微小的空间六面体（见图4-1），根据质量守恒原理，可以得到三维分子扩散方程，它在直角坐标系下的一般形式为：

$$\frac{\partial c}{\partial t} + \frac{\partial Q_x}{\partial x} + \frac{\partial Q_y}{\partial y} + \frac{\partial Q_z}{\partial z} = 0 \tag{4-3}$$

式中　$\frac{\partial c}{\partial t}$——溶质浓度随时间的变化率。

Q_x、Q_y、Q_z——溶质在 x、y、z 方向上的通量，与费克第一定律中的意义相同。

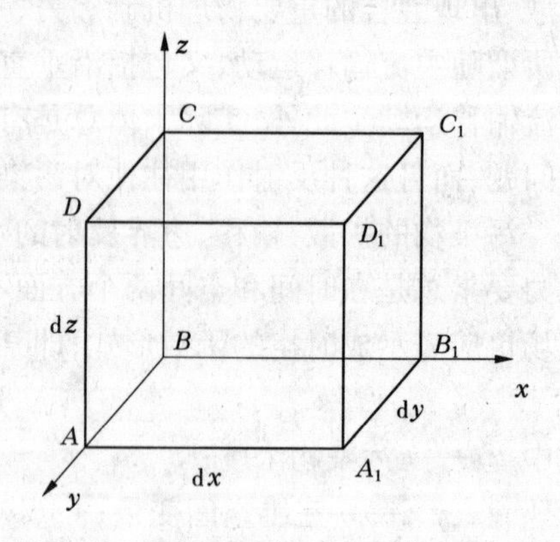

图4-1　空间微分六面体及其坐标系

将式(4-2)代入式(4-3)并移项，得：

$$\frac{\partial c}{\partial t} = \frac{\partial}{\partial x}\left(D_x \frac{\partial c}{\partial x}\right) + \frac{\partial}{\partial y}\left(D_y \frac{\partial c}{\partial y}\right) + \frac{\partial}{\partial z}\left(D_z \frac{\partial c}{\partial z}\right) \tag{4-4}$$

式中　D_x、D_y、D_z——沿 x、y、z 方向的分子扩散系数。

在各项同性情况下，$D_m = D_x = D_y = D_z$，此时，式(4-4)变为：

$$\frac{\partial c}{\partial t} = D_m\left(\frac{\partial^2 c}{\partial x^2} + \frac{\partial^2 c}{\partial y^2} + \frac{\partial^2 c}{\partial z^2}\right) \tag{4-5}$$

式(4-5)即为各向同性情况下的三维分子扩散方程,是费克第二定律的特殊形式。

在实际应用中,常常遇到只关心溶质在平面上的分布或者沿着某一方向的分布问题,这时可将式(4-5)中不需考虑的方向的偏导数忽略,即得到二维分子扩散方程和一维分子扩散方程:

$$\frac{\partial c}{\partial t} = D_m\left(\frac{\partial^2 c}{\partial x^2} + \frac{\partial^2 c}{\partial y^2}\right) \tag{4-6}$$

$$\frac{\partial c}{\partial t} = D_m \frac{\partial^2 c}{\partial x^2} \tag{4-7}$$

在费克定律中,分子扩散系数是随着溶质与溶液种类和温度、压力等因素变化的。表4-1列出了某些溶质在水中的分子扩散系数。

表4-1　某些溶质在水中的分子扩散系数

溶质	温度(℃)	分子扩散系数 $D_m(10^{-5}cm^2/s)$	溶质	温度(℃)	分子扩散系数 $D_m(10^{-5}cm^2/s)$
O_2	20	1.80	乙醇	20	1.00
H_2	20	5.13	甘油	10	0.63
CO_2	20	1.50		20	0.72
N_2	20	1.64	食盐	0	0.78
NH_3	20	1.76		20	1.35
H_2S	20	1.41	酚	20	0.84

三、动态水环境中的移流扩散规律

费克定律描述了溶质在静止流体中的分子扩散问题,得到了溶质(污染物)浓度随时间和空间变化的关系式。但是在实际工程中,我们研究的大多数问题都是处在动态水环境中,污染物同时受到流体的紊动作用而产生强度更高的紊动扩散运动。不仅如此,污染物还要随流体输移运动,这是由流体的平均运动(这里指的不仅是时间平均,而且还是空间平均)而引起的迁移现象。所以,在动态水环境下,污染物的浓度变化主要是由紊动扩散和随流输移引起的,此时分子扩散作用虽然存在,但其强度和紊动引起的扩散作用相比,其数值仅约为紊动扩散的万分之一,故往往可以忽略不计。

从运动阶段上考察,移流扩散大致分为三个阶段:第一阶段为初始稀释阶段。该阶段主要发生在污染源附近区域,其运动主要为沿水深的垂向浓度逐渐均匀化。第二阶段为污染扩展阶段。该阶段中,污染物在过水断面上,由于存在浓度梯度,污染由垂向均匀化向过水断面均匀化发展。通常这是一个较长的过程。第三阶段又称一维纵向离散阶段。它是在横断面浓度均匀混合以后的下游均匀移流扩散阶段。

(一)紊动扩散

根据泰勒紊动扩散理论可知,紊流在充分发展的过程中,紊动扩散的规律逐渐接近于分子扩散，可用分子扩散方程描述紊动扩散现象。因此，在描述紊动扩散规律时可以定义一个类似于分子扩散系数 D_m 的紊动扩散系数 E_t。

通过上述类比得到三维情况下的紊动扩散方程：

$$\frac{\partial c}{\partial t}=\frac{\partial}{\partial x}\left(E_x\frac{\partial c}{\partial x}\right)+\frac{\partial}{\partial y}\left(E_y\frac{\partial c}{\partial y}\right)+\frac{\partial}{\partial z}\left(E_z\frac{\partial c}{\partial z}\right) \tag{4-8}$$

（二）移流扩散

污染物随流体的输移问题必然与流体在三个方向的运动速度有关。我们定义 u_x、u_y、u_z 分别为流体在 x、y、z 方向的速度分量，根据质量守恒原理，可以得到均匀流场中某污染物的三维移流扩散方程：

$$\frac{\partial c}{\partial t}+u_x\frac{\partial c}{\partial x}+u_y\frac{\partial c}{\partial y}+u_z\frac{\partial c}{\partial z}=\frac{\partial}{\partial x}\left(E_x\frac{\partial c}{\partial x}\right)+\frac{\partial}{\partial y}\left(E_y\frac{\partial c}{\partial y}\right)+\frac{\partial}{\partial z}\left(E_z\frac{\partial c}{\partial z}\right) \tag{4-9}$$

忽略紊动扩散系数在三个方向上的变化，上式可简化为：

$$\frac{\partial c}{\partial t}+u_x\frac{\partial c}{\partial x}+u_y\frac{\partial c}{\partial y}+u_z\frac{\partial c}{\partial z}=E_x\frac{\partial^2 c}{\partial x^2}+E_y\frac{\partial^2 c}{\partial y^2}+E_z\frac{\partial^2 c}{\partial z^2} \tag{4-10}$$

其中，$u_x\frac{\partial c}{\partial x}+u_y\frac{\partial c}{\partial y}+u_z\frac{\partial c}{\partial z}$ 称为随流输移项；表示在三维水环境中污染物浓度的随流输移量；$E_x\frac{\partial^2 c}{\partial x^2}+E_y\frac{\partial^2 c}{\partial y^2}+E_z\frac{\partial^2 c}{\partial z^2}$称为紊动扩散项，表示在三维水环境中污染物浓度的紊动扩散量。

实际上，式(4-10)表达的是在动态水环境中，污染物浓度随时间的变化量及其随流体的输移以及扩散作用的定量关系。

四、扩散方程的解析

扩散方程的求解与污染源的存在形式密切相关。从水域空间位置看，可将污染源概化为点源（点式排放）、线源（线状排放）和面源（面状排放）。按排放时间（过程）划分，污染源又有瞬时源（瞬间排放）和连续源（连续排放）之分。

理论分析和实测都表明，静态与动态水环境中的扩散规律有相似之处，公式结构也具有一致性。只是某些物理概念不同，具体的扩散系数的意义及数值也不相同。因此，这里按先静后动的顺序，依不同污染源形式分别讨论，并且假设流场已知，即已知流速分布状况。

（一）静态水环境中瞬时源和连续源扩散问题的解析

静止流体中只存在分子扩散。对于这类扩散问题，可以求出其解析解。这些基本解在水环境污染分析中应用较多，也是解决其他复杂扩散问题的基础。

1. 一维瞬时点源投放

所谓瞬时源，是指在某时刻，在极短时间内将污染物投放到水环境当中，如海洋中突然发生的油轮事故使石油泄漏，导致水体污染。

假设在一维水环境里，瞬间（$t=0$）于某处投放的污染物向水域两侧扩散，形成浓度场；取污染投放处为计算的坐标原点。

(1)扩散方程：

$$\frac{\partial c}{\partial t}=D_m\frac{\partial^2 c}{\partial x^2} \tag{4-11}$$

(2)初始条件:$t=0$ 时,$c(x,0)\big|_{x\neq0}=0$,$c(0,0)=M\delta(x)$,其中 $\delta(x)$ 为狄拉克函数,M 为单位时间单位面积上污染物的瞬间投放量。

(3)边界条件:$t>0$ 时,$c(x,t)\big|_{x\to\pm\infty}=0$,此条件表明,在无穷远处,有限时间内,不会受到污染物的影响。

(4)求解:此类问题,由于形式较为简单、参量较少,可采用量纲分析的方法。

分析可知:浓度 $c(x,t)$ 仅为 M、x、t、D_m 的函数,由于扩散方程的线性特性,c 与 M 成正比。而 c 的量纲为 $[M/L^3]$,扩散系数 D_m 的量纲为 $[L^2/T]$,因此可选用 $\sqrt{D_m t}$ 作为特征长度,这样通过量纲分析,得到如下关系:

$$c=\frac{M}{\sqrt{4\pi D_m t}}f\left(\frac{x}{\sqrt{4D_m t}}\right) \tag{4-12}$$

式(4-12)中存在未知函数 f,为确定其具体形式,可令 $\eta=\dfrac{x}{\sqrt{4D_m t}}$,并将式(4-12)代入扩散方程,得到一个变系数的线性常微分方程:

$$\frac{\mathrm{d}^2 f}{\mathrm{d}\eta^2}+2\eta\frac{\mathrm{d}f}{\mathrm{d}\eta}+2f=0 \tag{4-13}$$

其通解为:$f(\eta)=c_0\mathrm{e}^{-\eta^2}$。

此外,由污染物的质量守恒得到:$\int_{-\infty}^{\infty}c\mathrm{d}x=M$,将 $f(\eta)$ 及 c 的表达式代入此式,求得积分常数 $c_0=1$。

因此,在一维扩散中,忽略边界反射影响,浓度分布的解为:

$$c(x,t)=\frac{M}{\sqrt{4\pi D_m t}}\exp\left(-\frac{x^2}{4D_m t}\right) \tag{4-14}$$

(5)分析:式(4-14)为一维瞬时点污染源扩散问题的解析解,首先从解的形式可以看出浓度分布符合高斯正态分布,从图4-2可以看出随着时间 t 的增加,污染物扩散范围变宽而浓度峰值变小,分布曲线趋于平坦。

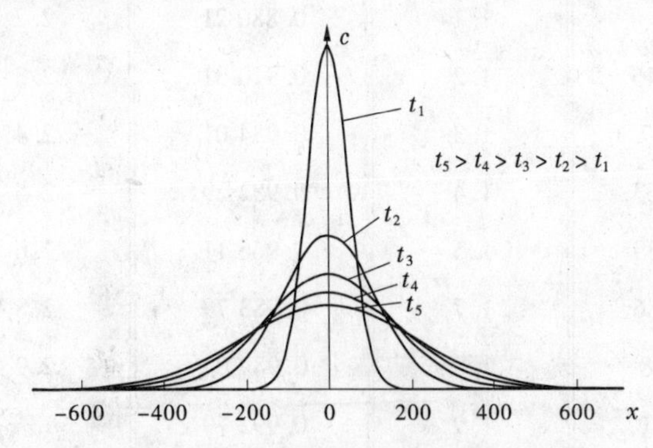

图4-2　一维瞬时点源污染物浓度分布

2. 一维瞬时空间分布投放

在实际问题中常常会发生这样的情况:在一段距离内,瞬间将污染物均匀地或者不均匀地投放入水环境中,也就是说,投放虽是瞬时的,但情况与上述点源不同,其污染物的投放在空间上具有一定的分布,如埋设在水下的输送某种物质的管道,由于某种原因突然破裂所造成的污染。

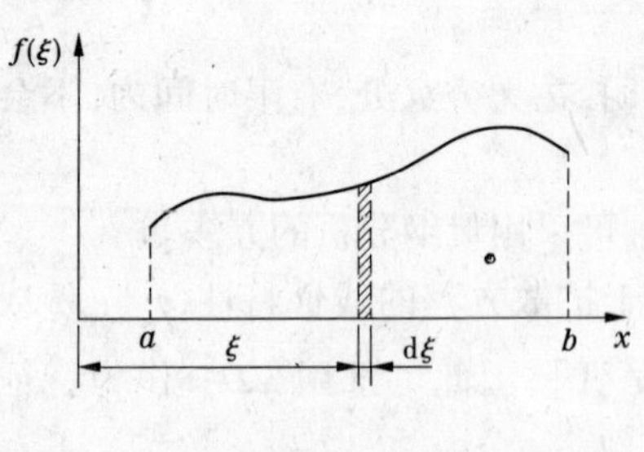

图 4-3　瞬时分布源

对于这种问题，最简单的解决方法就是把这种空间分布源看成若干个瞬时集中点源的叠加，在数学上，即对点源的积分。

如图 4-3 所示，设沿 x 方向在 $x=\xi$ 处 $d\xi$ 的线源的强度为：$M(\xi)=f(\xi)d\xi$，在 $d\xi$ 的微分距离上，可代入上述的瞬时点源公式(4-14)，得到：

$$dc = \frac{f(\xi)d\xi}{\sqrt{4\pi D_m t}}\exp\left[-\frac{(x-\xi)^2}{4D_m t}\right]$$

对上式在$[a,b]$区间上积分得到 t 时刻在 x 处的浓度为：

$$c(x,t) = \int_a^b \frac{f(\xi)}{\sqrt{4\pi D_m t}}\exp\left[-\frac{(x-\xi)^2}{4D_m t}\right]d\xi \tag{4-15}$$

假设在初始时刻，在研究水环境内原来没有污染物，现在坐标原点右边长距离范围瞬时加入污染物，使浓度升为 c_0，即：

$$t = 0 \text{ 时}, f(\xi) = \begin{cases} 0 & x \leqslant 0 \\ c_0 & x > 0 \end{cases}$$

代入式(4-15)，同时对积分变量作变换，得到：

$$c(x,t) = \frac{c_0}{2}\left[1+\text{erf}\left(\frac{x}{\sqrt{4D_m t}}\right)\right] \tag{4-16}$$

其中，$\text{erf}(x)$为误差函数，定义 $\text{erf}(x)=\frac{2}{\sqrt{\pi}}\int_0^x e^{-\xi^2}d\xi$。为便于计算，现将该函数常用范围内的函数值用表 4-2 列出。浓度分布见图 4-4。

表 4-2　误差函数计算表

x	$\text{erf}(x)$	x	$\text{erf}(x)$	x	$\text{erf}(x)$
0	0	1.1	0.880 21	2.2	0.998 14
0.1	0.112 46	1.2	0.910 31	2.3	0.998 86
0.2	0.222 7	1.3	0.934 01	2.4	0.999 31
0.3	0.328 63	1.4	0.952 29	2.5	0.999 59
0.4	0.428 39	1.5	0.966 11	2.6	0.999 76
0.6	0.603 86	1.7	0.983 79	2.8	0.999 92
0.7	0.677 8	1.8	0.989 09	2.9	0.999 96
0.8	0.742 1	1.9	0.992 79	3	0.999 98
1	0.842 7	2.1	0.997 02		

3. 一维连续点源投放

在实践中，另一种不同于突发事故的污染情况也时常发生，如河流、湖泊附近的企业排污口，由于多数企业连续生产，所以排放的污染物也将从排污口持续地排入水环境当中，这

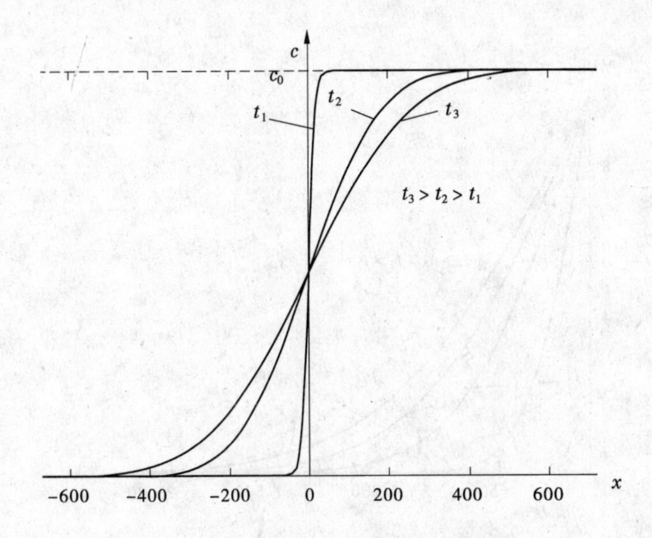

图 4-4　空间分布投放源浓度分布

就是所谓时间连续源投放问题。

对于这种情况，其扩散方程仍与前面提到的瞬时源相同，不同的是其初始条件和边界条件。

(1)扩散方程：

$$\frac{\partial c}{\partial t} = D_m \frac{\partial^2 c}{\partial x^2}$$

(2)初始条件：$t=0$ 时，$c(x,0)\big|_{x\neq 0}=0$；$c(0,0)=c_0$。

(3)边界条件：$t>0$ 时，$c(x,t)\big|_{x\to\pm\infty}=0$；$c(0,t)=c_0$。

(4)求解：对于此问题，仍可采用量纲分析方法转化为常微分方程求解，求解过程从略，这里只给出解：

$$c(x,t) = c_0\left[1-\mathrm{erf}\left(\frac{x}{\sqrt{4D_m t}}\right)\right] = c_0\mathrm{erfc}\left(\frac{x}{\sqrt{4D_m t}}\right) \quad (x>0) \tag{4-17}$$

式中　c_0——污染源持续恒定排污浓度；

$\mathrm{erfc}(x)$——补误差函数；

其余各项含义同前。

(5)分析：随着时间 t 的增加，沿 x 轴方向浓度分布的变化如图 4-5 所示，从图中可以看出，与瞬时投放的点源扩散不同，时间连续源投放时，在污染源附近的区域内，浓度不随时间削减，而随时间的增长逐渐增加，且越靠近污染源，其起始浓度增加得越迅速，距污染源较远的区域浓度也随时间增加，但相对较缓慢。

4. *考虑边界反射的扩散*

以上讨论只限于无限空间中的扩散，或者边界足够远其影响可以忽略的情况。在实际有限空间中，在固体边界处污染物不能通过，成为扩散方程的边界条件，不易求出严格的解析解。对于简单的直线边界或者近似直线的边界，可以通过镜像法得到满足边界条件的近似解。

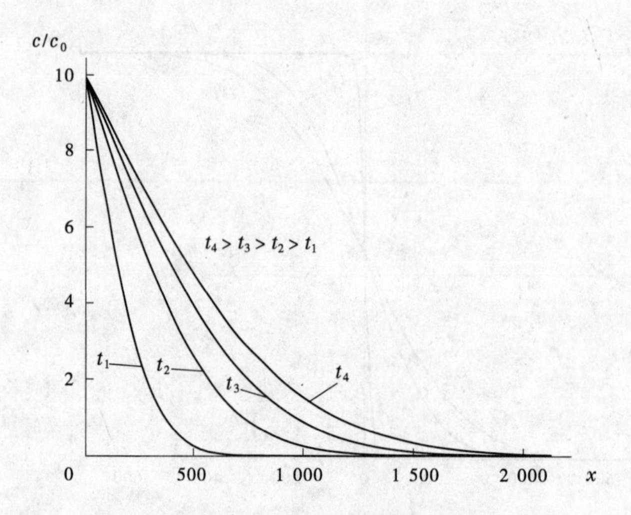

图 4-5　一维时间连续源污染物浓度分布

所谓镜像法，就是将边界当成虚拟的镜面，在边界的另一侧放置一个虚拟的污染源，其强度及与边界的距离和实际污染源完全相同，此时，边界就可以去掉，这样我们就把解决边界反射问题转化为两个污染源的叠加问题，如图 4-6 所示。

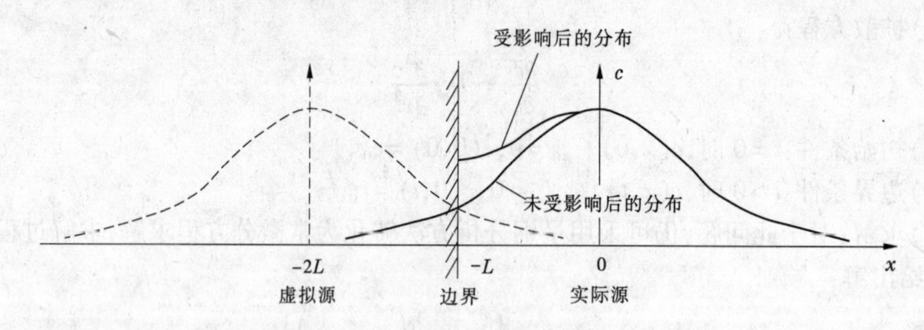

图 4-6　考虑边界反射的镜像法

要使用镜像法解决边界问题，需要满足边界处污染物"净通量为零"的条件，而虚拟污染源的放置正好满足这个基本条件。

由叠加原理，我们将两个瞬时点源的叠加浓度场用下式表示：

$$c(x,t) = \frac{M}{\sqrt{4\pi D_m t}}\left\{\exp\left(-\frac{x^2}{4D_m t}\right) + \exp\left[-\frac{(x+2L)^2}{4D_m t}\right]\right\} \tag{4-18}$$

对于污染源在岸边排放的情况，即 $L=0$，代入上式得到：

$$c(x,t) = \frac{2M}{\sqrt{4\pi D_m t}}\exp\left(-\frac{x^2}{4D_m t}\right) \tag{4-19}$$

从式(4-19)可以看出，若污染源就在岸边，则其形成的污染浓度场中任一点的浓度都为没有边界时的两倍，故可看做边界对浓度发生全反射的结果。如果边界的性质使得污染物被部分或全部吸收，例如黏附在边界上，则上述解便不适用。但全反射是最不利的情况。

【例 4-1】　某狭长静止水域可近似按一维考虑。若在水中瞬间投放某种污染物质 2 kg（单位面积上的投放量），不计投放扰动，取分子扩散系数 $D_m = 6.75 \times 10^{-5}\ \text{cm}^2/\text{s}$，试确定 30 d后距投放点 0.6 m 处的污染物浓度。

解:以投放处为源点的浓度分布为:

$$c(x,t) = \frac{M}{\sqrt{4\pi D_m t}}\exp\left(-\frac{x^2}{4D_m t}\right)$$

将 $t=30\times 3\,600\times 24=2.592\times 10^6$ s、$M=2$ kg $=2\times 10^6$ mg、$D_m=6.75\times 10^{-5}$ cm^2/s 和 $x=60$ cm 代入上式可得:

$$c = \frac{2\times 10^6}{\sqrt{4\times 3.14\times 6.75\times 10^{-5}\times 2.592\times 10^6}}\exp\left(-\frac{60^2}{4\times 6.75\times 10^{-5}\times 2.592\times 10^6}\right)$$

$$= 4.27\times 10^4\times 5.83\times 10^{-3} = 2.49\times 10^2(\text{mg/cm}^3) = 2.49\times 10^5\text{ppm}$$

【**例4-2**】　在一维静止水域中,某处恒定连续排放 HCl 溶液。若分子扩散系数 $D_m=2.64\times 10^{-5}$ cm^2/s,试确定距源点 10 cm 处,浓度达到 c_0 的 16% 和 48% 时所需要的时间。

解:因为
$$c(x,t) = c_0\left[1-\text{erf}\left(\frac{x}{\sqrt{4D_m t}}\right)\right]$$

则
$$\frac{c}{c_0} = 16\% = 1-\text{erf}\left(\frac{x}{\sqrt{4D_m t_1}}\right)$$

可得 $\text{erf}\left(\frac{x}{\sqrt{4D_m t_1}}\right)=0.84$,查表 4-2 可得 $\frac{x}{\sqrt{4D_m t_1}}=1.00$

于是
$$t_1 = \frac{10^2}{1.00^2\times 4\times 2.64\times 10^{-5}} = 9.47\times 10^5(\text{s}) = 263\text{ h}$$

同理,由 $\frac{c}{c_0}=48\%=1-\text{erf}\left(\frac{x}{\sqrt{4D_m t_2}}\right)$,可得 $\text{erf}\left(\frac{x}{\sqrt{4D_m t_2}}\right)=0.52$

查表 4-2 可得
$$\frac{x}{\sqrt{4D_m t_2}} = 0.50$$

$$t_2 = \frac{10^2}{0.5^2\times 4\times 2.64\times 10^{-5}} = 3.79\times 10^6(\text{s}) = 1\,052.8\text{ h}$$

【**例4-3**】　一个废弃的采石场,后来形成一个底面积为 200 m×200 m 的水池,水池平均水深 50 m,附近工厂在极短时间内将工厂废水用泵排至池底,废水中有毒物总质量为 4 000 kg,假设有毒物质沿池底均匀分布,池底和池壁对该物质完全不吸收,设该物质的扩散系数为 1 cm^2/s,试估算 1 年之后水面有毒物质的浓度。

解:由于有毒物质沿池底均匀分布,可认为有毒物只沿铅垂方向扩散,由于池底完全不吸收,故属瞬时源在底边界的一维一侧有边界完全反射的扩散问题,其浓度计算公式为

$$c(x,t) = \frac{2M}{\sqrt{4\pi D_m t}}\exp\left(-\frac{x^2}{4D_m t}\right)$$

其中
$$M = \frac{4\,000}{200\times 200} = 0.1(\text{kg/m}^2)$$

$$D_m = 1\text{ cm}^2/\text{s} = 8.64\text{ m}^2/\text{d}$$

$$t = 365\text{ d}$$

$$x = 50\text{ m}$$

故 $c = \frac{0.1\times 2}{\sqrt{4\times 3.14\times 8.64\times 365}}\exp\left(-\frac{50^2}{4\times 8.64\times 365}\right) = 8.2\times 10^{-4}(\text{kg/m}^3) = 0.82$ ppm

若还要考虑水面的反射作用（即另一侧上边界反射作用），则水面实际浓度为1.64 ppm。

（二）动态水环境中瞬时源和连续源扩散问题的解析

1.一维瞬时点源投放

由静态水环境中相应问题作为基础，在进行动态水环境中的输移扩散问题的解析时，可以设想观察者随水流流速 u 一起运动，并把固定坐标系放到这个观察者上，对于这样的惯性运动坐标系，观察者看到的仅为单纯的扩散，因此只需把静态水环境方程解中的坐标作相应的变换即可。

假设水流在 x 方向上的流速为 u_x，动坐标系为 $x'o'y'$，原静止坐标系为 xoy。经过时间 t 后，显然动坐标中的某点坐标 $x' = x - u_x t$，用此式代换静态解，即可得到动态水环境中的解为：

$$c(x,t) = \frac{M}{\sqrt{4\pi E_x t}}\exp\left[-\frac{(x-u_x t)^2}{4E_x t}\right] \tag{4-20}$$

式中　E_x——紊动扩散系数。

2.一维时间连续点源投放

当污染源持续以 c_0 的浓度排放污染物时，将会形成一维时间连续源排放。与上述问题类似，我们仍以静态水环境中的解为基础，通过坐标变换，得到一维时间连续源投放情况下的解：

$$c(x,t) = c_0\left[1 - \mathrm{erf}\left(\frac{x-u_x t}{\sqrt{4E_x t}}\right)\right] \tag{4-21}$$

3.平面二维时间连续稳定点源投放

若沿 y 轴单位长度时间连续稳定源排放的污染物量为 M，量纲为[$ML^{-1}T^{-1}$]，则整个过程可以作为一系列瞬时源沿时间的积分，然后采用坐标变换的方法，得到平面二维时间连续稳定点源的浓度分布为：

$$c(x,z) = \frac{M}{u_x\sqrt{4\pi E_z x/u_x}}\exp\left(-\frac{u_x z^2}{4E_z x}\right) \tag{4-22}$$

式中　x,z——平面上沿水流和垂直水流方向的坐标；

　　M——点源强度，如果是均匀线源，则 $M = \frac{M_0}{H}$，其中 M_0 为线源污染物投放率，H 为水深；

　　其余符号含义同前。

4.污染物输移扩散中几个问题的探讨

1）污染带浓度分布

在前述的第二阶段扩散中，污染源已经由点源发展成垂向均匀的线源。污染物浓度分布规律为式(4-22)。

中心排放，且不计边界反射时，则：

$$c(x,z) = \frac{M_0}{u_x H\sqrt{4\pi E_z x/u_x}}\exp\left(-\frac{u_x z^2}{4E_z x}\right)$$

岸边排放，若考虑边界一次反射时，则：

$$c(x,z)=\frac{M_0}{u_xH\sqrt{\pi E_zx/u_x}}\left\{\exp\left(-\frac{u_xz^2}{4E_zx}\right)+\exp\left[-\frac{u_x(2B-z)^2}{4E_zx}\right]\right\} \tag{4-23}$$

式中　B——河宽。

2)断面最大浓度

由前述中心排放与岸边排放公式可知,中心排放与岸边排放的断面最大浓度都为:

$$c_{\max}(x,z)=\frac{M_0}{u_xH\sqrt{4\pi E_zx/u_x}} \tag{4-24}$$

但中心排放时,最大浓度出现在断面中心线上,而岸边排放时,最大浓度出现在岸边。

3)污染带宽的确定

污染带一般是指河道中断面边缘点浓度为该断面最大浓度5%的各点的连线所形成的区域,该区域的宽度就是污染带宽。根据前述污染带浓度分布公式,可推得以下公式:

若污染排放点在河中心且不计两侧边界反射,污染带宽为:

$$b=6.92\sqrt{E_zx/u_x} \tag{4-25}$$

若污染排放点在河岸且不计另一侧边界反射,污染带宽为:

$$b'=3.46\sqrt{E_zx/u_x} \tag{4-26}$$

若确定污染带抵岸时的距离 x,则需考虑边界反射影响:

中心排放:$b'=7.68\sqrt{E_zx/u_x}$

岸边排放:$b'=3.84\sqrt{E_zx/u_x}$

4)污染带长的确定

在实际应用中,常常需要确定污染带长度,从而采取补救措施。污染带长度实际上就是污染浓度达到全断面均匀混合的距离。一般采用如下公式:

$$L=Ku_xB^2/E_z \tag{4-27}$$

式中　L——污染带长度,m;

　　K——带长系数,中心排放时取0.1,岸边排放时取0.4;

　　B——河宽,m。

【例4-4】　某工厂污水排放口设于一宽浅微弯的河道中心,污水流量 $Q_p=0.2\ \mathrm{m^3/s}$,污水中含有毒物浓度 $c_p=100$ ppm,河道平均水深 $H=4$ m,平均流速 $u_x=1$ m/s,横向扩散系数 $E_z=9.76\times10^{-2}\ \mathrm{m^2/s}$,假设污水排入河流后在垂向迅速均匀混合,试估算:①排污口下游300 m处的污染带宽、断面最大浓度和边缘浓度;②河宽 $B=80$ m时的污染带长度;③若排污口下游400 m处允许最大浓度为5 ppm,问污水流量还能否增加?(假设排污浓度维持不变)

解:(1)污染带宽:$b=6.92\sqrt{E_zx/u_x}=6.92\times\sqrt{9.76\times10^{-2}\times300/1}=37.44(\mathrm{m})$

300 m处断面最大浓度:

$$c_{\max}=\frac{M_0}{u_xH\sqrt{4\pi E_zx/u_x}}=\frac{0.2\times100}{1\times4\times\sqrt{4\times3.14\times9.76\times10^{-2}\times300/1}}=0.261(\mathrm{ppm})$$

300 m处断面边缘浓度:

$$c_B=0.05\times c_{\max}=0.013(\mathrm{ppm})$$

(2)对于中心排放,取 $K=0.1$,则污染带长为:$L=Ku_xB^2/E_z=0.1\times1\times80^2/9.76\times10^{-2}=$

6 557 m = 6.6 km

(3)按400 m处断面允许最大浓度,推求最大允许排污量:

因为 $c_{\max} = 5\ \text{ppm} = 5\ 000\ \text{mg/m}^3$,所以

$$M_0 = c_{\max} u_x H \sqrt{4\pi E_z x / u_x} = 5\ 000 \times 1 \times 4 \times \sqrt{4 \times 3.14 \times 9.76 \times 10^{-2} \times 400/1} = 442\ 872\ (\text{mg})$$

因排污口维持浓度为 $c_p = 100\ \text{mg/L} = 100\ 000\ \text{mg/m}^3$,故由 $M_0 = c_p Q_p$ 可得:

$Q_p = M_0 / c_p = \dfrac{442\ 872}{100\ 000} = 4.43(\text{m}^3/\text{s})$,排污流量大约可增加22倍。

第二节　水质数学模型

一、概述

(一)水质数学模型

水质数学模型(简称水质模型)是一些描述水体(如河流、湖泊等)的水质要素(如DO、BOD等),在其他诸因素(如物理、化学、生物等)作用下随时间和空间变化关系的数学表达式。

污染物质进入水体后,随水流迁移,在迁移的过程中受到水力学、水文、物理、化学、生物、生态、气候等因素的影响,使污染物产生输移、混合、分解、稀释和降解。建立水质数学模型的目的就是力图把这些互相制约因素的定量关系确定下来,对水质进行预报,为水质的规划、控制和管理服务。

在前文中,我们回避了污染物质在水体中的化学、生化和生态变化过程,仅仅从物理和水力学的运动规律来探讨它们在时空上的变化,把污染物质当做"示踪物质"(或扩散质),所以只研究了混合、输移和稀释的问题。虽然这种做法不够全面,但是它为以后建立新的水质数学模型奠定了基础。

(二)水质数学模型的类型

根据具体用途和性质,水质模型的分类标准如下:

(1)以管理和规划为目的,水质模型可分为四类,即河流水质模型、河口水质模型(加入了潮汐作用)、湖泊(水库)水质模型以及地下水水质模型。其中河流水质模型研究比较成熟,有较多成果,且能更加真实地反映实际水质行为,因此应用比较普遍。

(2)根据水质组分,水质模型可以分为单一组分、耦合组分和多重组分三类。其中BOD-DO耦合模型能够较成功地描述受有机污染的水质变化情况。多重组分水质模型比较复杂,它考虑的水质因素更多,例如水生生态模型等。

(3)根据水体的水力学和排放条件是否随时间变化,可以把水质模型分为稳态水质模型和非稳态水质模型。对于这两类模型,研究的主要任务是模型的边界条件,即在何种条件下水质能够尽可能处于较好状态。稳态水质模型可以用于模拟水质的物理、化学和水力学过程;而非稳态水质模型则用于计算径流、暴雨过程中水质的瞬时变化。

(4)根据研究水质维度,可把水质模型分为零维、一维、二维、三维水质模型。其中零维水质模型较粗略,仅为对于流量的加权平均,因此常常用做其他维度模型的初始值和估算值,而三维水质模型虽然能够精确反映水质变化,但是受到紊流理论研究的局限,还处于理

论研究阶段。一维和二维水质模型则可根据研究区域的情况适当选择,并可以满足一般应用要求的精度。

(三)水质数学模型的建立步骤

(1)模型概化:确定模型在时间和空间上的规律和范围,将系统描述为具有一定形状、大小及体积分量空间关系的网络。比如,确定模型的维数(空间)和状态(是稳态还是动态)。

(2)模型结构识别:确定表征系统响应的参数及模型的函数结构。用数学方法描述系统每个分量的水环境行为、过程和功能,确定在其范围内必须进行模拟的边界条件。然后根据一些数学方法和判别准则,对模型的函数表达进行识别和检验,看其能否代表系统动态的真实情况,如果不能代表须重新进行概化和修改。

(3)模型参数的估值:模型的基本参数变量确定后,就应估计其具体数值。可通过模拟试验或将现场测定数据代入模型,选择最佳拟合观测值作为模型的参数值。

(4)模型灵敏度分析:参数的变化对模型的影响程度称为模型的灵敏度。在其他参数不变时变动某一参数,若函数值随之发生较大的变化,则说明函数对该参数灵敏度高,应严格控制这个参数,以保证模型的精确性。

(5)模型的验证:在建立模型过程中,由于作了一系列的假设,这些假设与实际情况会有一定差别;在取得数据之后,由于受到误差的干扰,参数估计也可能产生误差。因此,为判别所建立的水质模型是否有效,必须使用新的现场观察数据来加以验证。如果结果不准确,则须重复前述步骤,重新建模。

(6)模型的应用:模型用来解决实际问题时要选择适当的求解技术,将函数表达式变换为适合于求解的形式,形成模型的输入和输出。同时,应当清楚哪些变量是模型的输入量,哪些是所需要的输出量。输入量必须收集,输出量则是模型的计算结果,是解决实际问题所需要的信息。

二、常用河流水质数学模型

(一)河流完全混合模型

如图4-7所示,如果将一个河段或一个单元水体看成是一个完全混合反应器,其恒定入流流量为 Q_h,污染物浓度为 c_h,有一排污口向该河段排放污染物浓度为 c_p、流量为 Q_p 的污水,污水进入河段后被迅速充分混合且在河段内均匀分布,若该河段出流污染物浓度为 c,流量为 Q,则

$$Q = Q_h + Q_p \tag{4-28}$$

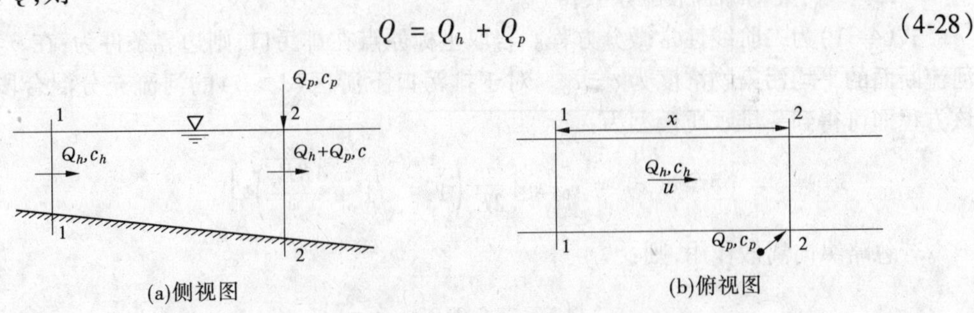

图4-7　河流完全混合模型示意图

$$\frac{\mathrm{d}c}{\mathrm{d}t} = \frac{c_p Q_p + c_h Q_h}{V} - \frac{Qc}{V} - K_1 c \tag{4-29}$$

式中　V——河段内水体体积；

K_1——污染物的降解速率系数，可根据河段进出口断面及排污口水质监测资料和水文资料反求。

式(4-29)就是零维水质数学模型的基本方程。

(1)若污水连续稳定排放，则：

$$c = \frac{1}{1 + K_1 \dfrac{V}{Q}}\left(\frac{Q_h}{Q}c_h + \frac{Q_p}{Q}c_p\right)$$

(2)若无旁侧污水排入，即 $Q_p = 0$，则：

$$c = \frac{1}{1 + K_1 \dfrac{V}{Q_h}}c_h$$

(3)若污水连续稳定排放且污水中仅包含持久性污染物，即 $K_1 = 0$，则：

$$c = \frac{c_p Q_p + c_h Q_h}{Q_p + Q_h} \tag{4-30}$$

如果取完全混合后的浓度 c 为所规定的污染物水质标准 c_N，则由上述方程即可推出污染物的最大允许排放浓度 $c_{p\max}$ 或最大允许排放量 $(c_p Q_p)_{\max}$。

(二)河流一维稳态模型

在恒定流动的河流中，有一排污口连续稳定地排放污水，若假定污染物浓度只沿纵向水流方向(一维)变化，忽略横向与垂向的对流扩散，且由生化作用引起的污染物降解衰减符合一级反应动力学的衰减规律，此时河流沿程任一断面的平均污染物浓度 c 和纵向离散系数 E_x 均不随时间变化，则一维河流水质稳态模型的基本微分方程为：

$$u\frac{\mathrm{d}c}{\mathrm{d}x} = E_x \frac{\mathrm{d}^2 c}{\mathrm{d}x^2} - Kc \tag{4-31}$$

式中　c——污染物浓度，mg/L；

x——水流纵向坐标，m；

u——河流纵向平均流速，m/s；

E_x——河段纵向离散系数，m^2/s；

K——污染物综合衰减系数，s^{-1}。

式(4-31)为二阶线性常微分方程。若取坐标原点在排污口，则边界条件为：在 $x = 0$ 处，河流断面的平均污染物浓度为 $c = c_0$。对于排污口下游区($x > 0$)的河流充分混合段，求解该方程即可得到一维水质模型为：

$$c(x) = c_0 \exp\left[\frac{u}{2E_x}\left(1 - \sqrt{1 + \frac{4KE_x}{u^2}}\right)x\right] \tag{4-32}$$

若忽略纵向离散作用，则：

$$c(x) = c_0 \exp\left(-K\frac{x}{u}\right)$$

式中　$c(x)$——流经 x 距离后污染物浓度，mg/L；

c_0——起始断面($x=0$)处污染物浓度,mg/L,可按式(4-30)计算;

x——纵向距离,m;

其余符号含义同前。

对于持久性污染物,在沉降作用明显的河流中,可以采用综合削减系数K'替代式(4-32)中的K来预测污染物浓度沿程变化。

若污染物的稀释混合为决定污染物浓度的主要因素,可得恒定流条件下另一种形式的水质数学模型:

$$c_{max} = c + (c_p - c)\exp(-\alpha \cdot \sqrt[3]{x}) \tag{4-33}$$

式中　c_{max}——计算断面最大可能污染物浓度,mg/L;

c——完全混合后污染物的浓度,mg/L,可按式(4-30)计算;

α——水力参数,可按下式计算:

$$\alpha = \varphi\xi\sqrt[3]{E/Q_p}$$

其中,φ为河道弯曲系数:$\varphi = l/l_0$,l和l_0分别表示排污口至计算断面的河道实际长度和直线长度。ξ为排污口位置系数:岸边排放时,$\xi=1$;河道内排放时,$\xi=1.5$。Q_p为污水流量。E为扩散系数,可由马卡耶夫公式计算:$E=0.22unH^{5/6}$(H为河段平均水深,u为河段平均流速,n为河段粗糙系数)。

式(4-33)适用于较宽浅的大中河流均匀排放持久性污染物时的水质预测。

当遇到瞬时突发排污时,可按下式预测河流断面水质变化过程:

$$c(x,t) = c_h + \frac{W}{A\sqrt{4\pi E_x t}}\exp(-Kt) \cdot \exp\left[-\frac{(x-ut)^2}{4E_x t}\right] \tag{4-34}$$

式中　$c(x,t)$——距瞬时污染源x处t时刻的河流断面污染物浓度,mg/L;

W——瞬时污染源总量,g;

A——河流断面面积,m^2;

t——流经的时间,s;

其余符号含义同前。

(三)河流二维稳态混合衰减模型

当大、中河流排污口下游有重要保护目标时,污染物在水流方向以及河宽方向的分布都是我们所关心的,此时,可以采用二维水质数学模型预测混合过程段水质,计算污染带的长度和宽度。

在顺直河道,当可忽略横向流速及纵向离散作用,排污稳定时,二维对流扩散方程式为:

$$u\frac{\partial c}{\partial x} = \frac{\partial}{\partial z}\left(E_z\frac{\partial c}{\partial z}\right) - Kc \tag{4-35}$$

式中　c——污染物浓度,mg/L;

x、z——水流纵向、横向坐标,m;

u——水流纵向流速,m/s;

E_z——水流横向扩散系数,m^2/s;

K——污染物综合衰减系数,s^{-1}。

上述二维对流扩散方程一般需换成差分格式,推求数值解。当断面宽深比$\frac{B}{H}\geqslant 20$时,可视为矩形河流，考虑河岸一次反射的二维稳态混合模型解析解。

岸边排放：

$$c(x,z)=\exp\left(-K\frac{x}{u}\right)\left(c_h+\frac{c_pQ_p}{H\sqrt{\pi E_zxu}}\left\{\exp\left(-\frac{uz^2}{4E_zx}\right)+\exp\left[-\frac{u(2B-z)^2}{4E_zx}\right]\right\}\right) \tag{4-36}$$

非岸边排放：

$$c(x,z)=\exp\left(-K\frac{x}{u}\right)\left(c_h+\frac{c_pQ_p}{2H\sqrt{\pi E_zxu}}\left\{\exp\left(-\frac{uz^2}{4E_zx}\right)+\exp\left[-\frac{u(2a+z)^2}{4E_zx}\right]+\exp\left[-\frac{u(2B-2a-z)^2}{4E_zx}\right]\right\}\right) \tag{4-37}$$

式中 $c(x,z)$——(x,z)处污染物浓度，mg/L；

H——污染带内平均水深，m；

B——河流宽度，m；

a——排污口距河岸距离，m；

其余符号含义同前。

【例 4-5】 某工厂的生产废水拟排入附近的河流中，废水流量为 15 m^3/s，废水中含有总溶解盐浓度为 1 200 mg/L，河流的平均流速为 0.8 m/s，平均河宽为 45 m，平均水深为 2 m，河水总溶解盐浓度为 330 mg/L，若总溶解盐的水质标准取 420 mg/L，试预测废水排放后的影响。

解：$Q_h=uA=0.8\times45\times2=72(m^3/s)$，$Q_p=15\ m^3/s$

$c_h=330$ mg/L，$c_p=1\ 200$ mg/L，$c_N=420$ mg/L

$$c=\frac{72\times330+15\times1\ 200}{72+15}=480(mg/L)$$

因为 480 mg/L > 420 mg/L，故废水排入河流后，将使河水的总溶解盐浓度超过水质标准，故废水需经过处理后才能排入，其去除率为：

$$\frac{480-420}{480}\times100\%=12.5\%$$

【例 4-6】 一均匀河段，有一含 BOD 的废水稳定地流入，若起始断面河水（和废水完全混合后）含 BOD 浓度为 $c_0=20$ mg/L，河水的平均流速为 $u=20$ km/d，BOD 的综合衰减系数 $K=2(1/d)$，扩散系数 $E_x=1\ km^2/d$，求 $x=1$ km 处的河水中 BOD 浓度。

解：$$c(x)=c_0\exp\left[\frac{u}{2E_x}\left(1-\sqrt{1+\frac{4KE_x}{u^2}}\right)x\right]$$

$$=20\times\exp\left[\frac{20}{2\times1}\times(1-\sqrt{1+4\times2\times1/20^2})\times1\right]$$

$$=18.1(mg/L)$$

即 $x=1$ km 处河水中 BOD 浓度为 18.1 mg/L。

【例 4-7】 已知河道内集中排放污水量 $Q_p=0.4\ m^3/s$，某污染物浓度 $c_p=200$ mg/L，河水 95% 保证率流量 $Q_h=120\ m^3/s$，河流断面平均流速 $u=0.35$ m/s，河水平均水深 $H=3$ m，河水污染物浓度 $c_h=20$ mg/L，河道糙率 $n=0.028$，计算距离排污口 500 m 处河水污染物的最大浓度。

解：$E=0.22unH^{5/6}=0.00539(m^2/s)$

$$\alpha=\varphi\xi\sqrt[3]{E/Q_p}=1.5\times1\times\sqrt[3]{0.00539/0.4}=0.357$$

$$c=\frac{c_pQ_p+c_hQ_h}{Q_p+Q_h}=\frac{0.4\times200+120\times20}{0.4+120}=20.6(mg/L)$$

$$c_{max}=c+(c_p-c)\exp(-\alpha\cdot\sqrt[3]{x})$$
$$=20.6+(200-20.6)\times\exp(-0.357\times\sqrt[3]{500})$$
$$=31.14(mg/L)$$

（四）河流 BOD－DO 耦合模型

河流生化需氧量（BOD）和溶解氧（DO）是反映水质受到有机污染程度的综合指标。当有机污染物排入水体后，BOD 值便迅速上升。水体中的水生植物和微生物吸取有机物并分解时，消耗水中溶解氧使 DO 值下降。与此同时，水生植物的光合作用要放出氧气，空气也不断向水中补充溶解氧，因此微生物吸取有机污染物的过程是在耗氧和复氧同时作用下进行的。所以，就将 BOD 和 DO 作为有机污染综合指标建立最为常见的 BOD－DO 有机污染水质模型。

最早的 BOD－DO 模型是斯特里特（H. W. Streeter）和费尔普斯（E. B. Phelps）于 1925 年研究美国俄亥俄河污染问题时建立的。80 多年以来，已经形成了服务于不同对象的各类水质数学模型，在这些河流水质数学模型中应用最多的是 BOD－DO 耦合模型。下面围绕 Streeter－Phelps 模型着重介绍河流一维随流的 BOD－DO 耦合模型。由于只介绍一维情况，所以所有水质参数值都是断面平均值。模型可以是稳态的，也可以是动态的，由于我们关心的是水质最不利的条件，河流流量较小，排污量达最大时水质条件最不利，此时水流状态一般处于稳定状态，因此这里仅介绍稳态模型。

1. 单一河段的 BOD－DO 耦合模型（Streeter－Phelps 模型）

Streeter－Phelps 模型适用于单一河流单个排污口以下河段的水质模拟。模型中包含了这样一些假定：连续稳定排入河流中的污水均匀分布在起始断面上，这要排除初始段的情况，即紧靠排污口下游的那一段不属于一维的情况。水流是恒定均匀的。只考虑生化耗氧分解引起的 BOD 衰减反应是一级动力反应，反应系数为常数，并且认为 BOD 衰减反应速率等于 DO 减少速率。令某温度时的饱和溶解氧 DO_s 和该温度下现存溶解氧 DO 之差为亏氧，以 D 表示。水体的复氧速率与水中的亏氧成正比，复氧系数为常数。亏氧速率是耗氧速率和复氧速率的代数和。依据以上假定，若忽略河流水体的纵向扩散作用，在河流充分混合段，Streeter－Phelps 模型为：

$$\left.\begin{aligned}u\frac{\partial B}{\partial x}&=-K_1B\\u\frac{\partial D}{\partial x}&=K_1B-K_2D\end{aligned}\right\}\tag{4-38}$$

式中　B——断面平均 BOD 浓度，mg/L；

D——断面平均亏氧浓度，mg/L；

u——河流纵向平均流速，m/s；

x——水流纵向坐标，m；

K_1——耗氧速率系数，s^{-1}；

K_2——复氧速率系数,s^{-1}。

边界条件为:在 $x=0$ 处,$B=B_0$,$DO=DO_0$,$D=D_0$,对方程组积分可得河流任一下游断面处的 BOD 衰减方程和亏氧方程:

BOD 衰减方程:

$$B_x = B_0 \exp\left(-K_1 \frac{x}{u}\right) \tag{4-39}$$

亏氧方程:

$$D_x = \frac{K_1 B_0}{K_2 - K_1}\left[\exp\left(-K_1 \frac{x}{u}\right) - \exp\left(-K_2 \frac{x}{u}\right)\right] + D_0 \exp\left(-K_2 \frac{x}{u}\right) \tag{4-40}$$

式中　B_0——初始断面 BOD 浓度,mg/L,可按 $B_0 = \frac{B_p Q_p + B_h Q_h}{Q_p + Q_h}$ 计算,其中 B_p 和 B_h 的含义同 c_p 和 c_h;

D_0——初始断面亏氧浓度,mg/L,可按 $D_0 = \frac{D_p Q_p + D_h Q_h}{Q_p + Q_h}$ 计算,其中 D_p 和 D_h 分别为河流和污水的亏氧浓度;

x——纵向距离,m;

其余符号含义同前。

对于河流中任一时刻,Streeter - Phelps 模型则可表示为另一形式:

BOD 衰减方程:

$$B_t = B_0 \exp(-K_1 t) \tag{4-41}$$

亏氧方程:

$$D_t = \frac{K_1 B_0}{K_2 - K_1}[\exp(-K_1 t) - \exp(-K_2 t)] + D_0 \exp(-K_2 t) \tag{4-42}$$

式中　t——流经的时间,s,显然 $t = \frac{x}{u}$。

图 4-8 描述了耗氧、复氧和亏氧值的变化规律(氧垂曲线)。当水体中的水生植物和微生物吸取、分解有机污染物的速率和大气复氧速率相等时,耗氧曲线便与复氧曲线相交。交点即为临界点,此点处的溶解氧浓度最小,亏氧值最大。该点在排放口以下多少距离(x_c)出现,何时出现(t_c)以及溶解氧浓度为多大是水质预测和评价中必须掌握的资料。

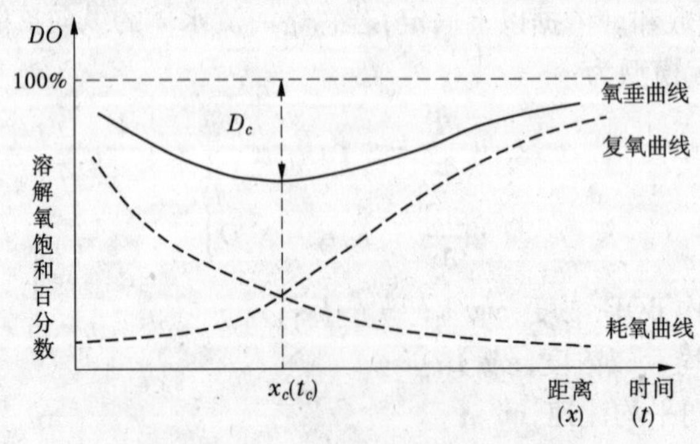

图 4-8　耗氧、复氧和亏氧值的变化规律

因为亏氧值最大，水质恶化最严重的临界点满足$\frac{\mathrm{d}D}{\mathrm{d}x}=0$，故临界点亏氧值和出现的位置、时间以及最小溶解氧浓度为：

临界点亏氧值：

$$D_c=\frac{K_1}{K_2}B_0\exp\left(-K_1\frac{x_c}{u}\right) \tag{4-43}$$

临界点出现的位置：

$$x_c=\frac{u}{K_2-K_1}\ln\left[\frac{K_2}{K_1}\left(1-\frac{D_0}{B_0}\frac{K_2-K_1}{K_1}\right)\right] \tag{4-44}$$

临界点出现的时间：

$$t_c=x_c/u \tag{4-45}$$

最小溶解氧浓度：

$$DO_c=DO_s-D_c \tag{4-46}$$

如果已经绘制氧垂曲线，则x_c、t_c、D_c、DOC可由氧垂曲线直接查出。

式(4-43)、式(4-44)给出了初始条件B_0、D_0和污染最严重状态D_c、x_c之间的依存关系，在实际工作中既有已知初始条件以确定最不利状态的问题，也有给定最不利状态反求允许初始条件的问题。

最后值得一提的是，在某些给定的条件下，用式(4-46)计算出来的DO_c会出现负值，这是Streeter－Phelps模型的一个不能令人满意的地方。它主要是由“氧的消耗只与生化反应有关，而与溶解氧浓度本身无关”这个假定造成的。在溶解氧浓度低时，这个假定是有问题的。后人提出了一些非线性模型进行修正，有兴趣的读者可参阅相关著作。

【例4-8】　某工厂废水BOD_5为800 mg/L，废水水温为31 ℃，废水流量为125 m^3/s，溶解氧经曝气后浓度达6 mg/L，排入工厂附近的河中，河水BOD_5为2.0 mg/L，溶解氧浓度为8.0 mg/L，水温为22 ℃，河水流量为250 m^3/s，河水和废水混合后预计平均水深为3 m，河宽50 m，河流溶解氧标准5.0 mg/L，在20 ℃时，耗氧速率系数$K_1=0.23(1/d)$，复氧速率系数$K_2=3.01(1/d)$，在其他水温时，K_1和K_2可按下式计算：$K_{1(T)}=K_{1(20\,℃)}\times1.047^{(T-20)}$，$K_{2(T)}=K_{2(20\,℃)}\times1.024^{(T-20)}$。试确定：①工厂废水允许的最大$BOD_5$含量；②临界点距排放口的距离；③绘出下游溶解氧变化曲线。

解：①本题属于给定水质要求c_N、DO_c，即最不利状态要求，反求允许初始排放条件。假设河水与排放废水完全混合，则有：

总流量$Q=250+125=375(m^3/s)$

断面平均流速：$u=\frac{Q}{A}=\frac{375}{3\times50}=2.5(m/s)$

混合水温：$T=\frac{22\times250+31\times125}{375}=25(℃)$

混合水的溶解氧浓度：$DO=\frac{8\times250+6\times125}{375}=7.33(mg/L)$

已知25 ℃时水的饱和溶解氧DO_s为8.38 mg/L，则初始亏氧量$D_0=8.38-7.33=1.05$(mg/L)，因河流水质要求溶解氧标准为5.0 mg/L，故最大允许亏氧量为$D_c=DO_s-DO_c$，即：

$$D_c = 8.38 - 5.0 = 3.38(\text{mg/L})$$

$$K_{1(25℃)} = K_{1(20℃)} \times 1.047^{(25-20)} = 0.23 \times 1.047^5 = 0.29(1/\text{d})$$

$$K_{2(25℃)} = K_{2(20℃)} \times 1.024^{(25-20)} = 3.01 \times 1.024^5 = 3.39(1/\text{d})$$

求对应给定 D_c 值的允许初始条件 B_0 和相应于临界亏氧量的临界点的时间 t_c，可根据下面两方程用试算法求解。设 B_0（此处不能用实际 B_0，因为 D_c 已定，对应的允许 B_0 值未知），可求出相应的 t_c 和 D_c 值。表 4-3 为试算表。

$$t_c = \frac{1}{K_2 - K_1}\ln\left[\frac{K_2}{K_1}\left(1 - \frac{D_0}{B_0}\frac{K_2 - K_1}{K_1}\right)\right] = \frac{1}{3.39 - 0.29} \times \ln\left[\frac{3.39}{0.29} \times \left(1 - \frac{1.05}{B_0} \times \frac{3.39 - 0.29}{0.29}\right)\right]$$

$$D_c = \frac{K_1}{K_2}B_0\exp(-K_1 t_c) = \frac{0.29}{3.39} \times B_0\exp(-0.29t_c)$$

表 4-3　试算表

B_0(mg/L)	t_c(d)	D_c(mg/L)	B_0(mg/L)	t_c(d)	D_c(mg/L)
100	0.755	6.91	45	0.701	3.16
50	0.711	3.50	48	0.707	3.36
40	0.687	2.82	48.3	0.708	3.38

由试算得出对应 D_c 的 B_0 = 48.3 mg/L，即为河水初始断面允许的 BOD_5 负荷量（初始浓度），可得工厂废水 BOD_5 最大允许排放浓度为：

$$BOD_5 = \frac{48.3 \times 375 - 2.0 \times 250}{125} = 140.9(\text{mg/L})$$

而工厂废水 BOD_5 为 800 mg/L，远大于允许排放量，因此必须经过处理才能排入河流，其去除率为：

$$\frac{800 - 140.9}{800} \times 100\% = 82.4\%$$

②求临界点距排入口的距离 x：

由试算得：t_c = 0.708 d，u = 2.5 m/s

所以 x = 0.708 × 2.5 × 86.4 = 153(km)

③根据公式：

$$D_t = \frac{K_1 B_0}{K_2 - K_1}[\exp(-K_1 t) - \exp(-K_2 t)] + D_0\exp(-K_2 t)$$

可求出不同时刻 t 时的 D_t 值，从而绘出溶解氧曲线图（略）。

2. 具有多支流和排污口的河流 BOD－DO 模型

1）河段划分

一般河流较长时，需要按模型适用条件，根据河道的地形、水文地理和生化特性以及各排污口位置，将河流沿流向分为若干河段。一般支流入口和排污口常作为河段划分的节点，尽量使每一河段内的水文要素、水质参数基本一致，耗氧和复氧强度变化不大。

2）河段水质模型

当河流依河道特性和排污口位置分成若干河段后，在每一河段中如忽略扩散项、沉淀吸

附项,则该河段内的BOD和DO的变化可用如下方程表示:

对于BOD值:

$$B_2 = B_1\left(1 - 0.0116\frac{K_1 x}{u} + 0.0116\frac{B^*}{B_1 Q}\right)\alpha \tag{4-47}$$

对于DO值:

$$c_2 = c_1\left[1 - 0.0116\frac{(K_1 B_1 - K_2 D_1)x}{c_1 u} + 0.0116\frac{C^*}{c_1 Q}\right]\alpha \tag{4-48}$$

式中　x——河段长度,km;

u——河段纵向平均流速,m/s;

B^*、C^*——河段BOD值和DO值的旁侧入流量,kg/d;

α——河流稀释流量比,$\alpha = \frac{Q}{Q+q}$;

q——河段旁侧入流流量,m^3/s;

B、c、K_1、K_2、Q——含义同前,分别以mg/L、mg/L、d^{-1}、d^{-1}、m^3/s计。

在已知各河段距离、流速、起始断面的BOD和DO值、K_1、K_2、Q值以及各支流或排污口的旁侧入流流量q、排污量B^*和C^*,即可求得起始断面以下各断面的BOD和DO值。

(五)河流混合过程段与水质模式选择

预测范围内的河段可以分为充分混合段、混合过程段和上游河段。

充分混合段是指污染物浓度在断面上均匀分布的河段。当断面上任意一点的浓度与断面平均浓度之差小于平均浓度的5%时,可以认为达到均匀分布。

混合过程段是指排污口下游达到充分混合以前的河段。

上游河段是排污口上游的河段。

混合过程段的长度可由下式估算:

$$L = \frac{(0.4B - 0.6a)Bu}{(0.058H + 0.0065B)(gHI)^{1/2}} \tag{4-49}$$

式中　L——达到充分混合的长度,m;

B——河流宽度,m;

a——排污口到岸边的距离,m;

H——平均水深,m;

u——河流纵向平均流速,m/s;

g——重力加速度,取9.81 m/s^2;

I——河流水力坡降。

进行河流水质预测时,首先要选定合适的水质数学模型。目前有很多类型的水质模型可以用来解决实际问题,但水质模型的复杂程度有较大的差别,这就需要从工程应用角度出发,对各种模型进行选择,避免模型过分复杂,力求简单实用。

一般情况下,充分混合段可以采用一维模式或零维模式预测断面平均水质;在混合过程段,可以采用二维模式进行预测。大、中河流一、二级评价,且排污口下游3~5 km以内有集中取水点或其他特别重要的环保目标时,均应采用二维模式预测混合过程段水质。其他情况可根据工程、环境特点、评价工作等级及当地环保要求,决定是否采用二维模式。

三、常用河口水质数学模型

受潮汐影响的河口,呈非稳定水流状态,水质预测较为复杂。一般可按潮周平均、高潮平均和低潮平均三种情况,简化为稳定状态进行预测。对窄、长、浅的河口,在污染物输入稳定时,可用一维水质模型的解析解——欧康那(O'connor)河口衰减模式。

上溯($x<0$,自 $x=0$ 处排入):

$$c(x)=\frac{c_pQ_p}{(Q_h+Q_p)M}\exp\left[\frac{ux}{2E_x}(1+M)\right]+c_h \tag{4-50}$$

下泄($x>0$):

$$c(x)=\frac{c_pQ_p}{(Q_h+Q_p)M}\exp\left[\frac{ux}{2E_x}(1-M)\right]+c_h \tag{4-51}$$

其中,$M=(1+4KE_x/u^2)^{1/2}$,其余符号含义同前。

在宽阔的河口,可采用一维非恒定流方程数值模式计算流场,采用二维动态混合衰减数值模式预测水质。一般均需将基本方程转换成差分格式,进行数值法求解。

四、常用湖(库)水质数学模型

(一)均匀混合衰减模型

对小湖(库)(平均水深≤10 m,水面≤5 km²),由于污染物充分混合,可采用均匀混合衰减模型预测水质。

$$c(t)=\frac{W_0}{K_hV}+\left(c_h-\frac{W_0}{K_hV}\right)\exp(-K_ht) \tag{4-52}$$

$$K_h=\frac{Q}{V}+K \tag{4-53}$$

式中　$c(t)$——计算时段污染物浓度,mg/L;

W_0——污染物入湖(库)速率,g/s;

K_h——中间变量,s^{-1};

V——湖(库)容积,m^3;

Q——湖(库)出流量,m^3/s;

K——污染物综合衰减系数,s^{-1};

c_h——湖(库)现状浓度,mg/L。

(二)非均匀混合模型

对水域宽阔的大湖(库)(平均水深>10 m,水面≥25 km²),当污染物入湖(库)后,污染仅出现在排污口附近水域,形成一个圆锥形扩散(见图4-9),在这种情况下应采用非均匀混合模型。

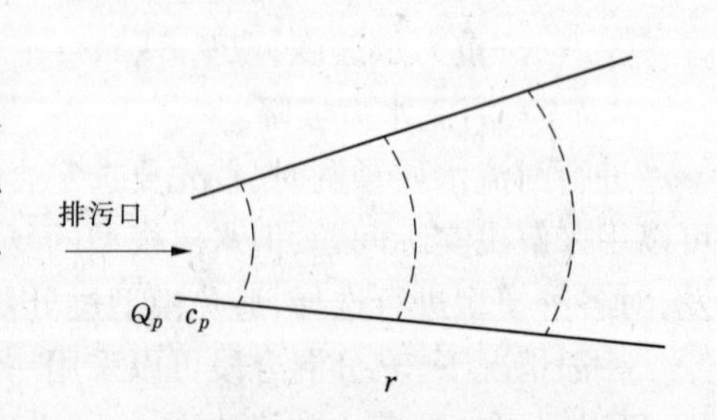

图4-9　湖边排污口附近扩散现象

湖(库)推流衰减模式:

$$c_r=c_h+c_p\exp\left(-\frac{K\Phi Hr^2}{2Q_p}\right) \tag{4-54}$$

式中　c_r——距排污口 r 处污染物浓度,mg/L;

c_p——污染物排放浓度,mg/L;

Q_p——废污水排放流量,m^3/s;

Φ——扩散角,排污口在平直岸边时 $\Phi=\pi$,排污口在湖(库)中心时 $\Phi=2\pi$;

H——扩散区湖(库)平均水深,m;

r——预测点距排污口距离,m。

其余符号含义同前。

(三)富营养化模型

湖(库)富营养化预测,用营养元素氮、磷的浓度变化判别湖(库)富营养化发展趋势。常用沃伦维德和狄隆经验模型,预测不同类型湖(库)氮、磷浓度。

沃伦维德模型:

$$c = c_i\left(1 + \sqrt{\frac{H}{q_s}}\right)^{-1} \tag{4-55}$$

式中 c——湖(库)中氮(磷)的年平均浓度,mg/L;

c_i——流入湖(库)按流量加权平均的氮(磷)浓度,mg/L;

H——湖(库)平均水深,m;

q_s——湖(库)单位面积年平均水量负荷,$m^3/(m^2\cdot a)$,可按 $q_s=Q_入/A$ 计算,其中 $Q_入$ 为入湖(库)水量,m^3/a,A 为湖(库)水面积,m^2。

狄隆模型:

$$c = \frac{L(1-R)}{\rho H} \tag{4-56}$$

式中 c——湖(库)中氮(磷)的年平均浓度,$g/(m^3\cdot a)$;

L——湖(库)单位面积年氮(磷)负荷量,$g/(m^2\cdot a)$;

R——湖(库)氮(磷)滞留系数,1/a,可按 $R=1-\frac{W_出}{W_入}$ 计算,其中 $W_入$、$W_出$ 分别为入、出湖(库)年氮(磷)量,kg/a;

ρ——水力冲刷系数,1/a,可按 $\rho=\frac{Q_入}{V}$ 计算,其中 $Q_入$ 为入湖(库)水量,m^3/a,V 为湖(库)容积,m^3;

其余符号含义同前。

五、水质模型中参数的选择

(一)横向扩散系数 E_z

(1)费休公式:

顺直河段:

$$E_z - (0.1\sim0.2)H(gHI)^{1/2} \tag{4-57}$$

弯曲河段:

$$E_z = (0.4\sim0.8)H(gHI)^{1/2} \tag{4-58}$$

式中 H——河流平均水深,m;

g——重力加速度,m/s^2;

I——河流水力坡降。

(2)泰勒公式：

$$E_z = (0.058H + 0.0065B)(gHI)^{1/2} \tag{4-59}$$

式中 B——河流平均宽度，m；

其余符号含义同前。

该公式适用河流 $B/H \leqslant 100$。

(二)纵向离散系数 E_x

(1)爱尔德公式(适用河流)：

$$E_x = 5.93H(gHI)^{1/2} \tag{4-60}$$

(2)费休公式(适用河流)：

$$E_x = 0.011u^2B^2/H(gHI)^{1/2} \tag{4-61}$$

式中 u——平均流速，m/s；

B——河流宽度，m；

其余符号含义同前。

(3)鲍登公式(适用河口)：

$$E_x = 0.295uH \tag{4-62}$$

(4)狄斯逊公式(适用河口)：

$$E_x = 1.23u_{max}^2 \tag{4-63}$$

式中 u_{max}——河口最大潮速，m/s。

(三)耗氧系数 K_1

选择稳定均匀混合河段，测得上、下两个断面污染物浓度，即可推求 K_1 值。

对河流：

$$K_1 = \frac{u}{\Delta x}\ln\frac{c_A}{c_B} \tag{4-64}$$

对湖(库)：

$$K_1 = \frac{2Q_p}{\Phi H(r_B^2 - r_A^2)}\ln\frac{c_A}{c_B} \tag{4-65}$$

式中 u——河流平均流速，m/s；

Δx——上、下两断面间河段长度，m；

c_A、c_B——河流上断面、下断面污染物浓度，mg/L；

Q_p——废污水排放流量，m^3/s；

Φ——扩散角，平直河岸 $\Phi = \pi$，湖(库)中 $\Phi = 2\pi$；

r_A、r_B——远、近两测点到排放点距离，m。

(四)复氧系数 K_2

(1)根据溶解氧平衡原理，可利用下式推求复氧系数 K_2 值：

$$K_2 = K_1\frac{B}{D} - \frac{\Delta D}{2.3tD} \tag{4-66}$$

式中 K_1——耗氧系数，d^{-1}；

B——河段上断面与下断面 BOD 平均浓度，mg/L；

D——河段上断面与下断面氧亏平均浓度,mg/L;

ΔD——河段上断面与下断面氧亏差值,mg/L;

t——上断面至下断面流经时间,d。

(2)丘吉尔公式:

$$K_{2(20\ ℃)} = 5.03\frac{u^{0.696}}{H^{1.673}},\quad \begin{matrix} 0.6\ \text{m} \leqslant H \leqslant 8\ \text{m} \\ 0.6\ \text{m/s} \leqslant u \leqslant 1.8\ \text{m/s} \end{matrix} \tag{4-67}$$

(五)K_1、K_2 的温度校正公式

K_1、K_2 的温度校正公式公式为:

$$K_{1或2(T)} = K_{1或2(20\ ℃)} \cdot \theta^{(T-20)} \tag{4-68}$$

式中 θ——温度常数,对 K_1,$\theta = 1.02 \sim 1.06$,可取 1.047;对 K_2,$\theta = 1.015 \sim 1.047$,可取 1.024。

(六)综合衰减系数 K

综合衰减系数 K 计算公式为:

$$K = K_1 + K_3 \tag{4-69}$$

式中 K_1——耗氧系数,s^{-1};

K_3——沉降系数,s^{-1}。

当水体具有明显沉降作用时,应考虑 K_3。对一般河流可取 $K = K_1$。K_3 的推求,目前尚无成熟的估值方法,可通过类比分析或实测资料分析进行估值。

第三节 水质预测

新建、扩建、改建的直接或间接向水体中排放污染物的建设项目,都不同程度地影响着水体水质以及生态环境。水质预测是在已知(实测或预计)水质初始量(或污染来量)的条件下,根据水流的运动和自净规律,以及水中污染物的物理运动、化学反应和生化作用等演化规律(通过数学模型表达),预估水体或水体中某一点水质未来的变化情况。

水质预测程序应包括:

(1)明确预测目的;

(2)制订预测计划;

(3)确定预测水平年;

(4)收集与分析预测资料;

(5)选择预测方法;

(6)建立预测模型并验证其精度;

(7)实施预测并分析预测误差;

(8)提交预测结果。

水质预测方法一般有两类。第一类是定性分析法,如专家判断法和类比调查法。专家判断法是利用专家的经验来推断建设项目对水环境的影响,类比调查法是参照现有相似工程对水体的影响来推测拟建项目对水环境的影响。第二类是定量预测法,常采用水质模拟(数学模拟或物理模拟)进行预测,其中水质数学模型应用最多最广。定性分析法具有省时、省力、耗资少等优点,但结果是定性的,不能量化;定量预测法的结果是量化的,比较准确,但耗时、耗力、耗资多。具体应用时,可结合实际情况尽量选用成熟、简便并能满足要求的预测方法。

这里仅介绍利用水质数学模型预测建设项目对水体水质影响的有关内容。

水体水质的变化是由排污系统的水质水量变化和受纳水体的水质水量变化引起的。因此,进行水体水质污染预测需要掌握以下资料:

(1)污染物排入水体的情况(排入的量和时空分布等),这是水质系统的输入。

(2)受纳水体的水质水量情况。

(3)污染物排入水体后的变化规律(迁移、扩散稀释和降解等),这是水质系统的运行状态。

建立合适的水质数学模型,根据水质系统的输入和运行状态,推求水质数学模型系统的输出,这就是水体水质变化的预测结果。根据水资源保护规划的要求,从广义上说,水质预测包括污染源预测和水质污染预测两大部分。

一、污染源预测

(一)废污水量预测

1. 工业废水预测

多采用重复利用率提高法,预测公式如下:

$$Q_B = \varphi_b B \frac{1-\eta}{1-\eta_0} \tag{4-70}$$

式中 Q_B——预测年工业废水量,万 t/d;

φ_b——基准年单位产值废水排放量,万 t/万元;

B——预测年工业总产值,万元/d;

η——预测年的水重复利用率;

η_0——基准年的水重复利用率。

2. 生活污水预测

根据城镇人均用水定额和人口发展情况,按污水排放系数进行预测。

$$Q_R = \frac{f}{1\,000} R\varphi \tag{4-71}$$

式中 Q_R——预测年生活污水排放量,万 t/d;

R——预测年城镇人口数,万人;

φ——预测年人均生活用水量,L/(人·d),各规划水平年城镇人均用水定额见表 4-4;

f——污水排放系数,为生活污水排放总量与生活用水总量的比值,一般取 $f=0.7\sim0.85$。

表 4-4 规划水平年城镇人均用水定额 (单位:L/(人·d))

城镇等级	1990 年	2000 年
小城市或县镇(人口少于 10 万)	70~90	90~100
大中城市(人口大于 10 万)	80~100	100~150

3. 废污水排放总量预测

废污水排放总量等于工业废水和生活污水预测值之和:

$$Q_T = Q_B + Q_R \tag{4-72}$$

式中　Q_T——废污水排放总量,万 t/d。

4. 入河(湖、库)废污水量计算

预测出污染源的废污水排放总量之后,还应计算出实际进入河(湖、库)的废污水量 Q_d。

城镇排放出的废污水,大多经过明渠、污水沟或地下管道排入河流(湖泊、水库)。由于下渗、蒸发等作用,沿途总要消耗掉一部分废污水,这部分损失,采用损失系数 $K_{水}$ 计算。$K_{水}$ 的确定方法有两种:一是按实测资料反求,二是根据经验选取,一般取 $K_{水}$ =0.5 ~1.0。

入河(湖、库)废污水量计算公式为:

$$Q_d = K_{水} Q_T \tag{4-73}$$

式中　Q_d——入河废污水量,万 t/d;

$K_{水}$——废污水损失系数。

(二)污染物预测

根据污染物评价结果,选取等标污染负荷比较大的几种污染物,进行污水产生量和入河(湖、库)量预测。

污染物产生量预测公式为:

$$W_P = U_b \beta B + U_r R - W_K \tag{4-74}$$

式中　W_P——预测污染物产生量,kg/d;

U_b——基准年单位产值污染物排放量,kg/万元;

β——预测削减系数,根据各城镇工业结构、发展速度、工艺革新等技术进步因素确定,其值为0.7 ~0.8,但随社会发展会逐步降低;

B——预测年工业产值,万元/d;

U_r——基准年人均污染物排放量,kg/(万人·d);

R——预测年城镇人口,万人;

W_K——基准年污染物去除量,kg/d。

预测出污染物产生量之后,同样还应换算出实际排入河流的污染物量。污染物入河(湖、库)量采用污染物产生量乘以降解系数 K_0 的方法折算。

污染物入河量的计算公式为:

$$W_d = W_P K_0 \tag{4-75}$$

式中　W_d——预测年污染物入河(湖、库)量,kg/d;

K_0——污染物入河(湖、库)前的降解系数。

二、水质污染预测

水质的定量预测通常采用水质数学模型法。选择合适的水质数学模型进行水质预测不仅适用于短期预测,也适用于长期预测。

应用水质数字模型预测水质时,一定要注意水文特征值和污染源的变化情况。通常根据模型要求,将水域划分成若干段或若干区。一般是依据水质水量变化处节点划分区段,使区段内的水质参数一致。另外,还要用实测资料推求模型参数,并对模型进行检查。

习 题

1. 有一平面无限大水体,流速 $u_x = 1$ m/s,河段水深 $H = 2.0$ m,横向扩散系数 $E_z = 0.01$ m²/s。有一排污口连续稳定排放污水,污水中含有不易降解的污染物,排放量为 20 g/s,试计算排污口下游 400 m、横向距离 $z = 10$ m 处的污染物浓度。

2. 某河流(较顺直)岸边有一连续稳定排污口,河宽 $B = 6.0$ m,水深 $H = 0.5$ m,流速 $u_x = 0.3$ m/s,横向扩散系数 $E_z = 0.05$ m²/s,求污水到达对岸的纵向距离(对岸浓度为同一断面最大浓度的 5%)和污水完全混合的纵向距离(污染带长)。

3. 一均匀河段有一含 BOD 的废水从上游端流入,废水流量 $Q_p = 0.2$ m³/s,相应 $c_p = 200$ mg/L,大河流量 $Q_h = 2.0$ m³/s,相应 $c_h = 2$ mg/L,河流平均流速 $u = 20$ km/d,BOD 衰减系数 $K_1 = 2$/d,扩散系数 $E_x = 1$ km²/d,试推求废水入河处以下 1 km、3 km、5 km 处的 BOD 值。

4. 一均匀河段,有一含 BOD_5 的废水稳定流入,河水流速 $u = 20$ km/d,起始断面 BOD_5 和氧亏值分别为 $B_0 = 20$ mg/L,$D_0 = 1$ mg/L,$K_1 = 0.5$/d,$K_2 = 1.0$/d,试用 Sreeter - Phelps 模型计算 $x = 1$ km 处的河水 BOD_5 浓度和氧亏值以及最大氧亏值和出现的位置。

5. 仍以上题数据,已知大河流量 $Q_h = 50$ m³/s,若河段内有一排污渠汇入,排污量 $Q_p = 1$ m³/s,污染负荷 $B^* = 4\ 320$ kg/d,$C^* = 72$ kg/d,用 BOD - DO 耦合模型计算 $x = 1$ km 处的 BOD 值和 DO 值。

第五章　水环境容量

第一节　概　述

一、水环境容量的概念及特点

若要保证一辆货车安全行驶，需要计算其额定载重量；若要保证一座桥梁安全可靠，需要确定其容许承载能力。相同地，一定的环境在人类生存和生态系统不致受害的情况下，对污染物的容纳也有一定的限度，这个限度被称为环境容量或环境负荷量。这一概念首先是由日本学者提出来的。20 世纪 60 年代末，日本为改善水和大气环境质量状况，提出了污染排放总量控制问题。后来国内外许多研究工作者提出过很多环境容量的定义，从不同侧面反映了环境容量的部分涵义。如环境容量是污染物容许排放总量与相应的环境标准浓度的比值；环境容量是指不危害环境的最大允许纳污能力等。

水环境容量，一般认为应是特指在满足水环境质量标准的要求下，水体容纳污染物的最大负荷量，因此又称做水体负荷量或纳污能力。

水环境容量是在考虑水体的污染特性及自净能力的基础上，以总量形式对水环境污染进行控制。因而这要比一般的浓度控制具有明显的科学性和优越性。归纳来讲，水环境容量具有以下三个基本特点：

(1)资源性。水环境容量是一种自然资源，其价值体现在对排入污染物的缓冲作用，即容纳一定量的污染物也能满足人类生产、生活和生态系统的需要；但水域的环境容量是有限的可再生自然资源，一旦污染负荷超过水环境容量，其恢复将十分缓慢与艰难。

(2)区域性。由于受到各类区域的水文、地理、气象条件等因素的影响，不同水域对污染物的物理、化学和生物净化能力存在明显的差异，从而导致水环境容量具有明显的地域性特征。

(3)系统性。河流、湖泊等水域一般处在大的流域系统中，水域与陆域、上游与下游、左岸与右岸构成不同尺度的空间生态系统。因此，在确定局部水域水环境容量时，必须从流域的角度出发，合理协调流域内各水域的水环境容量。

二、水环境容量的发展和应用

我国对水环境容量的研究开始于 20 世纪 70 年代后期，其发展大致经历了下列三个阶段：第一个阶段的研究集中在水污染自净规律、水质模型、污染物排放标准制定的数学方法上，从不同角度提出和应用了水环境容量的概念；第二个阶段是把水环境容量理论同水污染控制规划相结合，出现了一批有实效的成果，初步显示了水环境容量理论与实际相结合的威力，这一阶段的研究对污染物在水体中发生的物理、化学作用进行了比较深入、系统的探讨；第三个阶段的研究是要把水环境容量理论推向系统化、实用化的新阶段。

在科学技术、现代工业、现代人类生活日新月异的今天，地球上的水环境每时每刻都受到影响，要保持完全不受污染影响的“纯净水体”，既不可能也无必要。有意义的问题则是：针对已受污染影响的水体，如何对污染进行控制，防止发生危害；针对拟建工程，如何利用水体自净能力进行规划设计，使其对周围水环境不致造成污染危害。可以说，现状水环境控制与未来水环境规划，已经成为经济综合发展规划的一种环境条件依据。二者都需要掌握所处水环境的容量即纳污能力。

各项建设生产与社会生活产生的污染物的排放，必须与一定的水环境容量相适应。如果超出环境容量就必须采取措施，如降低排放浓度，减少排放量，或者加强污水处理设施等。一般水环境容量的应用体现在以下三个方面。

(1)制定地区水污染物排放标准。全国性的工业“三废”排放标准往往不能把各地区的情况完全包括进去，在实行中如果生搬硬套便达不到理想的经济效益和环境效益。即使同一行业对于具有不同环境容量的水体采用同一排放标准，也不一定会收到相同的环境效益。因此，需要依据本水域的水环境容量制定本地区适宜的污染排放标准。

(2)在环境规划中的应用。水环境容量的研究是进行水环境规划的基础工作，只有弄清了污染物的水环境容量，才能使所制定的水环境规划真正体现出生态环境效益和经济效益，做到工业布局更加合理，污水处理设施的设计更加经济有效，对水环境的总体质量才能进行有效的控制。

(3)在水资源综合开发利用规划中的应用。水资源是社会发展的重要资源之一。对水资源的综合开发利用，不仅要考虑它所提供的足够数量的合格水质，而且还应考虑它接纳污染物的能力。因此，一个地区的水环境容量大小也是该地区水资源是否丰富的重要标志之一。如果不能合理利用水环境容量，则会对水资源造成破坏或浪费。因此，在进行水资源综合开发利用规划时，必须弄清该地区水环境对污染物的容量。

总之，水环境容量主要应用于水环境质量控制，水环境容量的确定是水环境质量管理与评价工作的前提，也是水资源保护工作的前提。

三、水环境容量的影响因素及分类

(一)水环境容量的影响因素

水环境容量建立在水环境质量标准和水体稀释自净规律的基础上，因此它与水体特征、水质目标、污染物特性有关，同时水环境容量还与污染物的排放方式及排放的时空分布有密切的关系。

(1)水体特征。水体特征包括水体的几何参数，如河宽、水深；水文参数，如流量、流速；地球化学背景参数，如主要水化学成分，污染物的背景水平，水的 pH 等；水体的物理自净作用，如稀释、扩散、沉降、分子态吸附；物理化学自净作用，如离子态吸附；化学自净作用，如水解、氧化、光化学等；生物降解作用，如水解、氧化还原、光合作用等。这些自然参数对水环境容量有重要影响。

(2)水质目标。水体的用途不同，允许存在于水体中的污染物量也不同。水体功能的划分或水质目标的选择又与其环境效益、经济效益和一定的技术条件有关。

(3)污染物特性。不同污染物对人体健康的影响和对水生生物的毒性作用是不相同的。相应地，有不同的允许存在于水体的污染物量。

(4)排污方式。水体的环境容量与污染物的排放位置和排放方式有关。一般说来,在其他条件相同的情况下,集中排放比分散排放的环境容量小,瞬时排放比连续排放的环境容量小,岸边排放比河心排放的环境容量小。因此,限定的排污方式是确定环境容量的一个重要因素。

(二)水环境容量分类

水环境容量的分类方法有很多。依据不同的标准,水环境容量有以下几种类型。

1.按水环境目标分类

(1)自然水环境容量。以污染物在水体中的基准值为水质目标,相应水体的允许纳污量称为自然水环境容量,其概念模型为:

$$W_p = \int_V K(c_N - c)\mathrm{d}V \tag{5-1}$$

式中 W_p——水环境容量;

c_N——污染物在水体中的基准值,它是水环境中污染物对特定对象(人或其他生物)不产生不良或有害影响的最大剂量,以浓度表示;

c——污染物在水体中的浓度;

V——水的体积;

K——表征水体对污染物稀释和其他自净能力的自然规律参数。

自然水环境容量是以对水生生态和人体健康不造成不良影响为约束的水体对污染物的容纳量,不受社会因素的影响。

(2)管理水环境容量。以污染物在水体中的标准值为水质目标,相应水体的允许纳污量称为管理水环境容量。其概念模型为:

$$W_p = \int_V K(c'_N - c)\mathrm{d}V \tag{5-2}$$

$$c'_N = K'c_N \tag{5-3}$$

式中 K'——以技术经济指标为约束条件的社会效益参数,一般 $K' \geqslant 1$;

c'_N——污染物在水体中的标准值;

其余符号含义同前。

管理水环境容量以规定的水质标准为约束条件,受自然规律参数和社会效益参数的影响。

2.按污染物性质分类

(1)耗氧有机物水环境容量。耗氧有机物是易降解的有机污染物。应用耗氧有机物的水质模型,以水质目标及控制范围为约束条件可计算其相应的水环境容量。

(2)有毒有机物的水环境容量。这类有机物是难降解的,一般只考虑稀释作用为其水环境容量的基本影响因素。应力求消除其污染源。

(3)重金属水环境容量。重金属是保守性物质,不能被分解,其相应水环境容量的主要影响因素是稀释作用。应严格控制其污染源。

3.按容量的可再生性分类

可再生性是指水体对污染物的同化能力。

(1)可更新容量。指水体对污染物的降解自净容量或无害化容量,如耗氧有机物的水环境容量。通常所说的水体自净能力,就是指这部分可更新的环境容量。

(2)不可更新容量。在自然条件下,水体对不可降解或弱降解的污染物所具有的容纳量称为不可更新容量。这部分容量的恢复,只表现在污染物的迁移、吸附、沉积和相的转移,在大环境水体中总的数量不变。一些有毒有机物、重金属的水环境容量是不可更新容量。

4. 按容量的可分配性质

自然背景值、点污染源、面污染源在水体的总污染负荷中各占一定的比例。其中有一部分是人为因素无法控制的。当不可控制的污染物所占用的环境容量小于管理环境容量时,其差值为可分配环境容量。

5. 按污染物降解机制分类

(1)稀释容量。指的是当水体通过物理稀释作用使污染物达到规定的水质目标时,所能容纳污染物的量,也称为差值容量。

(2)自净容量。除稀释作用外,水体通过物理、化学、物理化学、生物作用对污染物所具有的降解或无害化能力称为自净容量。若污染物为易降解有机物,则自净容量也称为同化容量。即各种自净作用的综合去污容量。

四、水环境容量的确定

(一)确定原则

水环境容量的确定,要遵循以下两条基本原则:

(1)保持环境资源的可持续利用。要在科学论证的基础上,首先确定合理的环境资源利用率,在保持水体有不断的自我更新与水质修复能力的基础上,尽量利用水域环境容量,以降低污水治理成本。

(2)维持流域各段水域环境容量的相对平衡。影响水环境容量确定的因素很多,筑坝、引水,新建排污口、取水口等都可能改变整个流域内水环境容量分布。因此,水环境容量的确定应充分考虑当地的客观条件,并分析局部水环境容量的主要影响因素,以利于从流域的角度合理调配环境容量。

(二)计算步骤及实用度量方法

水环境容量的推求同样是以污染物在水体中的输移扩散规律以及水质模型为基础的,是对污染物基本运动规律的实际应用。水环境容量的计算,从本质上讲就是由水环境标准出发,反过来推求水环境在此标准下所剩的污染物允许容纳余量,其中包含了在总量控制的情况下,对纳污能力的估算和再分配。

在其他条件不变的情况下,污染物排放方式的改变(如排放口位置的不同)将影响水域的环境容量,因此水环境容量往往是一组数值。实际的水环境容量确定,是在分析稀释容量与自净容量的基础上,根据排污方式的限定与环境管理的具体需求,即在不改变排污口位置和水质目标等情况下,确定水域的环境容量。

通常情况下,水域的环境容量计算可以按照以下6个步骤进行:

(1)水域概化。将天然水域(河流、湖泊、水库)概化成计算水域,例如天然河道可概化成顺直河道,复杂的河道地形可进行简化处理,非稳态水流可简化为稳态水流等。水域概化的结果,就是能够利用简单的数学模型来描述水质变化规律。同时,支流、排污口、取水口等影响水环境的因素也要进行相应概化。若排污口距离较近,可把多个排污口简化成集中的排污口。

(2)基础资料调查与评价。包括调查与评价水域水文资料(流速、流量、水位、体积等)和水域水质资料(多项污染因子的浓度值),同时收集水域内的排污口资料(废水排放量与污染物浓度)、支流资料(支流水量与污染物浓度)、取水口资料(取水量、取水方式)、污染源资料(排污量、排污去向与排放方式)等,并进行数据一致性分析,形成数据库。

(3)选择控制点(或边界)。根据水域不同的水质目标和水域内的水质敏感点位置分析,确定水质控制断面的位置和浓度控制标准。对于包含污染混合区的环境问题,则需根据环境管理的要求确定污染混合区的控制边界。

(4)建立水质模型。根据实际情况选择建立零维、一维或二维水质模型,在进行各类数据资料的一致性分析的基础上,确定模型所需的各项参数。

(5)容量计算分析。应用设计水文条件和上下游水质限制条件进行水质模型计算,利用试算法(根据经验调整污染负荷分布反复试算,直到水域的水质目标满足要求即达标为止)或建立线性规划模型(建立优化的约束条件方程)等方法确定水域的水环境容量。

(6)环境容量确定。在上述容量计算分析的基础上,扣除非点源污染影响部分,得出实际环境管理可利用的水环境容量。

从控制污染的角度看,水环境容量可从两方面反映:一是绝对容量,即某一水体所能容纳某污染物的最大负荷量,它不受时间的限制;一是年(日)容量,即在水体中污染物累积浓度不超过环境标准规定的最大容许值的前提下,每年(日)水体所能容纳某污染物的最大负荷量。年(日)容量受时间限制,并且和水体的本底值、水质标准及净化能力有关。在实际使用中则根据具体情况,采用其中较适宜的一种。河流、湖泊、水库是最常见的三种贮水体,通常也主要研究推求这三者的水环境容量。

第二节　河流水环境容量

一、中小型河流的水环境容量

对于上游来污量稳定,即来水污染物浓度可视为常数,河段内污染物的离散、沉降可以忽略不计的情况,一元水质基本方程可用来推求水环境容量。为了简化,这里假设污染物呈线性衰减,并且从控制污染的安全角度考虑,选用设计枯水流量 Q。按排污口布置的方式,水环境容量又可分为以下几种情况。

(一)只有一个排污口(单点)的河段水环境容量

(1)排污口在河段下游时,如图 5-1 所示。可以推得:

$$W_p = 86.4\left(\frac{c_N}{\alpha} - c_h\right)Q_h + K\frac{x}{u}c_hQ_h \tag{5-4}$$

式中　W_p——单点河段水环境容量,kg/d;

α——稀释流量比(清污流量比),$\alpha = \dfrac{Q_h}{Q_h + Q_p}$;

c_h、c_N——上游来水的污染物浓度和水质标准,mg/L;

K——污染物衰减系数,1/d,由实测两点法确定,对难以降解的污染物可取$K=0$;

x——河段纵向距离,km;

u——河段平均流速,m/s。

式(5-4)右端第一项代表的即是稀释容量,而第二项则代表自净容量。

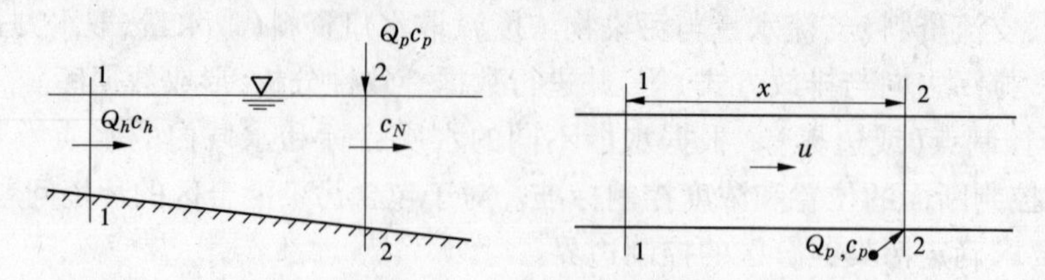

图 5-1　一个排污口的情况

(2)排污口在河段上游时,则水环境容量计算式为:

$$W_p = 86.4\left(\frac{c_N}{\alpha} - c_h\right)Q_h + K\frac{x}{u}c_N(Q_h + Q_p) \tag{5-5}$$

(二)有不连续多个排污口(多点)的河段水环境容量

如图 5-2 所示,污染物浓度沿程变化。分析可得:

$$\sum W_p = 86.4(c_N - c_{h0})Q_{h0} + Kc_{h0}Q_{h0}\frac{\Delta x_0}{u_0} + 86.4c_N\sum_{i=1}^{n}Q_{p_i} + c_N\sum_{i=1}^{n-1}\left(K\frac{\Delta x_i}{u_i}Q_{hi}\right) \tag{5-6}$$

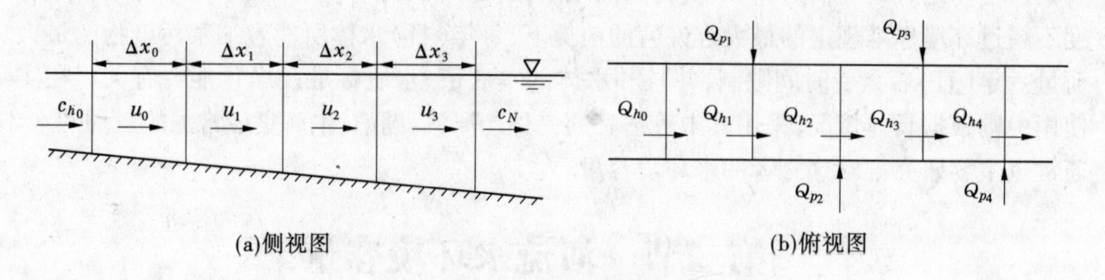

图 5-2　多个排污口的情况

式中　Q_{h0}——原河道起始断面流量,m^3/s;

Q_{hi}——各断面总流量,$Q_{hi} = Q_{h(i-1)} + Q_{pi}$,$m^3/s$;

Q_{pi}——各排污口排放的污水流量,m^3/s;

c_{h0}——原河道起始断面的污染物浓度,mg/L;

u_i——各断面平均流速,m/s;

u_0——起始断面平均流速,m/s;

Δx_i——各排污口之间的距离,m;

Δx_0——第一流段长度,m;

其余符号含义同前。

(三)河段两岸排污口连续均匀分布时的最大容量

$$W_{p\max} = 86.4(c_N Q_{hn} - c_{h0}Q_{h0}) + K\frac{x}{u}\frac{Q_{h0} + Q_{hn}}{2}c_N \tag{5-7}$$

式中　Q_{hn}——河段终端流量。

二、大河流的水环境容量

大河流一般宽深比和流量较大,流速也较高。由岸边排污口排入河中的污水流量相对很小,同时,污水沿岸边形成污染带,污染带的浓度及宽度与河流动力特性(流速、流态)和边界特性(平面形态、横断面形态)有关,其中与污染物的横向扩散密切相关。横向扩散越强,河流的稀释自净能力就越强。大河流的环境容量不但要考虑河道流量变化和相应横向扩散特性,而且还必须考虑河段的保护范围和相应的环境目标。因此,需要进行多种控制污染的组合方案的比较,才能最终确定其水环境容量。这里只简单介绍污染带岸边控制点浓度的确定方法。

对于排污口为连续点源岸边排放,并且考虑边界反射的影响,污染带内任一点的浓度可由二维移流扩散方程简化推得:

$$c(x,y) = \frac{2m}{u_x\sqrt{4\pi E_y x/u_x}}\exp\left(-\frac{u_x y^2}{4E_y x}\right) \tag{5-8}$$

如采用岸边浓度控制,则岸边 $y=0$,考虑一次反射影响,岸边浓度为:

$$c(x,0) = \frac{2m}{u_x\sqrt{4\pi E_y x/u_x}} \tag{5-9}$$

式中　m——污染物投放率,g/(m·s),如果是均匀线源,则可用 $m=\frac{m_0}{h}$表达,其中 m_0 为线源污染物投放率,h 为河道水深;

x、y——平面上沿水流方向和沿河宽方向的纵、横坐标;

E_y——横向扩散系数。

三、水环境容量的 m 值计算法

这种简化计算方法既是浓度控制法的改进(直接推求允许排放浓度),也是总量控制法的简化。它适用于确定受到毒性较小的污染物和其他有机污染物影响的水环境容量,即确定这些污染物的排放标准。

此方法从河段水环境质量标准出发,根据河段水量与污染物的质量守恒原理,推求河段内各排污口允许排放浓度,同时也规定出排污流量。

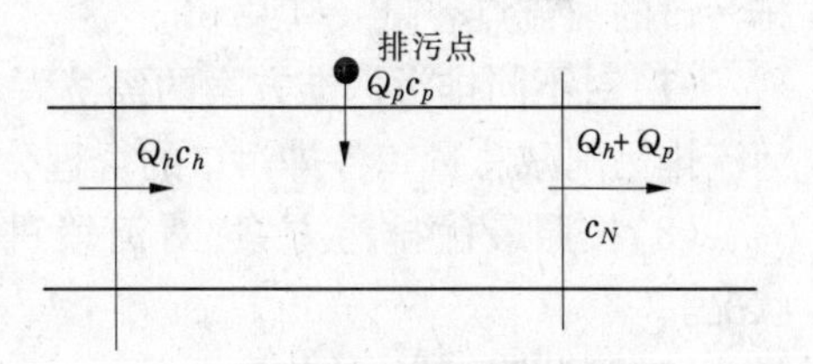

图 5-3　排污示意图

如图 5-3 所示,大河流量为 Q_h,一侧岸边某排污口排污流量为 Q_p,排污浓度为 c_p,排污口附近上下两断面的污染物浓度分别为 c_h 和 c_N,如果忽略污染物的衰减作用,只考虑稀释作用,则应有:

$$c_N(Q_h + Q_p) = c_h Q_h + c_p Q_p \tag{5-10}$$

那么:

$$c_p = \frac{c_N(Q_h + Q_p) - c_h Q_h}{Q_p} = c_N + \frac{c_N - c_h}{Q_p}Q_h = c_N\left(1 + \frac{Q_h}{Q_p} - \frac{Q_h}{Q_p}\frac{c_h}{c_N}\right) \tag{5-11}$$

若取 c_N 为符合环境要求的水质标准(浓度),并令 $Q_h/Q_p=\gamma$,$c_h/c_N=\beta$,符合水环境要求的允许排放浓度即为:

$$c_p = c_N(1 + \gamma - \gamma\beta) \tag{5-12}$$

若再令 $m=1+\gamma-\gamma\beta$,m 为标准稀释系数,则:

$$c_p = mc_N \tag{5-13}$$

式(5-13)只适用于$\beta \leqslant 1$的情况,表面看这似乎只是对排放浓度的控制,而实质上对污水排放流量的控制已隐含在确定m值的过程中,即由清污水流量比γ来控制Q值。

若河段中有多个排污口且相距又不太远时,可把它们合并为一个排污口考虑。总污水控制流量就是各排污口控制流量之和,即$Q_p = Q_{p1} + Q_{p2} + \cdots + Q_{pn}$;而各排污口排放浓度控制都用相同的$c_p$值。

m值计算法没有直接考虑衰减作用,但从$c_p = c_N + \frac{c_N - c_h}{Q_p} Q_h$中可以看出,此式右端第二项反映了由流量比$\frac{Q_h}{Q_p}$控制的稀释作用,即允许$c_p$超过$c_N$的值是通过控制排污流量$Q_p$来实现的。

当$Q_p = Q_h$时,$c_p = 2c_N - c_h$;当$Q_p \gg Q_h$时,$c_p = c_N$,即排污标准必须达到水质控制标准:

$$W_p = c_p \cdot Q_p \cdot \Delta t = 86.4 c_p \cdot Q_p \tag{5-14}$$

四、河段水环境容量与排污口排污限量的确定

(一)工作步骤

(1)对河流使用价值的历史与现状以及河流污染源和污染现状进行综合调查与评价。

(2)将河流按自然条件与功能划分为若干河段作为水环境目标(对象)。

(3)根据污染现状,分析找出造成河流污染的主要污染物作为水质参数。它们是选择河段排污标准的依据,故应具有较强的代表性。一般可选 DO、COD、BOD 和酚等。

(4)根据各河段水环境目标,按国家水环境质量标准确定各河段水质标准。

(5)确定各排污口河段的设计安全流量,一般取 10 年一遇的最枯月平均流量或连续 7 日最枯平均流量,此值选择是否合适将直接影响排污总量与污染物排放限量的确定。

(6)计算河流水环境容量。先确定计算模式与系数估算方法,然后计算各河段现有各排污口的河流点容量及其总和。

(7)对不同排污标准方案的经济效益和可行性进行对比分析,选择最优方案,从而确定河流排污削减总量和各排污口的合理分摊率。

(8)按照最优排污方案,对河段进行水质预测,即预测执行排污标准后的河段水质状况。

(二)削减总量的计算和分配

削减总量的计算公式为:

$$W_k = W^* - \sum W_p \tag{5-15}$$

式中　W^*——河段中各排污口每日排入河流中的污染负荷总量,即现实排污总量,kg/d;

$\sum W_p$——河段中各排污口的河流点容量之和,kg/d;

当$W^* < \sum W_p$时,$W_k < 0$,说明还有一部分水环境容量未被利用,除留 10% ~20% 作为安全容量外,余量可作为今后工农业和城镇发展之用。

当$W^* > \sum W_p$时,$W_k > 0$,说明该河段应削减的排污量为W_k。各排污口应分担削减的量,可按各处的污染负荷比进行加权分配,即某排污口应削减量为:

$$W_{ki} = W_k \frac{W_i^*}{W^*} \tag{5-16}$$

式中　W_i^*——某排污口每日排入河流中的污染负荷量，kg/d。

实际上在进行削减总量分配时，还要考虑其他一些因素的影响，例如环保部门有时要根据社会政治因素和环保技术政策对计算的分配额作适当调整；有时根据各排污口处理污水所需费用的经济分析比较，也会对分配额作适当调整，以便于取得最佳经济效益的方案。

（三）计算实例

某河段如图 5-4 所示，断面(1)以上河流的环境目标是游览，以下为渔业。水环境质量标准及水文、水质资料见表 5-1 和表 5-2。原主河道流量 $Q_h=4.0\ \mathrm{m^3/s}$，两条支流分别汇入流量为：$Q_1=1.0\ \mathrm{m^3/s}$ 和 $Q_2=1.5\ \mathrm{m^3/s}$。试确定河段中排污点的排污标准。

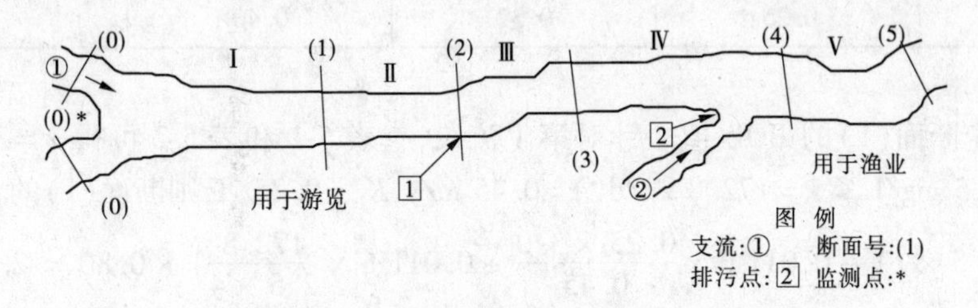

图 5-4　河流形势及河段使用目标图

解：由表 5-1 可知，断面(1)以上的水质参数 BOD 和 DO 都符合游览水环境质量标准。断面(1)以下有两个排污点和支流②汇入，按环境目标这一河段需依渔业用水要求来确定排污点的排放标准。首先用总量控制法考虑，本题取水质参数 BOD 进行控制。任一流段上、下断面污染物浓度关系可由一维水质模型推得：

$$B_2 = B_1\left(1 - 0.011\,6\frac{K_1 x}{u} + 0.011\,6\frac{B^*}{B_1 Q}\right)\alpha$$

式中　B^*——旁侧入流的实测污染负荷，kg/d；

　　　K_1——耗氧系数，$\mathrm{d^{-1}}$；

　　　α——稀释流量比。

表 5-1　河流水环境目标及水文水质资料

河流节点编号	距离(km)	水环境目标	水环境质量标准(c_N)		流量($\mathrm{m^3/s}$)		稀释流量比 α	水质资料			
			BOD (mg/L)	DO (mg/L)	Q 90%	q		BOD mg/L	BOD kg/d	DO mg/L	DO kg/d
初始断面(0)	0							2.5			
支流①	2.5	游览	≤4.5	≥6.5	1.0		0.80	2.0	172.8	8	691.2
断面(1)	3.0										
排污点 1	4.5					1.0	0.83	50	4 320	0	0
断面(2)	4.5										
断面(3)	6.0										
排污点 2	7.5	渔业	≤6.0	≥4.5		0.5	0.92	2.0	86.4	0	0
支流②	8.0				1.5		0.81	2.0	259.2	7.5	672
断面(4)	8.0						0.75				
断面(5)	10.0										

注：c_N 系参考值。

表 5-2　有关河流水质的系数

河段号	流速 (m/s)	耗氧系数 K_1 (d^{-1})	复氧系数 K_2 (d^{-1})	河段长度 (km)
Ⅰ	0.45	0.25	0.60	3.0
Ⅱ	0.40	0.30	0.55	1.5
Ⅲ	0.35	0.35	0.50	1.5
Ⅳ	0.30	0.32	0.30	2.0
Ⅴ	0.25	0.37	0.40	2.0

(1)确定断面(1)的 BOD 值。针对第Ⅰ流段,查表 5-1 和表 5-2 可得 $x=3.0$ km,$\alpha=0.80$,$B_1=2.5$ mg/L,$B^*=172.8$ kg/d,$u=0.45$ m/s,$K_1=0.25$/d,则断面(1)的 BOD 值为:

$$BOD_{(1)}=2.5\times\left(1-0.011\,6\times\frac{0.25\times3.0}{0.45}+0.011\,6\times\frac{172.8}{2.5\times4}\right)\times0.80=2.363(\text{mg/L})$$

(2)确定第Ⅱ流段的环境容量。仍用 BOD 值控制,因该流段只有一个排污点,故按单点容量计算模式。查表 5-1 和表 5-2 可知,$c_N=6.0$ mg/L,$Q=5.0$ m^3/s,$q=1.0$ m^3/s,$\alpha=0.83$,$x=1.5$ km,$u=0.40$ m/s,$K_1=0.30$/d。由式(5-4)得流段容量(纳污能力):

$$W_{Ⅱ}=W_{p1}=86.4\times\left(\frac{6.0}{0.83}-2.363\right)\times5.0+0.30\times2.363\times5.0\times\frac{1.5}{0.40}=2\,115(\text{kg/d})$$

查表 5-1 可知排污点 1 的实际污染负荷 $W_1^*=4\,320$ kg/d,故此处须削减排污量:$W_k=W_1^*-W_{p1}=2\,205$ kg/d。

(3)确定断面(3)的 BOD 值。如果认为第Ⅱ流段经稀释净化、排污削减后,在断面(2)处已达水质标准,故可取 $BOD_{(2)}=c_N=6.0$ mg/L。第Ⅲ流段无旁侧入流,$x=1.5$ km,$K_1=0.35$/d,$u=0.35$ m/s,$\alpha=1.0$,$B^*=0$,则对第Ⅲ流段有:

$$BOD_{(3)}=6.0\times\left(1-0.011\,6\times\frac{0.35\times1.5}{0.35}\right)\times1.0=5.896(\text{mg/L})$$

(4)确定第Ⅳ河段各点的水环境容量。将排污点 2 和支流②作为两个旁侧入流点,采用多点河流环境容量计算模式。

①本河段进入断面浓度即 $c_{h0}=BOD_{(3)}$,流量 $Q_{h0}=6.0$ m^3/s,区间汇入流量 $\sum Q_p=0.5+1.5=2.0(m^3/s)$,断面(3)至排污点 2 的距离 $\Delta x_0=7.5-6=1.5$(km),排污点 2 至支流②(即断面(4))的距离 $\Delta x_1=0.5$ km,$u=0.30$ m/s,本河段取 $K_1=0.32$/d,依照式(5-6)得各点容量和:

$$W_{Ⅳ}=\sum W_p=86.4\times(6.0-5.896)\times6.0+0.32\times5.896\times6.0\times\frac{1.5}{0.30}+86.4\times6.0\times2.0+6.0\times\left(0.32\times\frac{0.5}{0.30}\times6.5\right)=1\,168(\text{kg/d})$$

②由表 5-1 可知第Ⅳ河段包括支流 2 的实际污染负荷即实测 BOD 值 $W_{Ⅳ}^*=259.2+86.4=345.6(\text{kg/d})<W_{Ⅳ}$,没有超过该河段水环境容量,因此 BOD 浓度也不会超过渔业水质标准。

③排污点 2 的单独点容量：若取 $K_1 = 0.32/d, \alpha = 0.92$，依照式(5-4)得排污点 2 的排放标准：

$$W_{p2} = 86.4 \times 6.0 \times \left(\frac{6.0}{0.92} - 5.896\right) + 0.32 \times 5.896 \times 6.0 \times \frac{1.5}{0.30} = 381(\mathrm{kg/d})$$

因为 $W_2^* = 86.4\ \mathrm{kg/d} < W_{p2}$，故排污点 2 无需削减排污量，而且该处水环境容量还有发展利用余地。

这里再用 m 值控制法推求浓度控制的排放标准。前边已求得断面(1)的 $BOD_{(1)} = 2.363\ \mathrm{mg/L}$，则断面(1)下游且紧邻排污点 1 上游处河流的 BOD 值，即浓度 c_h：

$$B_2 = 2.363 \times \left(1 - 0.0116 \times \frac{0.30 \times 1.5}{0.40}\right) \times 1.00 = 2.332(\mathrm{mg/L}) = c_h$$

在排污点 1 处：

$$\gamma = Q_h/Q_p = 5, \beta = c_h/c_N = \frac{2.332}{6.0} = 0.389$$

则

$$m = 1 + \gamma - \gamma\beta = 1 + 5 - 5 \times 0.389 = 4.055$$

排污点 1 处的排放浓度应为：$c_p = mc_N = 24.33\ \mathrm{mg/L}$，相应每日允许排污量以 BOD 计为：

$$W_{允} = 86.4 Q_p c_p = 86.4 \times 1.0 \times 24.33 = 2\,102(\mathrm{kg/d})$$

前边总量控制法得排污点 1 处点容量，即允许排污量 $W_{p1} = 2\,115\ \mathrm{kg/d}$。这两种算法的结果仅差 13 kg/d，说明 m 值控制法还是比较可靠的。

第三节　湖泊与水库水环境容量

一、单点排污非均匀混合型

如果湖泊或水库只有一个排污口，而且在其附近水域中无其他污染源，就可以按单点污染源污水稀释扩散法推求入湖、库污水的最大允许排放量即水环境容量。湖、库水体与河流有很大不同，计算前需要确定以下各参数：

(1)排污口附近水域的水环境质量标准 c_N(mg/L)。一般应根据该区域水体的主要功能和主要污染物确定。

(2)自排污口进入湖、库的污水排放角度 φ(rad)。若在开阔岸边垂直排放可取 $\varphi = \pi$，湖、库中心排放 $\varphi = 2\pi$。

(3)自排污口排出后，污水在湖、库中允许稀释距离 r(m)。

(4)按一定保证率(90%～95%)下的湖、库月平均水位，确定相应水位下的湖、库设计容积，再推求相应污水稀释扩散区的平均水深 H(m)。

(5)水体自净系数 K 由现场调查和试验确定。

计算单点排污口允许排放浓度 c_p 的公式为：

$$c_p = c_N \exp\left(\frac{K\varphi H}{2Q_p} r^2\right) \tag{5-17}$$

式中　Q_p——排污口日排放污水量，$\mathrm{m^3/d}$；

其余符号含义同前。

计算允许排污总量即水环境容量公式：

$$W_p = \frac{1}{1\ 000} c_p Q_p \tag{5-18}$$

入湖、库污染物排放量若仍以 W^* 表示，则需削减的排污量即为：

$$W_k = W^* - W_p \tag{5-19}$$

二、多点排污均匀混合型

一般小型（浅水）湖、库容积和径流量都较小，污水进入水体后容易混合，使水域各处浓度差异不大，这类水体称为均匀混合型。而大型（深水）湖、库水域宽阔，容积很大，污水进入水体后的稀释、扩散过程常为分层不均匀混合型。当湖、库周界上有多个排污口时，应首先确定水体是均匀混合型还是分层不均匀混合型，从而采取不同的计算方法。在判别类型时，除应参考水温是否分层外，主要还必须通过现场调查和水质监测资料的分析来确定。这里仅介绍多点排污均匀混合型湖、库水环境容量的推求方法。

求解步骤如下：

（1）确定计算参数：①在 90% ~95% 保证率下相应湖、库最枯月平均水位，相应湖、库容积；②枯水季节降水量和年降水量；③枯水季节入湖、库地表径流量与年地表径流量；④各排污口每天污水排放量和排放的主要污染物种类、浓度；⑤湖、库面水质监测点的布设情况与监测资料。

（2）进行湖、库水质现状评价，以该水域主要功能的水环境质量要求作为评价标准，确定需要控制的污染物浓度和相应的措施。

（3）根据湖、库用水对水质的要求和适宜的湖、库水质模型，对所需控制的那些污染物的允许负荷量（环境容量）进行计算：

$$\sum W_p = c_N (KV + Q) \tag{5-20}$$

式中　$\sum W_p$——对某污染物的允许负荷量，10^3 kg/a；

c_N——水体对该污染物的允许排放浓度，mg/L；

K——自净系数，L/d；

V——90% ~95% 保证率的最枯月平均水位相应的湖库容积，m^3；

Q——进入湖、库的年水量，包括入湖、库地表径流、污水和湖面降水，m^3/a。

（4）将推算的湖库水环境容量 W_p 与入湖污染物实际排入量 W^* 比较，判别是否需要削减入湖污水排放量，如果需要削减，可参见本章第二节所述。按式(5-15)和式(5-16)进行削减总量的计算与分配。

三、安全容积法

许多研究资料表明，湖、库水环境容量主要与其蓄水量（容水体积）有关。因此，防止水体污染就必须保证有一定的安全容积。这样才能使湖、库水体发挥其净化功能，使水体中污染物控制在安全水平以下。通常把这种安全容积，即实际入湖、库负荷量等于该水体最大容许负荷量时的湖、库蓄水量，称为防止污染的临界容积。

湖、库水体的环境容量也可按能维持某种水环境质量标准的污染物排放总量进行计算。

取枯水期湖、库容积等于安全容积，则其计算公式如下：

难降解污染物的水环境容量为

$$W_p = \frac{1}{\Delta t}(c_N - c_0)V + c_N Q \tag{5-21}$$

易降解污染物的水环境容量为

$$W_p = \frac{1}{\Delta t}(c_N - c_0)V + Kc_N V + c_N Q \tag{5-22}$$

式中　W_p——湖、库水体环境容量，g/d；

Δt——枯水期时间，d；

c_N——某污染物的水环境质量标准浓度，mg/L；

c_0——湖、库中该污染物的起始浓度，mg/L；

V——湖、库的安全容积，m^3；

Q——在安全容积期间，从湖、库中流出的流量，m^3/d；

K——湖、库中易降解污染物质的衰减系数，1/d，K 值可以用湖、库水质模型反推或采用经验系数法求得，据有关文献资料，难氧化的化合物 $K = 0.001 \sim 0.05$，一般氧化的化合物 $K = 0.05 \sim 0.30$，易氧化的化合物 $K \geqslant 0.30$。

湖、库水体的水环境容量确定之后，便可以进行水质管理、水环境质量评价与水资源保护规划等工作。

习　题

1. 什么叫水环境容量，它与哪些主要因素有关？

2. m 值计算法控制的是什么？它与污染物排放量有关吗？

3. 当有污水入库时，为什么要求水库要保证有一定的蓄水量？

4. 某河流岸边有一排污口，大河流量 $Q_h = 10\ m^3/s$，排污口污水流量 $Q_p = 0.8\ m^3/s$，大河来流的污染物浓度 $c_h = 6$ mg/L，本河流水质标准 $c_N = 12$ mg/L，河段长 $x = 1.2$ km，衰减系数 $K = 0.25$/d，河流平均流速 $u = 0.6$ m/s，试用两种计算模式求该河段水环境容量 W_p。若排污口每日入河的实际污染负荷总量为 7 200 kg/d，试确定该河段排污量是否需要削减？削减总量是多少？（排污口在河段下断面）

5. 若某水库枯水期库容为 $2 \times 10^8\ m^3$，枯水期 80 d，该湖水质标准 BOD_5 浓度 $c_N = 3$ mg/L，BOD_5 起始浓度 $c_0 = 12$ mg/L，枯水期从湖中排出流量 $q = 1.5 \times 10^6\ m^3/d$，$K = 0.1$/d，试求水库 BOD_5 的环境容量。

第六章　水环境质量评价

环境质量一般是指在一个具体的环境内,环境的总体或环境的某些要素,对人群的生存和繁衍以及社会经济发展的适宜程度(适宜程度越高,表明环境质量越好)。它是为反映人类的具体要求而形成的对环境评定的一种概念。简而言之,环境质量就是指环境对人类生存的适宜程度。

环境质量评价就是对一定区域内环境质量的优劣进行定量的或定性的描述。所谓定量描述,就是采用一定的方法,把组成环境的最小单位(环境因子)转化为具体的数量,然后按照一定的评价标准(或背景值)和评价方法,对其质量的优劣进行说明、评定和预测。这是环境质量评价中经常采用的比较精确的评价方法。所谓定性描述,就是对那些无法转化或没必要转化为具体数值的指标(因子),凭直觉或某些现象进行粗略的或估计性的评定。在进行初期环境质量评价过程中,或者是要求不高的环境质量评价中经常采用这种评价方法。

在地学等科学领域里,对一定区域的自然环境条件或某些自然资源(如水、矿产、土壤、草地、林地等)本来就有评价的传统,这也属于环境质量评价的范畴,其中水环境质量评价是其中最重要的评价之一。不过在环境污染和生态平衡破坏日趋严重的今天,环境质量评价已经具有了新的含义。环境质量评价是环境保护工作者了解和掌握环境的重要手段之一,是进行环境保护、环境治理、环境规划以及进行环境研究的最基本的工作和重要的工作依据。因此,掌握环境质量评价技术,对于环保工作者来说,不仅具有十分重要的意义,而且是必须具备的一项能力。

一个科学合理的环境质量评价要把握以下几个关键点:正确地认识环境,分解构成环境的因子;选择评价因子;正确地获取评价因子的性状数值;选择恰当的模式进行归纳和综合;将定量化的数据转化为定性化的语言。

第一节　水环境质量评价的类型和分级

一、水环境质量评价的类型

按照评价的时间来划分,即对某一具体环境在某一具体时间段的环境质量优劣进行评定,水环境质量评价可分为回顾性评价、现状评价和预断评价(也称为环境影响评价)三种类型。

(一)回顾评价

回顾评价是对已经建成工程产生的环境影响进行评价,以便了解工程兴建后实际的环境变化情况、环境影响的范围和深度,针对实际出现的不利影响,提出改善措施,保护环境质量,并为今后新建工程的环境影响评价提供参考依据。

近些年来,我国水利部门对三门峡水库、丹江口水利枢纽、新安江水库等许多水利水电工程建成后的环境影响作了初步评价,都属于回顾评价。

埃及阿斯旺大坝是举世瞩目的高坝水库工程,1964 年截流蓄水。经过 40 多年来的运行,这个水库工程对环境的影响、利弊得失,国际上争议较多。我国先后派出了代表团对它进行了考察,也相当于做了一些回顾评价工作。经过考察和分析,代表团认为阿斯旺高坝建成运行以来,对埃及的灌溉、发电、防洪、航运、库区渔业生产及发展旅游事业等各个方面带来了巨大的效益,建设是成功的。但是,这样一个巨大的水利水电工程必然在某种程度上会改变其周围环境和生态系统,从而产生一些副作用,也在一定程度上限制了工程效益的发挥。

例如,经过对阿斯旺水库进行回顾评价,得出以下三个方面的评价结论:

第一,就高坝水库周边环境与生态系统而言,重大的改变是库区由陆地、河流变为人工湖泊,使陆生生态系统变为水生生态系统,使流水河道变为可以调蓄、流速缓慢的水库。这种由陆变水的转变,是立即发生的、不可逆的和长期的。由此而产生了许多有利影响,如小气候的改善,水域景观的美化,可以加以利用的宽阔水面和巨大水体发展渔业、旅游业、航运及水上运动等,把大小不定的流量变为由人支配按需要泄放的水量,水质的某些要素如透明度等有了改善。

不利的影响有四类:①人们付出代价或采取措施,是可以妥善解决的,如居民的迁移、文物古迹的保护和水库浅水区疟蚊的繁衍等;②在运转时可能自然恢复的,如库水深层溶解氧降低,某些季节库水水温下降等,这些可能在洪水下泄至下游的过程中逐渐消失;③库水水质的变化,全溶盐及各种元素与物质的增减,富营养化是否出现,泥沙淤积的速度及其后果,生态系统的最终演变及其效应等,这一类是需要经历一定的时间才能显现其有利或不利的效应;④为了更好地、更充分地利用水资源而付出的必要代价,如水库的蒸发、渗漏,库区土地资源因淹没变为水域等。

第二,对高坝下游,重大的改变是水文要素的变化,即下泄流量从天然状态变为人工控制,水中含沙量大大减少,某些水质要素起了改变等。其中有利的影响如有效地解除了一年一度洪水的威胁,为下游灌溉及其他需水部门提供水量,为下游航运增加水深和流量等。不利的影响如河床下切及海洋侵蚀、灌溉肥力减少等,这些是可采取一定措施解决的;至于河口地区鱼贝类的饵料条件恶化和捕捞量的下降,要经历较长时间和研究,才能找出饵料变化产生的后果和渔产下降的真正原因,以及采取什么措施可以补救。

第三,对社会、经济方面的影响。由于高坝的修建,下游 1 000 多 km 的河谷两岸居民居住和劳动的地方再也不受洪水侵扰,且大大提高了环境质量;为工农业与城市提供了保证率较高的 550 多亿 m^3 的水量,促进了各经济部门的发展。又如农业有了更为充足的水量,为扩灌和增产创造了条件。据有关部门统计,1970 ~ 1976 年的单位面积平均产量比 1956 ~ 1962 年有所增高,增产幅度在 10% ~ 40%。高坝的建成,不仅由于众多的古迹文物迁移到交通更为良好的地方,促进了旅游业与交通业的发展,同时由于提供了 210 万 kW、80 多亿 kW · h 清洁廉价的电力,对埃及经济起到了巨大的支持作用,促使大工业的兴起。整个阿斯旺地区由 1960 年的 28 万人增至近 100 万人,而且提供了良好的就业机会。

(二)现状评价

现状评价是对在建工程或已建工程的现状进行水环境质量评价,以便了解目前工程的环境状况,针对不利影响提出措施,保证和提高环境质量。水环境现状评价主要是对研究水域当前的质量状况按照国家环境质量标准进行评估,以确定水域现状环境质量的优劣等级,并为工程前后环境质量比较提供依据。

例如有些部门对葛洲坝水利枢纽在工程施工期间进行环境质量现状评价，找出施工噪声危害及水生物与鱼类过坝等许多主要影响项目以及解决这些问题的基本途径。

(三)预断评价(影响评价)

预断评价是对计划兴建工程可能对环境造成的影响，或某地区或建设项目周围将来的环境质量变化情况进行预测并作出评价，对不利影响提出减免或改善措施，为决策部门提供科学的参考依据。由此可见，预断评价是工程规划设计阶段进行可行性论证的主要组成部分，是评估一个地区或生产部门社会经济发展的环境适应能力的重要手段，预断评价也称为影响评价或未来评价。

按照环境要素分类，环境质量评价可分为单要素评价和综合评价两类。单要素评价是指只对某一个环境领域进行质量评价，如水环境质量评价或大气环境质量评价等；综合评价则指对一个地区的各环境要素进行联合评价。

二、地表水环境影响评价的分级

地表水环境影响评价工作的分级主要是考虑到对于不同的污水排放量、不同的污水水质构成、不同的水域范围以及不同的水质要求，其地表水环境影响评价与环境现状调查、环境影响预测、评价建设项目的环境影响及小结等都有相应不同的技术要求和标准。

地表水环境影响评价工作分为三级，主要根据下列条件进行：建设项目的污水排放量，污水水质的复杂程度，各种受纳污水的地表水域的规模以及对它的水质要求等。其分级标准见表6-1、表6-2。

表6-1 地表水环境影响评价分级标准

建设项目污水排放量(m³/d)	建设项目污水水质的复杂程度	一级		二级		三级	
		地表水域规模(大小)	地表水水质要求(类别)	地表水域规模(大小)	地表水水质要求(类别)	地表水域规模(大小)	地表水水质要求(类别)
≥20 000	复杂	大	Ⅰ~Ⅲ	大	Ⅳ、Ⅴ		
		中、小	Ⅰ~Ⅳ	中、小	Ⅴ		
	中等	大	Ⅰ~Ⅲ	大	Ⅳ、Ⅴ		
		中、小	Ⅰ~Ⅳ	中、小	Ⅴ		
	简单	大	Ⅰ、Ⅱ	大	Ⅲ~Ⅴ		
		中、小	Ⅰ~Ⅲ	中、小	Ⅳ、Ⅴ		
<20 000 ≥10 000	复杂	大	Ⅰ~Ⅲ	大	Ⅳ、Ⅴ		
		中、小	Ⅰ~Ⅳ	中、小	Ⅴ		
	中等	大	Ⅰ、Ⅱ	大	Ⅲ、Ⅳ	大	Ⅴ
		中、小	Ⅰ、Ⅱ	中、小	Ⅲ~Ⅴ		
	简单			大	Ⅰ~Ⅲ	大	Ⅳ、Ⅴ
		中、小	Ⅰ	中、小	Ⅱ~Ⅳ	中、小	Ⅴ

续表 6-1

建设项目污水排放量（m^3/d）	建设项目污水水质的复杂程度	一级		二级		三级	
		地表水域规模（大小）	地表水水质要求（类别）	地表水域规模（大小）	地表水水质要求（类别）	地表水域规模（大小）	地表水水质要求（类别）
<10 000 ≥5 000	复杂	大、中	Ⅰ、Ⅱ	大、中	Ⅲ、Ⅳ	大、中	Ⅴ
		小	Ⅰ、Ⅱ	小	Ⅲ、Ⅳ	小	Ⅴ
	中等			大、中	Ⅰ～Ⅲ	大、中	Ⅳ、Ⅴ
		小	Ⅰ	小	Ⅱ～Ⅳ	小	Ⅴ
	简单			大、中	Ⅰ、Ⅱ	大中	Ⅲ～Ⅴ
				小	Ⅰ～Ⅲ	小	Ⅳ、Ⅴ
<5 000 ≥1 000	复杂			大、中	Ⅰ～Ⅲ	大、中	Ⅳ、Ⅴ
		小	Ⅰ	小	Ⅱ～Ⅳ	小	Ⅴ
	中等			大、中	Ⅰ、Ⅱ	大、中	Ⅲ～Ⅴ
				小	Ⅰ～Ⅲ	小	Ⅳ、Ⅴ
	简单					大、中	Ⅰ～Ⅳ
				小	Ⅰ	小	Ⅱ～Ⅴ
<1 000 ≥200	复杂					大、中	Ⅰ～Ⅳ
						小	Ⅰ～Ⅴ
	中等					大、中	Ⅰ～Ⅳ
						小	Ⅰ～Ⅴ
	简单					中、小	Ⅰ～Ⅳ

表 6-2　海湾环境影响评价分级标准

污水排放量（m^3/d）	污水水质的复杂程度	一级	二级	三级
≥20 000	复杂	各类海湾		
	中等	各类海湾		
	简单	小型封闭海湾	其他各类海湾	
<20 000 ≥5 000	复杂	小型封闭海湾	其他各类海湾	
	中等		小型封闭海湾	其他各类海湾
	简单		小型封闭海湾	其他各类海湾
<5 000 ≥1 000	复杂		小型封闭海湾	其他各类海湾
	中等或简单			各类海湾
<1 000 ≥500	复杂			各类海湾

(1)污水排放量中不包括间接冷却水、循环水以及其他含污染物极少的清净水的排放量,但包括含热量大的冷却水的排放量。

(2)污水水质的复杂程度按污水中拟预测的污染物类型以及某类污染物中水质参数的多少划分为复杂、中等和简单三类。

根据污染物在水环境中输移、衰减特点以及它们的预测模式,将污染物分为四类,即

- 持久性污染物(其中还包括在水环境中难降解、毒性大、易长期积累的有毒物质);
- 非持久性污染物;
- 酸和碱(以 pH 表征);
- 热污染(以温度表征)。

污水水质的复杂程度分三类:

复杂:污染物类型数≥3,或者只含有两类污染物,但需预测其浓度的水质参数数目≥10;

中等:污染物类型数=2,且需预测其浓度的水质参数数目<10;或者只含有一类污染物,但需预测其浓度的水质参数数目≥7;

简单:污染物类型数=1,需预测浓度的水质参数数目<7。

(3)各类地表水域的规模是指地面水体的大小规模,中华人民共和国环境保护行业标准《环境影响评价技术导则地面水环境》具体规定如下。

河流与河口,按建设项目排污口附近河段的多年平均流量或平水期平均流量划分为:

大河:≥150 m^3/s;

中河:15~150 m^3/s;

小河:<15 m^3/s。

湖泊和水库,按枯水期湖泊或水库的平均水深以及水面面积划分为:

当平均水深≥10 m 时:

大湖(库):≥25 km^2;

中湖(库):2.5~25 km^2;

小湖(库):<2.5 km^2。

当平均水深<10 m 时:

湖(库):≥50 km^2;

中湖(库):5~50 km^2;

小湖(库):<5 km^2。

三、水环境质量评价的程序

水环境质量评价不是我们的目的,改善环境和控制污染才是我们的目的。根据评价的结果要对改善环境提出切实可行的建议,这些建议的提出必须建立在对环境问题和规律具有深刻认识的基础之上,也就是在进行评价工作的始终,我们都要着眼于改善环境的措施与方法,绝不是为评价而评价,对于水环境质量评价,可参照如图 6-1 所示程序进行。

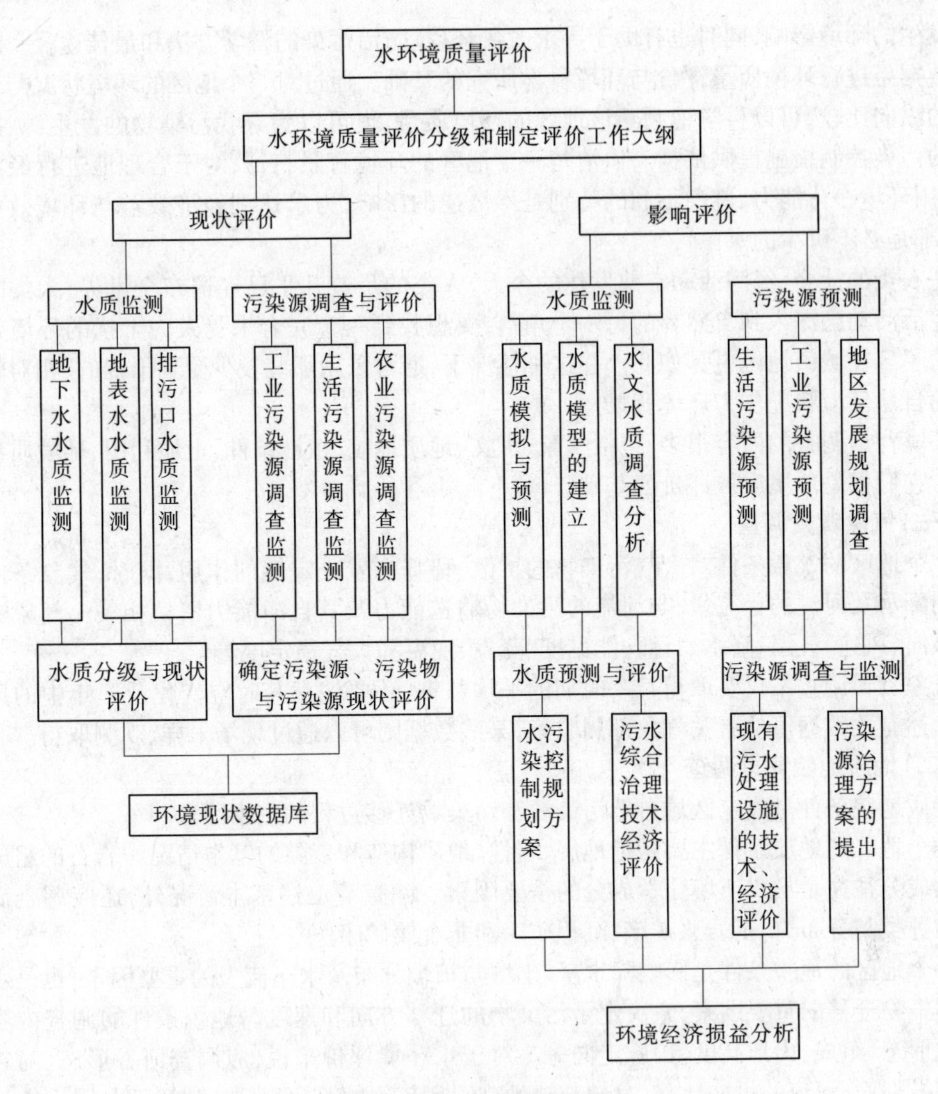

图 6-1　水环境质量评价程序

第二节　水环境背景值调查

陆地上的水是该水体所在区域各种自然地理条件综合作用的产物,这些自然地理条件包括气象气候、地质地貌、土壤生物等。这就是说,水的形成是与自然环境背景条件相互联系的,水环境背景值调查实际上就是自然环境背景特征调查、水文特征调查及社会经济结构特征调查。

一、自然环境背景特征调查

环境背景是指没有受到人类活动干扰的自然状态。(环境背景和环境本底是两个不同的概念。环境本底是指某项活动实施前的环境质量状态。)研究一个地区的环境背景,有助于了解该地区环境质量的本来面目,有助于了解当前环境问题的发生、发展过程,以及预测将会发生的环境影响;同时也有助于寻求改善环境、防治污染的科学方法和最佳途径。环境背景数据是进行环境质量评价与环境科学研究的基础。通过对一个地区的环境状况与其背景值的纵向比较,可以科学地判断该地区的环境质量,也可以为寻找污染物的发生源、提出合理的污染控制措施提供依据。搞清楚一个地区的环境背景特征,对于合理地进行经济布局,利用环境净化能力,避免不利的特别是不可逆的影响,力求达到经济效益与环境效益的统一,都是必不可少的。

在人类的社会、经济活动空前发达的今天,人类的足迹几乎已经遍布全世界,人类的生产及生活活动已深入到自然界的每一个角落,要想找到一个完全未受人为干扰的环境是不可能的了。在城镇地区更是如此。在这种情况下,通常采用那些较少受到干扰的、相对较为原始的自然环境状况作为环境背景。

环境背景调查的内容很多,包括气象、水文、地质地貌、植被条件、土地利用、环境质量等方面。它们都是环境质量评价的基础资料。

(一)气象背景调查

一个地区的气象条件对大气污染物的扩散、稀释有着决定性的作用;同时,气象条件又影响到降水及河流的径流量,与河流的污染物输送能力及其自净能力密切相关。气象资料包括风向、风速、气温、降水、日照、能见度、蒸发、逆温和大气稳定度等。

气象资料调查不仅要取得某一时期的平均数据,还要注意其时空变化及一年中的风频图。上述有关数据可从有关气象部门收集,某些数据则可以通过现场采样、观测取得。

(二)地质地貌背景调查

地质地貌条件是决定区域自然污染源和污染物迁移过程的基本因素。

一个地区的地质条件主要是指地层、岩性、地质构造和裂隙的基本情况。岩石的组成及其化学成分往往是形成土壤化学成分的重要因素。除查清上述基本情况外,还应调查矿产资源的种类与分布,包括岩浆矿床、沉积矿床和非金属矿床。

一个地区的地貌条件是影响降水量、土壤与植被分布及水土流失的重要因素,也是水环境中污染物迁移的重要因素,它决定了污染物的迁移方向和速度。地貌条件的调查内容包括山地形态、组成、山地高度、山脉走向等。对于水环境评价来说,应调查河谷形态、河谷横断面和纵剖面、河流的纵向比降、盆地与洼地、喀斯特等内容。它们一般都可以用大比例尺的地形图来确定。

(三)土壤及生物背景调查

一个地区的土壤类型、土壤发育和分布规律与该地区的自然条件密切相关。要了解土壤的各种特征,需对土壤的剖面结构及土壤发生层次、质地层次和障碍层次进行调查与研究。同时,还应对当前的土地利用状况、农作物遭受污染危害的情况、农药的种类和用量、化肥使用的品种和数量进行调查。在土壤条件调查中,要特别注意土壤和水体的关系、土壤的矿物成分和化学成分,其中应特别注意易溶于水的成分。

生物背景包括主要的生物资源、种类、形态特征和生态习性。例如,区域范围内的森林分布地域、面积及历史变迁,主要树种、树龄、产量、蓄积量等,以及不同地貌部位、不同土壤类型上的植物根、茎、叶等部位化学成分的分析。

二、水文特征调查

水文特征调查包括以下内容:

(1)河流水位、流速、丰枯水流量,河床变迁及坡降、糙率等;
(2)湖区的进出水系,湖泊蓄水量及其年内年际变化,水流流向等;
(3)海流、海浪、潮流、风和地形等特点;
(4)地下水潜水和承压水的水质状况、开采量、开采位置及水位变化;
(5)水温,水化学分析;
(6)补给来源;
(7)底质特征;
(8)水资源开发及利用情况,城市给水及污水处理设施情况,在灌溉、饮用、水产养殖、游览等方面综合利用情况。

三、社会经济结构特征调查

社会经济结构是影响环境质量的一个重要的因素。社会经济结构背景的主要内容包括评价区的人口及人口分布,城镇、农村居民点的分布,工业结构与布局,工业发展的技术水平、产量、产值、利润等,农业结构,农田面积、作物品种及种植面积,灌溉设施及灌溉方法等。随着城乡经济的发展,乡镇企业的布局与行业结构、工艺水平等也要认真调查。与评价区有关的水资源及其利用状况,能源结构与利用状况,以及工业与生活污染源的种类和分布,也是背景调查的重要内容。

经济及社会发展规划规定了一个地区在一定时期内经济发展的方向、规模和水平,也规定了社会发展的性质和轮廓。规划所拟定的所有活动都必然会对未来的环境产生影响。经济及社会发展规划调查的主要内容是了解和掌握一个地区短期、中期和远期的经济及社会发展规划,包括国民生产总值,国民收入,分门别类的工农业产品产量、原材料品种及使用量,能源结构,水资源利用,工农业布局,以及人口发展规划、居民住宅区建设规划,交通、上下水、煤气和供热、供电等公用设施规划等方面的内容。如果评价区包括城镇,还应包括商业、服务业等内容。

对于潜在的污染物和污染源,特别是对那些能源、水资源、原材料消耗大的工业企业,或者是对那些排放有毒、有害物质,可能对环境造成重大危害,从而破坏环境资源的工业企业要重点研究。

第三节 污染源调查与评价

在调查范围内部对地面水环境产生影响的主要污染物均应进行调查。污染源按存在形式可分点污染源、线污染源与面污染源。

一、污染源调查

(一)点污染源的调查

调查的原则:以收集现有资料为主,只有在十分必要时才补充现场调查或测试。例如在评价改、扩建项目时,对此项目改、扩建前的污染源应详细了解,常需现场调查或测试。

点源调查的繁简程度可根据评价级别及其与建设项目的关系而略有不同。如评价级别较高且现有污染源与建设项目距离较近时应详细调查,例如位于建设项目的排水与受纳河流的混合过程段以内,并对预测计算可能有影响的情况。

调查的内容:

(1)点源的排放:排放口的平面位置(附污染源平面位置图)及排放方向;排放口在断面上的位置;排放形式,是分散排放还是集中排放。

(2)排放数据:根据现有的实测数据、统计报表以及各厂矿的工艺路线等选定的主要水质参数,并调查现有的排放量、排放速度、排放浓度及其变化等数据。

(3)用排水状况:主要调查取水量、用水量、循环水量及排水总量等。

(4)厂矿企业、事业单位的废污水处理状况:主要调查废污水的处理设备、处理效率、处理水量及处理状况等。

(二)非点污染源调查

调查的原则:非点源调查基本上采用间接收集资料的方法,一般不进行实测。

调查的内容:

(1)概况:原料、燃料、废弃物的堆放位置(即主要污染源,要求附污染源平面位置图)、堆放面积、堆放形式(几何形状、堆放厚度)、堆放点的地面铺装及其保洁程度、堆放物的遮盖方式等。

(2)排放方式、排放去向与处理情况:应说明非点源污染物是有组织地汇集,还是无组织地漫流;是集中后直接排放,还是处理后排放;是单独排放,还是与生产废水、生活废水共同排放等。

(3)排放数据:根据现有实测数据、统计报表,以及根据引起非点源污染的原料、燃料、废料、废弃物的物理、化学、生物化学性质选定调查的主要水质参数,调查有关排放季节、排放时期、排放量、排放浓度及其他变化等数据。

二、污染源评价

污染源评价的实质在于分清评价区域内各个污染源及污染物的主次程度。评价方法主要有两大类,一类是单项指标评价,另一类是多个指标的综合评价。对污染源作综合评价时,必须考虑排污量和污染物毒性两方面因素,目前主要用等标污染负荷法。

(一)单指标评价

单项指标评价是用污染源中某一污染物的含量(浓度或重量等)、统计指标(检出率、超出率、超标倍数、标准差等)来评价某污染物的污染程度。

1.排放强度指标

排放强度指标即计算某污染物的排放总量。其计算公式为:

$$W_i = C_i Q \tag{6-1}$$

式中　W_i——单位时间排放 i 种污染物的绝对量,t/d;

C_i——i 污染物的实测平均浓度,mg/L 或 kg/m^3;

Q——污水日平均排放量,m^3/d。

2.浓度指标

浓度指标指某污染源排放某种污染物的浓度,用超过排放标准的倍数来表示污染程度的大小。由于该指标只考虑浓度而未考虑污染水量的多少,而将那些超过标准倍数大但排放量少的污染源视为主要矛盾,却忽略排放量大而浓度小,但其绝对数量大的污染物,以致采用清水稀释法来达到浓度标准，造成控制上的漏洞，故此种方法已不多用。

3. 统计指标

主要指通过水质样本调查、监测和分析，评价污染物的污染程度。这里介绍检出率、超标倍数、超标率。

1）检出率

$$R_d = \frac{n_d}{n} \times 100\% \tag{6-2}$$

式中　R_d——某污染物的检出率；

n_d——某污染物检出次数；

n——某污染物监测总次数。

2）超标倍数

$$R = \frac{C_i}{C_0} - 1 \tag{6-3}$$

式中　R——某污染物的超标倍数；

C_i——某污染物实测值；

C_0——水体内该污染物的水质标准。

3）超标率

$$R_e = \frac{n_e}{n} \times 100\% \tag{6-4}$$

式中　R_e——某污染物的超标率；

n_e——某污染物超标次数；

n——某污染物监测总次数。

（二）综合评价

综合评价是较全面、系统地衡量污染源污染程度的评价方法。该方法同时考虑多种污染物的浓度、排放量等因素，多用一定的数学模型进行综合评价，目前使用的方法很多，最广泛的方法是等标污染负荷法。

1. 排污量法

该方法是简单地统计污染源的排污量，按排污量的大小依次排列。排污量可以是废水量也可以是污染物总量。采用这一方法的最大优点是简便。其缺点是未考虑到废水中污染物浓度的大小，因为废水量相同时，污染物浓度大则含量会相对较大。而采用污染物总量作为排污量指标便可以克服这一缺点，故目前多使用污染物总量法。但仍不能反映污染物总量相同，而浓度不同对环境的影响是不同的这一实际情况。尽管排污量法比较粗糙，但因其简单易行，至今仍在一定范围内使用。

2. 污径比法

此法是比较污染源所排放的废水流量与纳污水体径流量之比。优点是考虑了纳污水体流量不同，其稀释能力也不同。如同样规模的企业排污，若直接进入大江、大河与直接进入小溪所引起的环境效应是不同的。但其缺点是仅考虑纳污水体的流量，而未考虑纳污水体的本底状况，也未考虑污水浓度及污染物质的类别不同对环境影响的差异。但该方法能够比较污染源排污在当地环境中的影响程度，还可度量纳污水体的污染程度，因此仍被采用。

3. 超标法

在水环境质量管理中，一般要求对污染源中的超标项目实行限期治理，使其达到工业废水排放标准或行业的废水排放标准，以保证环境质量。在污染源所排污染物中有一项超标，即列为超标排放污染源，超标排放污染源占调查区域中污染源的总数即是污染源超标排放率。这一方法的缺点是不够全面，未考虑废污水量的大小及污染物中一项超标即定为超标排放污染源，但此法却是比较简便的方法。

4. 排毒指标法

该方法指根据生物毒性实验结果，对某污染物计算排毒指标。

$$F_i = \frac{C_i}{D_i} \tag{6-5}$$

式中　C_i——第 i 种污染物在废水中的实测浓度；

D_i——第 i 种污染物的毒性标准，分为慢性中毒阈剂量、最小致死量、半致死量。

对于一个污染源，往往有多种污染物，即多个污染参数，这时计算的排毒指标采用归一化处理，公式如下：

$$F = \left(\frac{C_1}{D_1} + \frac{C_2}{D_2} + \cdots + \frac{C_n}{D_n}\right) \times \frac{1}{\sum_{i=1}^{n} C_i} \tag{6-6}$$

式中　n——污染源的污染物的种类数目。

注意在评价中要使用统一的毒性标准。此方法的优点是将排毒指标与污染物的生物效应联系起来。但因毒性指标的条件复杂、污染物种类多，难以实际应用。

5. 等标污染负荷法

该方法是目前我国使用最普遍的方法，它不仅考虑不同种类污染物的浓度及相应的环境效应（即不同的评价标准），还考虑了污染源的排污水量，考虑因素比较全面。具体通过三个特征指标，综合评价出区域内的主要污染源和污染物。

（1）某污染物的等标污染负荷可按下式计算：

$$P_i = \frac{C_i}{|C_{0i}|} \times Q_i \times 10^{-6} \tag{6-7}$$

式中　P_i——某污染物的等标污染负荷，t/a；

C_i——某污染物实测浓度，mg/L；

$|C_{0i}|$——某污染物允许排放标准（不计单位）；

Q_i——含某污染物的废水排放量，m^3/a；

10^{-6}——单位换算系数。

（2）某污染源 n 个污染物的总计等标污染负荷，即为该污染源的等标污染负荷 P_n，其计算公式如下：

$$P_n = \sum_{i=1}^{n} P_i = \sum_{i=1}^{n} \frac{C_i}{|C_{0i}|} Q_i \times 10^{-6} \tag{6-8}$$

（3）某地区或某流域 m 个污染源等标污染负荷之和，即为该地区或流域等标污染负荷 P_m，其计算公式如下：

$$P_m = \sum_{n=1}^{m} P_n \tag{6-9}$$

(4)全地区或全流域内某污染物总等标污染负荷 P_{mi},其计算公式如下:

$$P_{mi} = \sum_{n=1}^{m} P_{ni} \tag{6-10}$$

(5)污染负荷比。某污染物等标污染负荷占该厂等标污染负荷的百分比,即为某工厂内某污染物的污染负荷比 K_i,其计算公式如下:

$$K_i = \frac{P_i}{P_n} \times 100\% \tag{6-11}$$

(6)某工厂(污染源)在全地区(流域内)的污染负荷比 K_n 的计算公式如下:

$$K_n = \frac{P_n}{P_m} \times 100\% \tag{6-12}$$

(7)某污染物在全地区(流域内)的污染负荷比 K_{mi} 的计算公式如下:

$$K_{mi} = \frac{P_{mi}}{P_m} \times 100\% \tag{6-13}$$

第四节　水质调查与监测

一、水质调查和监测的目的

水质调查通常指非长期性定点的水质监测及调查工作,其目的是为在较短时期内,获取水体主要污染源,认识影响水体污染的环境条件,揭示水体污染的发展趋势。

水质调查一般都是为专门任务而进行的,例如:查明某一河段、水系、湖泊、水库的污染现状,并作出水质评价,为水质管理、控制污染与保护水源提供科学依据;为规划设计新建大中型工矿企业或水利水电工程,拟定水质现状与预测评价,提供基础数据;通过现场调查与实验,直接为某项科研课题积累资料。

水质监测是指为了掌握水环境质量状况和水系中污染物的动态变化,对水的各种特性指标取样、测定,并进行记录或发出信号的程序化过程,通过长期不间断地对水体水质实施系统观测与化验分析,达到以下目的:①确定天然水体环境质量,评价其是否适合人类开发利用;②确定人类活动对水质的影响,评价其是否符合国民经济发展的需要;③确定水体污染物的时、空分布状况,追溯污染物的来源、污染途径、迁移转化和消长规律,预测水污染的发展趋势;④判断水污染对环境生物和人体造成的影响,评价污染防治措施的实际效果,为制定有关法规、标准提供依据;⑤为建立和验证水质数学模型提供依据;⑥揭示新的水污染问题(探明污染原因,确定新的污染物质),为水资源与水环境保护研究提供科学依据。

实际上,水质调查与水质监测工作的目的要求与基本方法是类同的。

二、水质调查的范围

水环境现状的调查范围,应能包括建设项目对周围地面水环境影响较显著的区域。在此区域内进行的调查,能全面说明与地面水环境相联系的环境基本状况,并能充分满足环境影响预测的要求。在确定某项具体工程的地面水环境调查范围时,应尽量按照将来污染物排放后可能的达标范围,参考表6-3~表6-5,并考虑评价等级的高低(评价等级高时调查范围可略大,反之可略小)后决定。

表 6-3　不同污水排放量时河流环境现状调查范围　　（单位:km)

污水排放量(m^3/d)	大河	中河	小河
>50 000	15~30	20~40	30~50
50 000~20 000	10~20	15~30	25~40
20 000~10 000	5~10	10~20	15~30
10 000~5 000	2~5	5~10	10~25
<5 000	<3	<5	5~15

注:调查范围指排污口下游应调查的河段长度。

表 6-4　不同污水排放量时湖泊(水库)环境现状调查范围

污水排放量(m^3/d)	调查范围	
	调查半径(km)	调查面积(按半圆计算)(km^2)
>50 000	4~7	25~80
50 000~20 000	2.5~4	10~25
20 000~10 000	1.5~2.5	3.5~10
10 000~5 000	1~1.5	2~3.5
<5 000	≤1	≤2

注:调查范围为以排污口为圆心,以调查半径为半径的半圆形面积。

表 6-5　不同污水排放量时海湾环境现状调查范围

污水排放量(m^3/d)	调查范围	
	调查半径(km)	调查面积(按半圆计算)(km^2)
>50 000	5~8	40~1 000
50 000~20 000	3~5	15~40
20 000~10 000	1.5~3	3.5~15
<5 000	≤1.5	≤3.5

注:调查范围为以排污口为圆心,以调查半径为半径的半圆形面积。

三、水质调查的时间

根据当地的水文资料初步确定河流、河口、湖泊、水库的丰水期、平水期、枯水期,同时确定最能代表这三个时期的季节与月份。对于海湾,应确定评价期限间的大潮期和小潮期。评价等级不同,对各类水域调查时期的要求也不同。表 6-6 列出了不同评价等级时各类水域的水质调查时期。

当调查区域面源污染严重,丰水期水质劣于枯水期时,一、二级评价的各类水域应调查丰水期,若时间允许,三级评价也应调查丰水期。冰封期较长的水域,且作为生活饮用水、食品加工用水的水源或渔业用水时,应调查冰封期的水质、水文情况。

表6-6 各类水域在不同评价等级时水质的调查时期

水域	一级	二级	三级
河流	一般情况,为一个水文年的丰水期、平水期和枯水期;若评价时间不够,至少应调查平水期和枯水期	若条件许可,可调查一个水文年的丰水期、平水期和枯水期;一般情况,可只调查枯水期和平水期;若评价时间不够,可只调查枯水期	一般情况,可只在枯水期调查
河口	一般情况,为一个潮汐年的丰水期、平水期和枯水期;若评价时间不够,至少应调查平水期和枯水期	一般情况,应调查平水期和枯水期;若评价时间不够,可只调查枯水期	一般情况,可只在枯水期调查
湖泊(水库)	一般情况,为一个水文年的丰水期、平水期和枯水期;若评价时间不够,至少应调查平水期和枯水期	一般情况,应调查平水期和枯水期;若评价时间不够,可只调查枯水期	一般情况,可只在枯水期调查
海湾	一般情况,应调查评价工作期限间的大潮期和小潮期	一般情况,应调查评价工作期间的大潮期和小潮期	一般情况,应调查评价工作期间的大潮期和小潮期

四、水质监测项目

监测项目的选择原则:

(1)国家与行业水环境与水资源质量标准或评价标准中已列入的项目;

(2)国家及行业正式颁布的标准分析方法中列入的监测项目;

(3)反映本地区水体中主要污染物的监测项目;

(4)专用站应依据监测目的选择监测项目。

监测项目可分为必测与选测项目两类。河流(湖、库)等地表水全国重点基本站监测项目应符合"地表水监测项目表"(见表6-7)中必测项目要求,同时也应根据不同功能水域污染物的特征,增加表中某些选测项目。

表6-7 地表水监测项目

水域	必测项目	选测项目
河流	水温、pH、悬浮物、总硬度、电导率、溶解氧、高锰酸盐指数、五日生化需氧量、氨氮、硝酸盐氮、亚硝酸盐氮、挥发酚、氰化物、氟化物、硫酸盐、氯化物、六价铬、总汞、总砷、镉、铅、铜、大肠菌群	硫化物、矿化度、非离子氨、凯氏氮、总磷、化学需氧量、溶解性铁、总锰、总锌、硒、石油类、阴离子表面活性剂、有机氯农药、苯并(a)芘、丙烯醛、苯类、总有机碳等
饮用水源地	水温、pH、悬浮物、总硬度、电导率、溶解氧、高锰酸盐指数、五日生化需氧量、氨氮、硝酸盐氮、亚硝酸盐氮、挥发酚、氰化物、氟化物、硫酸盐、氯化物、六价铬、总汞、总砷、镉、铅、铜、大肠菌群、细菌总数	铁、锰、铜、锌、硒、银、浑浊度、化学需氧量、阴离子表面活性剂、六六六、滴滴涕、苯并(a)芘、总α放射性、总β放射性等

续表 6-7

水域	必测项目	选测项目
湖泊水库	水温、pH、悬浮物、总硬度、透明度、总磷、总氮、溶解氧、高锰酸盐指数、五日生化需氧量、氨氮、硝酸盐氮、亚硝酸盐氮、挥发酚、氰化物、氟化物、六价铬、总汞、总砷、镉、铅、铜、叶绿素 a	钾、钠、锌、硫酸盐、氯化物、电导率、溶解性总固体、侵蚀性二氧化碳、游离二氧化碳、总碱度、碳酸盐、重碳酸盐、大肠菌群等

另外,潮汐河流潮流界内、入海河口及港湾水域应增测总氮、无机磷和氯化物。

第五节　水质监测站网规划与断面布设

一、水质监测站网规划

水质监测站网是开展水质监测工作的基础。在水质监测站网的建设方面,经过 50 多年的建设,我国已逐步形成了 1 个部级水质中心、7 个流域级中心、31 个省(自治区、直辖市)级中心和 196 个地市级中心组成的比较完善的水质监测网络体系。其中水质监测站达到 5 218个,监测范围覆盖全国七大流域和浙闽台河流、内陆河湖、藏南滇西河流地表水、地下水以及重要城市供水水源地和重点河段等。水质站是进行水环境监测采样和现场测定,定期收集和提供水质、水量等水环境资料的基本单元,可由一个或多个采样断面或采样点组成。按目的与作用,水质站分为基本站和专用站。

基本站是为水资源开发、利用与保护提供水质、水量基本资料,并与水文站、雨量站、地下水水位观测井等统一规划设置的。基本站应保持相对稳定,其监测项目与频次应满足水环境质量评价和水资源开发、利用与保护的基本要求。

专用站是为某种特定目的提供服务而设置的站,其采样断面(点)布设、监测项目与频次等视设站目的而定。

按水体类型,水质站可分为地表水水质站、地下水水质站与大气降水水质站等。

设置水质站前,应调查并收集本地区有关基本资料,如水质、水量、地质、地理、工业、城市规划布局,主要污染源与入河排污口以及水利工程和水产等,用做设置具有代表性水质站的依据。

水质监测站网的布设多利用区划设站法,即首先根据水质状况划分若干个自然区域,其次按人类活动影响程度划分次级区,最后再按影响类别进一步划出类型区。每个区域设站的数目要根据该区域面积大小、水资源的实际价值,以及设站难易程度来确定。各类型区设站的具体数目要考虑区域的特殊性、重要性、地区大小、污染特征、污染影响等因素。

二、水质站布设原则

地表水水质站可分为河流水质站和湖泊(水库)水质站,河流水质站又可分为源头背景水质站、干流水质站和支流水质站。

(1)源头背景水质站应设置在各水系上游,接近源头且未受人为活动影响的河段。

(2)干、支流水质站应设置在下列水域、区域:①干流控制河段,包括主要一二级支流汇入处、重要水源地和主要退水区；②大中城市河段或主要城市河段和工矿企业集中区；③已建或将兴建大型水利设施河段，大型灌区或引水工程渠首处；④入海河口水域；⑤不同水文地质或植被区、土壤盐碱化区、地方病发病区、地球化学异常区、总矿化度或总硬度变化率超过50%的地区。

(3)湖泊(水库)水质站应按下列原则设置：①面积大于100 km^2 的湖泊；②梯级水库和库容大于1亿 m^3 的水库；③具有重要供水、水产养殖、旅游等功能或污染严重的湖泊(水库)。

(4)重要国际河流、湖泊，流入、流出行政区界的主要河流、湖泊(水库)，以及水环境敏感水域，应布设界河(湖、库)水质站。

三、采样断面布设

水质监测站的监测断面位置取决于监测目的和水体的空间差异。

(一)采样断面布设原则

(1)充分考虑本河段(地区)取水口、排污(退水)口数量和分布及污染物排放状况、水文及河道地形、支流汇入及水利工程情况、植被与水土流失情况、其他影响水质及其均匀程度的因素等。

(2)力求以较少的监测断面和测点获取最具代表性的样品，全面、真实、客观地反映该区域水环境质量及污染物的时空分布状况与特征。

(3)避开死水及回水区，选择河段顺直、河岸稳定、水流平缓、无急流湍滩且交通方便处。

(4)尽量与水文断面相结合。

(5)断面位置确定后，应设置固定标志，不得任意变更；需变动时应报原批准单位同意。

(二)河流采样断面布设

(1)城市或工业区河段，应布设对照断面、控制断面和削减断面。对照断面布设在河流进入城镇或工业排污口前，不受本污染区影响的地方。控制断面布设在能反映该河段水质污染状况的地方，一般设在排污口下游500～1 000 m处。削减断面布设在基本断面下游、污染物得到稀释的地方，一般至少离排污口下游1.5 km处。

(2)污染严重的河段可根据排污口分布及排污状况，设置若干控制断面，控制的排污量不得小于本河段总量的80%。

(3)本河段内有较大支流汇入时，应在汇合点支流上游处，即在充分混合后的干流下游处布设断面。

(4)出入境国际河流、重要省际河流等水环境敏感水域，在出入本行政区界处应布设断面。

(5)水质稳定或污染源对水体无明显影响的河段，可只布设一个控制断面。

(6)河流或水系背景断面可设置在上游接近河流源头处，或未受人类活动明显影响的河段。

(7)水文地质或地球化学异常河段，应在上、下游分别设置断面。

(8)供水水源地、水生生物保护区以及水源型地方病发病区、水土流失严重区应设置断面。

(9)城市主要供水水源地上游1 000 m处应布设断面。

(10)重要河流的入海口应布设断面。

(11)水网地区应按常年主导流向设置断面；有多个岔路时应设置在较大干流上，控制径流量不得少于总径流量的80%。

(三)潮汐河流采样断面布设

(1)设有防潮闸的河流,在闸的上、下游分别布设断面。

(2)未设防潮闸的潮汐河流,在潮流界以上布设对照断面;潮流界超出本河段范围时,在本河段上游布设对照断面。

(3)在靠近入海口处布设削减断面;入海口在本河段之外时,设在本河段下游处。

(4)控制断面的布设应充分考虑涨、落潮水流变化。

(四)湖泊(水库)采样断面布设

(1)在湖泊(水库)主要出入口、中心区、滞流区、饮用水源地、鱼类产卵区和游览区等应设置断面。

(2)主要排污口汇入处,视其污染物扩散情况在下游100~1 000 m处设置1~5条断面或半断面。

(3)峡谷型水库,应在水库上游、中游、近坝区及库区与主要库湾回水区布设采样断面。

(4)湖泊(水库)无明显功能分区可采用网格法均匀布设,网格大小依湖、库面积而定。

(5)湖泊(水库)的采样断面应与断面附近水流方向垂直。

第六节　采样垂线和采样点布设

一、河流湖泊采样垂线布设

河流采样垂线布设位置见表6-8。

表6-8　河流采样垂线布设位置

水面宽(m)	采样垂线布设	岸边有污染带	相对范围
<50	1条(中泓处)	如一边有污染带增设1条垂线	
50~100	左、中、右3条	3条	左、右设在距湿岸5~10 m处
100~1 000	左、中、右3条	5条(增加岸边两条)	岸边垂线距湿岸边陲5~10 m处
>1 000	3~5条	7条	

主要出入口上、下游和主要排污口下游断面,其采样垂线按表6-8规定布设。

湖泊(水库)的中心,滞流区的各断面,可视湖库大小、水面宽窄,沿水流方向适当布设1~5条采样垂线。

河流、湖泊(水库)的采样点布设要求如下:

河流采样垂线上采样点布设应符合表6-9的规定,特殊情况可按河流水深和待测物分布均匀程度确定。

湖泊(水库)采样垂线上采样点的布设要求与河流相同,但出现温度分层现象时,应分别在表温层、斜温层和亚温层布设采样点。

水体封冻时,采样点应布设在冰下水深0.5 m处;水深小于0.5 m时,在1/2水深处采样。

表6-9　河流采样点布设位置

水深(m)	采样点数	位置
<5	1	水面下0.5 m
5~10	2	水面下0.5 m,河底上0.5 m
>10	3	水面下0.5 m,1/2水深,河底以上0.5 m

注:1.不足1 m时,取1/2水深。
2.如沿垂线水质分布均匀,可减少中层采样点。
3.潮汐河流应设置分层采样点。

二、河流湖泊水质采样

(一)河流水质采样

河流采样频次和时间应符合以下要求:

(1)长江、黄河干流和全国重点基本站等,采样频次每年不得少于12次,每月中旬采样。

(2)一般中小河流基本站采样频次每年不得少于6次,丰、平、枯水期各2次。

(3)流经城市或工业区污染较为严重的河段,采样频次每年不得少于12次,每月采样1次。在污染河段有季节差异时,采样频次和时间可按污染季节和非污染季节适当调整,但全年监测不得少于12次。

(4)供水水源地等重要水域采样频次每年不得少于12次,采样时间根据具体要求确定。

(5)潮汐河段和河口采样频次每年不得少于3次,按丰、平、枯三期进行,每次采样应在当月大汛或小汛日采高平潮与低平潮水样各一个;全潮分析的水样采集时间可从第一个落潮到出现涨潮,每隔1~2 h采一个水样,周而复始直到全潮结束。

(6)河流水系的背景断面每年采样3次,丰、平、枯水期各1次,交通不便处可酌情减少,但不得少于每年1次。

(二)湖泊(水库)水质采样

湖泊(水库)采样频次和时间应符合以下要求:

(1)设有全国重点基本站或具有向城市供水功能的湖泊(水库),每月采样一次,全年12次。

(2)一般湖泊(水库)水质站全年采样3次,丰、平、枯水期各一次。

(3)污染严重的湖泊(水库),全年采样不得少于6次,隔月一次。

另外,同一河流(湖泊、水库)应力求水质、水量及时间同步采样;在河流、湖泊(水库)最枯水位和封冻期,应适当增加采样频次;专用站的采样频次与时间视具体要求而定。

三、水样保存与运送要求

采样量的多少取决于监测项目,一般应超过各项目测定所需水样体积总和的20%~30%,以便储存一些水样作返工测定之用。

除温度、pH、电导率、浊度、溶解氧、余氯、流速等水样物理性质指标应在现场测定外,大部分水样需送往中心化验室进行分析。水样保存应符合表6-10要求,超过保存期的样品按废样处理。

表 6-10 部分水样容器和保存时间

检测项目	采样容器	保存时间(h)
酸度及碱度	聚乙烯或玻璃	24
色度	聚乙烯或玻璃	24
悬浮物	聚乙烯或玻璃	24
硫化物	玻璃	24
总氰化物	聚乙烯	24
COD	玻璃	48
BOD_5	玻璃	12
总磷	聚乙烯或玻璃	24

第七节 水质监测分析方法与数据处理

一、水质监测分析方法概述

水质监测分析应包括水的物理、化学和微生物性质的分析。就基本分析而言，可分为物理与化学分析和微生物分析两大类。

物理与化学分析方法又分为定性分析和定量分析两种。定性分析的目的在于鉴定化合物或混合物由哪些部分(元素、离子、基团或化合物)组成。定量分析的任务是测定物质各组成的含量。

定性分析是应用化学反应将待测的元素或离子转变成具有某种特殊性质的新化合物，如发生特殊的颜色变化；析出具有一定形状的沉淀物；发生可以识别的气体；原有颜色的变化；原有沉淀物的溶解等，根据这些化学反应结果和新化合物的特殊性质，即可判断试样中是否含有某种成分。

定量分析主要是应用化学反应中物质不灭定律和当量定律来测定试样中各组分的含量。定量分析的方法主要分为重量分析、容量分析(如滴定法、沉淀法和氧化还原法等)、光学分析(如比色分析、比浊分析、光谱分析等)、电化学分析(如极谱分析、电位分析等)、色谱分析(气相色谱、液相色谱)。

光学分析、电化学分析、色谱分析等称为仪器分析。在水质分析中常用的仪器有紫外－可见光分光光度计、原子吸收分光光度计、气相色谱仪等。有时还根据水质分析特点制成专用仪器，如测汞仪、溶解氧仪、生化需氧量测定仪、总有机碳测定仪等。

虽然仪器分析具有快速、准确、灵敏等优点，但价格较高，平时维护和对操作人员的要求也较高，因此在大多数水质分析工作中，仪器分析和普通化学分析是相辅相成、互为补充的，其中，普通化学分析法仍居于基础地位。

此外，近年来生物分析法亦有所发展，其实质是利用不同生物对环境中污染物反应(群落和种群变化、畸形、变异等)，即利用生物在各种污染环境中所发出的各种信息来判断环境污染的一种手段，它可以反映出环境污染急性和慢性的结果。如藻类、鱼类和海鸟等是水质污染的指示生物。

二、水质监测数据整理的一般方法

水质数据是进行水资源保护规划、管理的重要依据，必须重视基本数据的合理性、可靠性及可比性。下面介绍数据整理的一般方法。

（一）合理性检查

根据指标的时程分布和频率分布以及诸指标之间的内在联系，从理论上来分析资料有无不合逻辑的地方，也就是有无不合理或相互矛盾的地方，以鉴定资料的总体情况，并对特殊数据进行仔细的研究和慎重的处理。测定数据中如有可疑值，经检查非操作失误引起，可采用 Dixon 法或 Grubbs 法等检验同组测定数据的一致性后，再决定其取舍。Dixon 检验法用于一组测量值的一致性检验和剔除一组测量值中的异常值，适用于检出一个或多个异常值；Grubbs 检验法可用于检验多组（组数 L）测量均值的一致性和剔除多组测量值均值中的异常值，亦可用于检验一组测量值（个数 n）的一致性和剔除一组测量值中的异常值，检出的异常值个数不超过 1 个。

（二）分析结果的表示方法（水利部门的规定如下）

（1）使用法定计量单位及符号等。

（2）水质项目中除水温（℃）、电导率［μS/cm（25 ℃）］、氧化还原电位（mV）、细菌总数（个/mL）、大肠菌群（个/L）、透明度（cm）外，其余单位均为 mg/L。

（3）底质、悬移质及生物体中的含量单位均用 mg/kg 表示。

（4）平行样测定结果用均值表示。

（5）当测定结果低于分析方法的最低检出浓度时，用“<DL”表示，并按 1/2 最低检出浓度值进行统计处理。

（6）测定精密度、准确度用偏（误）差值表示。

（7）检出率、超标率用百分数表示。

（三）数据的一般计算规则

（1）当数据加减时，其结果的小数点后保留位数与各数据中小数最少者相同。

（2）当各数相乘、除时，其结果的小数点后保留位数与各数据中有效数字最少者相同。

（3）尾数的取舍，可根据“四舍六入五单双法”处理，即尾数小于 5 者舍，大于 5 者进，恰为 5 者按其前一位奇进偶（零按偶数）舍处理。

（4）数据的修约只能进行一次，计算过程中的中间结果不必修约。

（5）平均值计算。对于某一项目平均值的计算方法，一般采用算术平均值法或流量加权法。

以算术平均值法计算

$$\overline{C} = \frac{\sum_{i=1}^{n} C_i}{n} \tag{6-14}$$

以流量加权法计算

$$\overline{C_q} = \frac{\sum_{i=1}^{n} C_i q_i}{\sum_{i=1}^{n} q_i} \tag{6-15}$$

式中　$\overline{C}$——算术平均值；

C_i——某监测项目实测值；

n——监测次数；

$\overline{C}_q$——流量加权平均值；

q_i——取样时实测流量值。

（四）资料整、汇编

各级水环境监测中心对监测原始资料，均应进行系统、规范化整理分析，按分级管理要求进行整、汇编，并向上级水环境监测中心报送成果。

（1）整编内容主要包括：①编制水质站监测情况说明表及位置图；②编制监测成果表；③编制监测成果特征值年统计表。

（2）汇编内容主要包括：①资料合理性检查及审核；②编制汇编图表，如水质站及断面一览表、水质站及断面分布图、资料索引、其他图表等。

（3）汇编成果应包括：①资料索引表；②编制说明；③水质站及断面一览表；④水质站及断面分布图；⑤水质站监测情况说明表及位置图；⑥监测成果表；⑦监测成果特征值年统计表。

第八节　水环境质量评价方法

水质评价的目的是准确地反映水质污染状况，找出主要污染物的影响，为水资源保护、水污染防治和水质管理提供依据。水质评价一般包括现状评价、回顾评价和预断评价，分别回答现在、过去、未来的水污染状况。水质评价工作步骤，大致可以概括为：收集资料数据，确定评价要素（水质参数），选择评价方法，计算分析，得出结论。下面介绍水质评价方法。

一、感官性状评价

在水质评价过程中，往往可根据水体的颜色、味道、臭味、透明度（或浑浊度）进行直观的评价，判断水体是否遭受污染及污染的轻重，即对水体感官性状的评价常是判定水体污染的直接依据。感官性状评价又称为物理评价，主要有以下几个指标。

（1）颜色。纯净的水在水浅时是无色的，深时为浅蓝色。当水中含有污染物时，水体颜色有所变化。如含低铁化合物为浅绿色，含高铁化合物呈黄色；油类污染是在阳光照耀下水表面泛出各种色泽；洪水季节泥沙含量升高，水体颜色随泥沙呈黄色。因此，可根据水体颜色判别水体的清洁程度。

（2）味。纯净的水应无味，当水中含有污染物时会产生异味。例如受海水污染会出现咸味。一般不能用品尝方法判别，而多与测臭结合。

（3）臭味。清洁的水无任何气味，被污染的水常可闻到不同的气味，可给人以直观的印象。一般评定臭味的方法有两种：一是经验法，即根据人对水中气味的反应，将臭味的强度分为6级；二是嗅阈法。水中某种气味能被嗅出的最低浓度称为嗅阈浓度。将水样稀释到嗅阈浓度的稀释倍数称为嗅阈值，即水样稀释到刚能觉察的稀释倍数，其值大小代表强度。

（4）透明度和浑浊度。透明度是指水清澈的程度，浑浊度与之相反。水中悬浮物和胶体物质愈多，透明度愈小，浑浊度愈大。

二、氧平衡评价

氧平衡评价也是常用的方法。水中溶解氧，一部分被某些物质氧化吸收，同时又可从水生物的释放和大气中得到补充，形成水中氧的收支平衡。利用氧的收支平衡状况，即溶解氧含量的测定，反映水体中有机污染状况。常用的表示氧平衡状况的指标有溶解氧(DO)、化学需氧量(COD)、生化需氧量(BOD_5)、总有机碳(TOC)和总耗氧量(TOD)。DO反映水中溶解氧的含量，其余则反映水中耗氧的有机污染状况。

三、污染指数法

这种水质评价方法的特点是用各种污染物质的相对污染值，进行数学上的归纳与统计，得出一个较简单的数值，用以代表水体的污染程度，也可用它进行水体污染的分类和分级。污染指数法主要有单因子评价指数和多因子评价指数两种方法。

(一)单因子评价指数法

当评价某水质参数(为对人体健康和水环境的影响程度时，直接采用监测的浓度值不能全面反映污染的程度)，为了表示该污染物对水环境质量产生的等效影响程度，常采用该污染物在水中的实测浓度与其在水中环境标准的允许浓度(评价标准)进行比较，求得单参数的污染指数。常采用算术平均值法，即

$$P_i = \frac{C_i}{S_i} \tag{6-16}$$

$$P = \sum_{i=1}^{n} \frac{P_i}{n} \tag{6-17}$$

式中　P_i——某种污染物的相对污染值；

C_i——某种污染物的实测浓度值；

S_i——某种污染物的评价值；

P——某种污染物的污染指数；

n——某种污染物的实测次数。

P_i 为一无量纲值，表示了该污染物在环境中超过评价标准的程度。当 $P>1$ 时说明该污染物超过评价标准，不能满足环境质量要求；当 $P<1$ 时则说明该污染物含量能满足环境质量要求。

式(6-16)和式(6-17)适用于有上限的污染物，对于有下限的污染物，如DO：

$$\begin{cases} P_i = 0 & \text{DO} > 8\ \text{mg/L} \\ P_i = 1 - \dfrac{C_i - S_i}{S_i} & \text{DO} = 4 \sim 8\ \text{mg/L} \\ P_i = 1 + (S_i - C_i) & \text{DO} < 4\ \text{mg/L} \end{cases} \tag{6-18}$$

对于具有最高、最低标准的污染物，例如pH值，则

$$P_i = \frac{C_i - 7}{S_{最高或最低} - 7} \tag{6-19}$$

(二)多因子评价指数法

污染的水体中大多含有多种污染物，而单因子评价指数常因为其所选参数缺乏代表性

而不能反映实际水质，在实际工作中多采用多因子评价指数法。所谓多因子，指能综合反映水质特征的多种参数的组合。方法很多，归纳如下。

(1)叠加型指数法。此法是将几个单项污染指数进行叠加，其计算公式为：

$$I = \sum_{i=1}^{n} P_i = \sum_{i=1}^{n} \frac{C_i}{S_i} \tag{6-20}$$

式中 I——综合污染指数。

此法采用的参数视水体的具体情况而定，以 I 值大小进行分级，计算简单，但对取不同参数的水体缺乏可比性，同时不能区别不同污染物的不同影响。

(2)均值型指数法。

$$I = \frac{1}{n}\sum_{i=1}^{n} P_i \tag{6-21}$$

此法解决了参数多少不同的问题，但仍未考虑各污染物有害程度的不同及个别参数浓度过高的影响。

(3)加权叠加型指数法。

$$I = \sum_{i=1}^{n} W_i P_i \tag{6-22}$$

式中 W_i——第 i 项污染物的权重值，且满足 $\sum_{i=1}^{n} W_i = 1$。

此法用权重考虑了不同污染物对环境影响的差异，但权重值多凭经验确定，如通过咨询、征求专家意见进行评分确定，带有一定的主观随意性。

(4)加权均值型指数法。

$$I = \frac{1}{n}\sum_{i=1}^{n} W_i P_i \tag{6-23}$$

这是与加权叠加型指数相应的另一种形式。

(5)均方根型指数法。

$$I = \sqrt{\frac{1}{n}\sum_{i=1}^{n} P_i^2} \tag{6-24}$$

当 $P_i > 1$ 时，P_i 愈大，P_i^2 愈大；当 $P_i < 1$ 时，P_i 愈小，P_i^2 愈小，因此此式突出了超过标准值项目的污染指数的影响。

四、分级评价法

分级评价法是将评价参数的区域代表值用同一分级标准逐个进行对比、分级，而后确定水质优劣。这种方法避免了烦琐的计算，概念明确，适用范围广，能反映水体的真实情况。1980 年全国地表水水质评价中采用了此法，现介绍如下。

(一)确定评价参数

全国水质评价中，评价参数确定为 11 项，即 pH、总硬度、氯化物、DO、COD、氨氮、酚、氰化物、砷、汞、铬(六价)等。

(二)确定河段代表值

将水文条件比较一致的水域划分为河段，以河段为评价单元。

1. 河段划分

单一河段(在基本断面)取样时,代表河段长度为距离上下游断面一半距离。多河段取样时,代表河段为对照断面至削减断面之间的距离。

2. 河段参数代表值计算

断面代表值:

$$\overline{C_i} = \frac{\sum_{i=1}^{n} C_i}{n} \tag{6-25}$$

式中　n——断面测点数。

河段代表值:

$$\overline{C_L} = \frac{\sum_{i=1}^{m} C_i}{m} \tag{6-26}$$

式中　m——河段断面数。

(三)参数单项评价

将所确定的各项参数值,分别与评价标准逐个比较定级。

(四)综合评价

根据河段加权平均原理,由各河段水质级别综合求得河道综合评价指数。

$$K = \frac{\sum_{i=1}^{n} K_i L_i}{\sum_{i=1}^{n} L_i} \tag{6-27}$$

式中　n——河段数;

L_i——评价河段长度;

K_i——河段 i 的水质级别。

习　题

1. 阐述环境回顾评价、现状评价、影响评价的定义与作用。
2. 阐述水环境质量评价的程序。
3. 水环境背景值调查的内容有哪些?
4. 什么是污径比?什么是排毒指标?
5. 水质监测站布置的原则有哪些?
6. 水质评价的方法主要有哪些?

第七章 水环境管理与保护

水环境是构成环境的基本要素之一,是人类社会赖以生存和发展的重要场所,因此受人类影响和破坏最严重。近年来,在水的供需关系紧张与水污染严重的双重压力下,水环境问题日趋严重,已成为制约社会经济发展的重要因素。保护水环境,制定相应的措施刻不容缓,同时,恢复和保护水环境的价值与功能是社会文明的标志,也是社会经济发展的需求和生态环境、生物多样性保护的要求,其长远的、潜在的生态环境和社会经济效益是十分显著的。

第一节 水环境保护标准与法律法规

一、水环境标准体系

环境标准是为了防止环境污染,维护生态平衡,保护人群健康,对环境保护工作中需要统一的各项技术规范和技术要求所作的规定。具体来讲,环境标准是国家为了保护人民健康,促进生态良性循环,实现社会经济发展目标,根据国家的环境政策和法规,在综合考虑本国自然环境特征、社会经济条件和科学技术水平的基础上规定环境中污染物的允许含量和污染源排放污染物的数量、浓度、时间和速率以及其他有关技术规范。

环境标准体系是根据环境标准的特点和要求,按照它们的性质、功能和内在联系进行分级、分类,构成一个有机的、相互联系的整体。体系内的各种标准互相联系、互相依存、互相补充,具有良好的配套性和协调性。

环境标准体系不是一成不变的,它与一定时期的技术经济水平以及环境污染与破坏的状况相适应。因此,它随着技术经济的发展、环境保护要求的提高而不断变化。根据《中华人民共和国环境保护法标准管理办法》的规定,我国的国家环境标准主要有以下几类:

(1)环境质量标准。环境质量标准是对一定区域环境中的各种污染物质或因素所作的限制性规定,是国家环境保护追求的目标,也是制定污染物排放标准、进行监督管理、审查环境影响报告的重要依据之一。

(2)污染物排放标准。污染物排放标准是为实现环境质量标准目标,结合技术经济条件和环境特点,对排入环境的污染物或有害因子所作的控制性规定,即排放的极限值。它是实现环境质量标准的重要保证,是控制污染源的重要手段。排放标准包括浓度标准和总量标准两类,也可以分为综合性排放标准和行业性排放标准两类。

(3)环境保护基础标准。环境保护基础标准是对环境保护工作具有重要指导意义的符号、指南、导则等所作的规定,是制定其他环境标准的基础。

我国现行环境标准体系由三级构成,即国家标准、国家行业标准和地方标准。对于国家标准,它包括环境质量标准、污染物排放标准、基础标准、方法标准。

为了贯彻执行《中华人民共和国环境保护法》、《中华人民共和国水法》、《中华人民共和国污染防治法》,控制水污染,保护江河、湖泊、渠道、水库等地表水体及地下水的水质,我国环境保护行政主管部门和国家质量技术监督主管部门制定、发布了一系列的水环境标准,形成了比较完善的水环境质量标准体系。我国水环境标准体系可分为四个层次,即全国通用水环境标准、行业通用水环境标准、地方水环境标准,以及企业产品、过程、管理标准等,如图 7-1 所示。

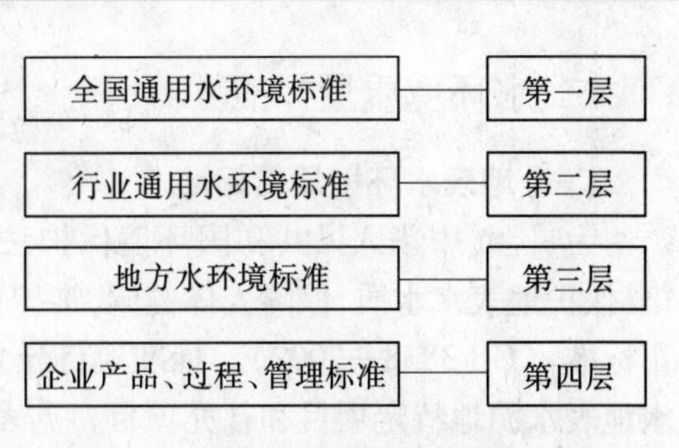

图 7-1　水环境质量标准体系层次图

水环境质量标准和污染物排放标准是水环境标准体系中的两个基本标准,根据环境保护法规定,它们分为国家标准和地方标准、综合标准和行业标准,采用统一的环境标准代号:

GB——强制性国家标准;

DB——强制性地方标准;

HJ——强制性环保行业标准;

GB/T——推荐性国家标准;

HJ/T——推荐性环保行业标准。

水环境标准体系除主体标准——水环境质量标准和污染物排放标准外,作为支持系统和配套标准的还有环境基础标准、水质分析方法标准、水环境标准样品标准和环保仪器设备标准(行标)4 种。另外,与其相关的标准还有排污收费标准等,如图 7-2 所示。

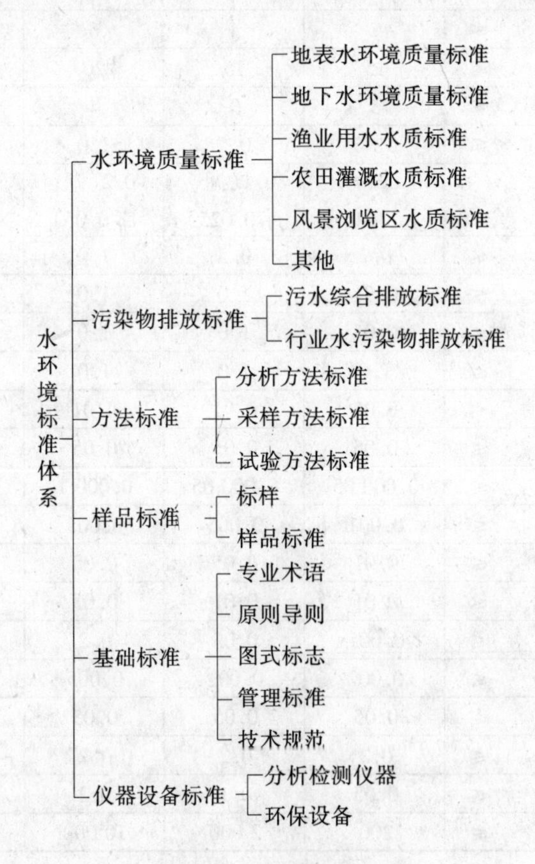

图 7-2　水环境标准种类

二、水环境质量标准

(一)地表水环境质量标准

为贯彻《中华人民共和国环境保护法》和《中华人民共和国水污染防治法》,防治水污染,保护地表水水质,保障人体健康,维护良好的生态系统,制定本标准——《地表水环境质量标准》(GB 3838—2002)。标准项目分为地表水环境质量标准基本项目、集中式生活饮用水地表水源地特定项目和补充项目。见表7-1~表7-3。

表7-1　地表水环境质量标准基本项目标准限值　(单位:mg/L)

序号	项目		分类				
			Ⅰ类	Ⅱ类	Ⅲ类	Ⅳ类	Ⅴ类
1	水温(℃)		人为造成的环境水温变化应限制在 周平均最大温升≤1 周平均最大温降≤2				
2	pH值(无量纲)		6~9				
3	溶解氧	≥	饱和率90%(或7.5)	6	5	3	2
4	高锰酸盐指数	≤	2	4	6	10	15
5	化学需氧量(COD)	≤	15	15	20	30	40
6	五日生化需氧量(BOD_5)	≤	3	3	4	6	10
7	氨氮(NH_3-N)	≤	0.15、	0.5	1.0	1.5	2.0
8	总磷(以P计)	≤	0.02(湖、库0.01)	0.1(湖、库0.025)	0.2(湖、库0.05)	0.3(湖、库0.1)	0.4(湖、库0.2)
9	总氮(湖、库以N计)	≤	0.2	0.5	1.0	1.5	2.0
10	铜	≤	0.01	1.0	1.0	1.0	1.0
11	锌	≤	0.05	1.0	1.0	2.0	2.0
12	氟化物(以F^-计)	≤	1.0	1.0	1.0	1.54	1.5
13	硒	≤	0.01	0.01	0.01	0.02	0.02
14	砷	≤	0.05	0.05	0.05	0.1	0.1
15	汞	≤	0.000 05	0.000 05	0.000 1	0.001	0.001
16	镉	≤	0.001	0.005	0.005	0.005	0.01
17	铬(六价)	≤	0.01	0.05	0.05	0.05	0.1
18	铅	≤	0.01	0.01	0.05	0.05	0.1
19	氰化物	≤	0.005	0.05	0.2	0.2	0.2
20	挥发酚	≤	0.002	0.002	0.005	0.01	0.1
21	石油类	≤	0.05	0.05	0.05	0.5	1.0
22	阴离子表面活性剂	≤	0.2	0.2	0.2	0.3	0.3
23	硫化物	≤	0.05	0.1	0.2	0.5	1.0
24	粪大肠菌群(个/L)	≤	200	2 000	10 000	20 000	40 000

表7-2　集中式生活饮用水地表水源地特定项目标准限值　（单位:mg/L）

序号	项目	标准值	序号	项目	标准值
1	三氯甲烷	0.06	31	二硝基苯④	0.5
2	四氯化碳	0.002	32	2,4－二硝基甲苯	0.000 3
3	三溴甲烷	0.1	33	2,4,6－三硝基甲苯	0.5
4	二氯甲烷	0.02	34	硝基氯苯⑤	0.05
5	1,2－二氯乙烷	0.03	35	2,4－二硝基氯苯	0.5
6	环氧氯丙烷	0.02	36	2,4－二氯苯酚	0.093
7	氯乙烯	0.005	37	2,4,6－三氯苯酚	0.2
8	1,1－二氯乙烯	0.03	38	五氯酚	0.009
9	1,2－二氯乙烯	0.05	39	苯胺	0.1
10	三氯乙烯	0.07	40	联苯胺	0.000 2
11	四氯乙烯	0.04	41	丙烯酰胺	0.000 5
12	氯丁二烯	0.002	42	丙烯腈	0.1
13	六氯丁二烯	0.000 6	43	邻苯二甲酸二丁酯	0.003
14	苯乙烯	0.02	44	邻苯二甲酸二(2－乙基己基)酯	0.008
15	甲醛	0.9	45	水合肼	0.01
16	乙醛	0.05	46	四乙基铅	0.000 1
17	丙烯醛	0.1	47	吡啶	0.2
18	三氯乙醛	0.01	48	松节油	0.2
19	苯	0.01	49	苦味酸	0.5
20	甲苯	0.7	50	丁基黄原酸	0.005
21	乙苯	0.3	51	活性氯	0.01
22	二甲苯①	0.5	52	滴滴涕	0.001
23	异丙苯	0.25	53	林丹	0.002
24	氯苯	0.3	54	环氧七氯	0.000 2
25	1,2－二氯苯	1.0	55	对硫磷	0.003
26	1,4－二氯苯	0.3	56	甲基对硫磷	0.002
27	三氯苯②	0.02	57	马拉硫磷	0.05
28	四氯苯③	0.02	58	乐果	0.08
29	六氯苯	0.05	59	敌敌畏	0.05
30	硝基苯	0.017	60	敌百虫	0.05

续表 7-2

序号	项目	标准值	序号	项目	标准值
61	内吸磷	0.03	71	钼	0.07
62	百菌清	0.01	72	钴	1.0
63	甲萘威	0.05	73	铍	0.002
64	溴氰菊酯	0.02	74	硼	0.5
65	阿特拉津	0.003	75	锑	0.005
66	苯并(a)芘	2.8×10^{-6}	76	镍	0.02
67	甲基汞	1.0×10^{-6}	77	钡	0.7
68	多氯联苯⑥	2.0×10^{-5}	78	钒	0.05
69	微囊藻毒素 - LR	0.001	79	钛	0.1
70	黄磷	0.003	80	铊	0.000 1

注:①二甲苯:指对二甲苯、间二甲苯、邻二甲苯。

②三氯苯:指1,2,3 - 三氯苯、1,2,4 - 三氯苯、1,3,5 - 三氯苯。

③四氯苯:指1,2,3,4 - 四氯苯、1,2,3,5 - 四氯苯、1,2,4,5 - 四氯苯。

④二硝基苯:指对二硝基苯、间二硝基苯、邻二硝基苯。

⑤硝基氯苯:指对硝基氯苯、间硝基氯苯、邻硝基氯苯。

⑥多氯联苯:指 PCB - 1016、PCB - 1221、PCB - 1232、PCB - 1242、PCB - 1248、PCB - 1254、PCB - 1260。

表 7-3　集中式生活饮用水地表水源地补充项目标准限值　(单位:mg/L)

序号	项目	标准值
1	硫酸盐(以 SO_4^{2-} 计)	250
2	氯化物(以 Cl^- 计)	250
3	硝酸盐(以 N 计)	10
4	铁	0.3
5	锰	0.1

1. 适用范围

本标准适用于中华人民共和国领域内江河、湖泊、运河、渠道、水库等具有使用功能的地表水水域。具有特定功能的水域,执行相应的专业用水水质标准。

地表水环境质量标准基本项目适用于全国江河、湖泊、运河、渠道、水库等具有使用功能的地表水水域;集中式生活饮用水地表水源地补充项目和特定项目适用于集中式生活饮用水地表水源地一级保护区和二级保护区。集中式生活饮用水地表水源地特定项目由县级以上人民政府环境保护行政主管部门根据本地区地表水水质特点和环境管理的需要进行选择,集中式生活饮用水地表水源地补充项目和选择确定的特定项目作为基本项目的补充指标。

与近海水域相连的地表水河口水域根据水环境功能按本标准相应类别标准值进行管理,近海水功能区水域根据使用功能按《海水水质标准》相应类别标准值进行管理。批准划定的单一渔业水域按《渔业水质标准》进行管理;处理后的城市污水及与城市污水水质相近的工业废水用于农田灌溉用水的水质按《农田灌溉水质标准》进行管理。

2. 水域功能和标准分类

依据地表水水域环境功能和保护目标，按功能高低依此划分为五类。

Ⅰ类：主要适用于源头水，国家自然保护区；

Ⅱ类：主要适用于集中式生活饮用水地表水源地一级保护区、珍稀水生生物栖息地、鱼虾类产卵场、仔稚幼鱼的索饵场等；

Ⅲ类：主要适用于集中式生活饮用水地表水源地二级保护区、鱼虾类越冬场、洄游通道、水产养殖区等渔业水域及游泳区；

Ⅳ类：主要适用于一般工业用水区及人体非直接接触的娱乐用水区；

Ⅴ类：主要适用于农业用水区及一般景观要求水域。

对应地表水上述五类水域功能，将地表水环境质量标准基本项目标准值分为五类，不同功能类别分别执行相应类别的标准值。水域功能类别高的标准值严于水域功能类别低的标准值。同一水域兼有多类使用功能的，执行最高功能类别对应的标准值，实现水域功能与达标功能类别标准为同一含义。

（二）地下水质量标准

为保护和合理开发地下水资源，防止和控制地下水污染，保障人民身体健康，促进经济建设，特制定本标准——《地下水质量标准》（GB/T 14848—93）。本标准是地下水勘查评价、开发利用和监督管理的依据。

依据我国地下水水质现状、人体健康基准值及地下水质量保护目标，并参照了生活饮用水、工业、农业用水水质最低要求，将地下水质量划分为五类。

Ⅰ类：主要反映地下水化学组分的天然低背景含量，适用于各种用途。

Ⅱ类：主要反映地下水化学组分的天然背景含量，适用于各种用途。

Ⅲ类：以人体健康基准值为依据，主要适用于集中式生活饮用水水源及工农业用水。

Ⅳ类：以农业和工业用水要求为依据，除适用于农业和部分工业用水外，适当处理后可作生活饮用水。

Ⅴ类：不宜饮用，其他用水可根据使用目的选用。

地下水质量分类指标见表7-4。

表7-4　地下水质量分类指标

项目序号	项目	类别				
		Ⅰ类	Ⅱ类	Ⅲ类	Ⅳ类	Ⅴ类
1	色（度）	≤5	≤5	≤15	≤25	>25
2	臭和味	无	无	无	无	有
3	浑浊度（度）	≤3	≤3	≤3	≤10	>10
4	肉眼可见物	无	无	无	无	有
5	pH	6.5~8.5			5.5~6.5，8.5~9	<5.5，>9
6	总硬度（以 $CaCO_3$ 计）（mg/L）	≤150	≤300	≤450	≤550	>550
7	溶解性总固体（mg/L）	≤300	≤500	≤1 000	≤2 000	>2 000

续表 7-4

项目序号	项目	类别				
		Ⅰ类	Ⅱ类	Ⅲ类	Ⅳ类	Ⅴ类
8	硫酸盐(mg/L)	≤50	≤150	≤250	≤350	>350
9	氯化物(mg/L)	≤50	≤150	≤250	≤350	>350
10	铁(Fe)(mg/L)	≤0.1	≤0.2	≤0.3	≤1.5	>1.5
11	锰(Mn)(mg/L)	≤0.05	≤0.05	≤0.1	≤1.0	>1.0
12	铜(Cu)(mg/L)	≤0.01	≤0.05	≤1.0	≤1.5	>1.5
13	锌(Zn)(mg/L)	≤0.05	≤0.5	≤1.0	≤5.0	>5.0
14	钼(Mo)(mg/L)	≤0.001	≤0.01	≤0.1	≤0.5	>0.5
15	钴(Co)(mg/L)	≤0.005	≤0.05	≤0.05	≤1.0	>1.0
16	挥发性酚类(以苯酚计)(mg/L)	≤0.001	≤0.001	≤0.002	≤0.01	>0.01
17	阴离子合成洗涤剂(mg/L)	不得检出	≤0.1	≤0.3	≤0.3	>0.3
18	高锰酸盐指数(mg/L)	≤1.0	≤2.0	≤3.0	≤10	>10
19	硝酸盐(以N计)(mg/L)	≤2.0	≤5.0	≤20	≤30	>30
20	亚硝酸盐(以N计)(mg/L)	≤0.001	≤0.01	≤0.02	≤0.1	>0.1
21	氨氮(NH_4)(mg/L)	≤0.02	≤0.02	≤0.2	≤0.5	>0.5
22	氟化物(mg/L)	≤1.0	≤1.0	≤1.0	≤2.0	>2.0
23	碘化物(mg/L)	≤0.1	≤0.1	≤0.2	≤1.0	>1.0
24	氰化物(mg/L)	≤0.001	≤0.01	≤0.05	≤0.1	>0.1
25	汞(Hg)(mg/L)	≤0.000 05	≤0.000 5	≤0.001	≤0.001	>0.001
26	砷(As)(mg/L)	≤0.005	≤0.01	≤0.05	≤0.05	>0.05
27	硒(Se)(mg/L)	≤0.01	≤0.01	≤0.01	≤0.1	>0.1
28	镉(Cd)(mg/L)	≤0.000 1	≤0.001	≤0.01	≤0.01	>0.01
29	铬(六价)(Cr^{6+})(mg/L)	≤0.005	≤0.01	≤0.05	≤0.1	>0.1
30	铅(Pb)(mg/L)	≤0.005	≤0.01	≤0.05	≤0.1	>0.1
31	铍(Be)(mg/L)	≤0.000 02	≤0.000 1	≤0.000 2	≤0.001	>0.001
32	钡(Ba)(mg/L)	≤0.01	≤0.1	≤1.0	≤4.0	>4.0
33	镍(Ni)(mg/L)	≤0.005	≤0.05	≤0.05	≤0.1	>0.1
34	滴滴涕(μg/L)	不得检出	≤0.005	≤1.0	≤1.0	>1.0
35	六六六(μg/L)	≤0.005	≤0.05	≤5.0	≤5.0	>5.0
36	总大肠菌群(个/L)	≤3.0	≤3.0	≤3.0	≤100	>100
37	细菌总数(个/mL)	≤100	≤100	≤100	≤1 000	>1 000
38	总α放射性(Bq/L)	≤0.1	≤0.1	≤0.1	>0.1	>0.1
39	总β放射性(Bq/L)	≤0.1	≤1.0	≤1.0	>1.0	>1.0

(三)海水水质标准

为贯彻《中华人民共和国环境保护法》和《中华人民共和国海洋环境保护法》,防止和控制海水污染,保护海洋生物资源和其他海洋资源,有利于海洋资源的可持续利用,维护海洋生态平衡,保障人体健康,制定本标准——《海水水质标准》(GB 3097—1997)。

按照海域的不同使用功能和保护目标,海水水质分为四类。

Ⅰ类:适用于海洋渔业水域,海上自然保护区和珍稀濒危海洋生物保护区。

Ⅱ类:适用于水产养殖区,海水浴场,人体直接接触海水的海上运动或娱乐区,以及与人类食用直接有关的工业用水区。

Ⅲ类:适用于一般工业用水区,滨海风景旅游景区。

Ⅳ类:适用于海洋港口水域,海洋开发作业区。

海水水质标准见表7-5。

表7-5　海水水质标准　　(单位:mg/L)

序号	项目	第一类	第二类	第三类	第四类
1	漂浮物质	海面不得出现油膜、浮沫和其他漂浮物质			海面无明显油膜、浮沫和其他漂浮物质
2	色、臭、味	海水不得有异色、异臭、异味			海水不得有令人厌恶和感到不快的色、臭、味
3	悬浮物质	人为增加的量≤10		人为增加的量≤100	人为增加的量≤150
4	大肠菌群(个/L) ≤	10 000 供人生食的贝类养殖水质≤700			—
5	粪大肠菌群(个/L) ≤	2 000 供人生食的贝类养殖水质≤140			—
6	病原体	供人生食的贝类养殖水质不得含有病原体			
7	水温(℃)	人为造成的海水温升夏季不超过当时当地1 ℃,其他季节不超过2 ℃		人为造成的海水温升不超过当时当地4 ℃	
8	pH	7.8~8.5 同时不超出该海域正常变动范围的0.2pH单位		6.8~8.8 同时不超出该海域正常变动范围的0.5pH单位	
9	溶解氧 >	6	5	4	3
10	化学需氧量(COD) ≤	2	3	4	5
11	生化需氧量(BOD_5) ≤	1	3	4	5
12	无机氮(以N计) ≤	0.2	0.3	0.4	0.5
13	非离子氨(以N计) ≤	0.02			
14	活性磷酸盐(以P计) ≤	0.015	0.03		0.045
15	汞 ≤	0.000 05	0.000 2		0.000 5

续表 7-5

序号	项目		第一类	第二类	第三类	第四类
16	镉	≤	0.001	0.005	0.01	
17	铅	≤	0.001	0.005	0.01	0.05
18	六价铬	≤	0.005	0.01	0.02	0.05
19	总铬	≤	0.05	0.1	0.2	0.5
20	砷	≤	0.02	0.03	0.05	
21	铜	≤	0.005	0.01	0.05	
22	锌	≤	0.02	0.05	0.1	0.5
23	硒	≤	0.01	0.02		0.05
24	镍	≤	0.005	0.01	0.02	0.05
25	氰化物	≤	0.005		0.1	0.2
26	硫化物(以S计)	≤	0.02	0.05	0.1	0.25
27	挥发性酚	≤	0.005		0.01	0.05
28	石油类	≤	0.05		0.3	0.5
29	六六六	≤	0.001	0.002	0.003	0.005
30	滴滴涕	≤	0.000 05	0.000 1		
31	马拉硫磷	≤	0.000 5	0.001		
32	甲基对硫磷	≤	0.000 5	0.001		
33	苯并(a)芘	≤	0.002 5			
34	阴离子表面活性剂(以LAS计)		0.03		0.1	
35	*放射性核素(Bq/L)	^{60}Co	0.03			
		^{90}Sr	4			
		^{106}Rn	0.2			
		^{134}Cs	0.6			
		^{137}Cs	0.7			

(四)污水综合排放标准

为贯彻《中华人民共和国环境保护法》、《中华人民共和国水污染防治法》和《中华人民共和国海洋环境保护法》，控制水污染，保护江河、湖泊、运河、渠道、水库和海洋等地面水以及地下水水质的良好状态，保障人体健康，维护生态平衡，促进国民经济和城乡建设的发展，特制定本标准——《综合污水排放标准》(GB 8978—1996)。本标准按照污水排放去向，分年限规定了69种水污染物最高允许排放浓度及部分行业最高允许排水量。本标准适用于现有单位水污染物的排放管理，以及建设项目的环境影响评价、建设项目环境保护设施设计、竣工验收及其投产后的排放管理。

本标准将排放的污染物按其性质及控制方式分为两类。第一类污染物，不分行业和污水排放方式，也不分受纳水体的功能类别，一律在车间或车间处理设施排放口采样，其最高允许排放浓度必须达到本标准要求（采矿行业的尾矿坝出水口不得视为车间排放口）。第二类污染物，在排污单位排放口采样，其最高允许排放浓度必须达到本标准要求。本标准按年限规定了第一类污染物和第二类污染物最高允许排放浓度及部分行业最高允许排水量。

在本标准中，以 1997 年 12 月 31 日之前和 1998 年 1 月 1 日起为时限，对第二类污染物最高允许排放浓度和部分行业最高允许排水量规定了不同的限值。对于 1997 年 12 月 31 日之前建设（包括改、扩建）单位，水污染物的排放必须同时执行标准中规定的第一类污染物最高允许排放浓度限值、第二类污染物最高允许排放浓度和部分行业最高允许排水量。1998 年 1 月 1 日起建设（包括改、扩建）的单位，水污染物的排放必须同时执行标准中规定的第一类污染物最高允许排放浓度限值（见表 7-6）、第二类污染物最高允许排放浓度（见表 7-7）和部分行业污染物最高允许排放浓度（见表 7-8）。建设（包括改、扩建）单位的建设时间，以环境影响评价报告书（表）批准日期为准划分。

表 7-6　第一类污染物最高允许排放浓度　（单位：mg/L）

序号	污染物	最高允许排放浓度
1	总汞	0.05
2	烷基汞	不得检出
3	总镉	0.1
4	总铬	1.5
5	六价铬	0.5
6	总砷	0.5
7	总铅	1.0
8	总镍	1.0
9	苯并(a)芘	0.000 03
10	总铍	0.005
11	总银	0.5
12	总 α 放射性	1 Bq/L
13	总 β 放射性	10 Bq/L

表 7-7　第二类污染物最高允许排放浓度

（1997 年 12 月 31 日之前建设的单位）　　（单位:mg/L）

序号	污染物	适用范围	一级标准	二级标准	三级标准
1	pH	一切排污单位	6 ~ 9	6 ~ 9	6 ~ 9
2	色度(稀释倍数)	染料工业	50	180	—
		其他排污单位	50	80	—
3	悬浮物(SS)	采矿、选矿、选煤工业	100	300	—
		脉金选矿	100	500	—
		边远地区砂金选矿	100	800	—
		城镇二级污水处理厂	20	30	—
		其他排污单位	70	200	400
4	五日生化需氧量（BOD_5）	甘蔗制糖、苎麻脱胶、湿法纤维板工业	30	100	600
		甜菜制糖、酒精、味精、皮革、化纤浆粕工业	30	150	600
		城镇二级污水处理厂	20	30	—
		其他排污单位	30	60	300
5	化学需氧量（COD）	甜菜制糖、焦化、合成脂肪酸、湿法纤维板、染料、洗毛、有机磷农药工业	100	200	1 000
		味精、酒精、医药原料药、生物制药、苎麻脱胶、皮革、化纤浆粕工业	100	300	1 000
		石油化工工业（包括石油炼制）	100	150	500
		城镇二级污水处理厂	60	120	—
		其他排污单位	100	150	500
6	石油类	一切排污单位	10	10	30
7	动植物油	一切排污单位	20	20	100
8	挥发酚	一切排污单位	0.5	0.5	2.0
9	总氰化合物	电影洗片（铁氰化合物）	0.5	5.0	5.0
		其他排污单位	0.5	0.5	1.0
10	硫化物	一切排污单位	1.0	1.0	2.0

续表 7-7

序号	污染物	适用范围	一级标准	二级标准	三级标准
11	氨氮	医药原料药、染料、石油化工工业	15	50	—
		其他排污单位	15	25	—
12	氟化物	黄磷工业	10	20	20
		低氟地区(水体含氟量<0.5 mg/L)	10	20	30
		其他排污单位	10	10	20
13	磷酸盐(以P计)	一切排污单位	0.5	1.0	—
14	甲醛	一切排污单位	1.0	2.0	5.0
15	苯胺类	一切排污单位	1.0	2.0	5.0
16	硝基苯类	一切排污单位	2.0	3.0	5.0
17	阴离子表面活性剂(LAS)	合成洗涤剂工业	5.0	15	20
		其他排污单位	5.0	10	20
18	总铜	一切排污单位	0.5	1.0	2.0
19	总锌	一切排污单位	2.0	5.0	5.0
20	总锰	合成脂肪酸工业	2.0	5.0	5.0
		其他排污单位	2.0	2.0	5.0
21	彩色显影剂	电影洗片	2.0	3.0	5.0
22	显影剂及氧化物总量	电影洗片	3.0	6.0	6.0
23	元素磷	一切排污单位	0.1	0.3	0.3
24	有机磷农药(以P计)	一切排污单位	不得检出	0.5	0.5
25	粪大肠菌群数	医院*、兽医院及医疗机构含病原体污水	500 个/L	1 000 个/L	5 000 个/L
		传染病、结核病医院污水	100 个/L	500 个/L	1 000 个/L
26	总余氯(采用氯化消毒的医院污水)	医院*、兽医院及医疗机构含病原体污水	<0.5**	>3(接触时间≥1 h)	>2(接触时间≥1 h)
		传染病、结核病医院污水	<0.5**	>6.5(接触时间≥1.5 h)	>5(接触时间≥1.5 h)

注: * 指 50 个床位以上的医院; * * 加氯消毒后须进行脱氯处理,达到本标准。

表 7-8　部分行业污染物最高允许排放浓度

（1998 年 1 月 1 日后建设的单位）　　（单位：mg/L）

序号	污染物	适用范围	一级标准	二级标准	三级标准
1	pH	一切排污单位	6～9	6～9	6～9
2	色度（稀释倍数）	一切排污单位	50	80	—
3	悬浮物（SS）	采矿、选矿、选煤工业	70	300	—
		脉金选矿	70	400	—
		边远地区砂金选矿	70	800	—
		城镇二级污水处理厂	20	30	—
		其他排污单位	70	150	400
4	五日生化需氧量（BOD_5）	甘蔗制糖、苎麻脱胶、湿法纤维板、染料、洗毛工业	20	60	600
		甜菜制糖、酒精、味精、皮革、化纤浆粕工业	20	100	600
		城镇二级污水处理厂	20	30	—
		其他排污单位	20	30	300
5	化学需氧量（COD）	甜菜制糖、合成脂肪酸、湿法纤维板、染料、洗毛、有机磷农药工业	100	200	1 000
		味精、酒精、医药原料药、生物制药、苎麻脱胶、皮革、化纤浆粕工业	100	300	1 000
		石油化工工业（包括石油炼制）	60	120	500
		城镇二级污水处理厂	60	120	—
		其他排污单位	100	150	500
6	石油类	一切排污单位	5	10	20
7	动植物油	一切排污单位	10	15	100
8	挥发酚	一切排污单位	0.5	0.5	2.0
9	总氰化合物	一切排污单位	0.5	0.5	1.0
10	硫化物	一切排污单位	1.0	1.0	1.0
11	氨氮	医药原料药、染料、石油化工工业	15	50	—
		其他排污单位	15	25	—
12	氟化物	黄磷工业	10	15	20
		低氟地区（水体含氟量 < 0.5 mg/L）	10	20	30
		其他排污单位	10	10	20

续表 7-8

序号	污染物	适用范围	一级标准	二级标准	三级标准
13	磷酸盐(以P计)	一切排污单位	0.5	1.0	—
14	甲醛	一切排污单位	1.0	2.0	5.0
15	苯胺类	一切排污单位	1.0	2.0	5.0
16	硝基苯类	一切排污单位	2.0	3.0	5.0
17	阴离子表面活性剂(LAS)	一切排污单位	5.0	10	20
18	总铜	一切排污单位	0.5	1.0	2.0
19	总锌	一切排污单位	2.0	5.0	5.0
20	总锰	合成脂肪酸工业	2.0	5.0	5.0
		其他排污单位	2.0	2.0	5.0
21	彩色显影剂	电影洗片	1.0	2.0	3.0
22	显影剂及氧化物总量	电影洗片	3.0	3.0	6.0
23	元素磷	一切排污单位	0.1	0.1	0.3
24	有机磷农药(以P计)	一切排污单位	不得检出	0.5	0.5
25	乐果	一切排污单位	不得检出	1.0	2.0
26	对硫磷	一切排污单位	不得检出	1.0	2.0
27	甲基对硫磷	一切排污单位	不得检出	1.0	2.0
28	马拉硫磷	一切排污单位	不得检出	5.0	10
29	五氯酚及五氯酚钠(以五氯酚计)	一切排污单位	5.0	8.0	10
30	可吸附有机卤化物	一切排污单位	1.0	5.0	8.0
31	三氯甲烷	一切排污单位	0.3	0.6	1.0
32	四氯化碳	一切排污单位	0.03	0.06	0.5
33	三氯乙烯	一切排污单位	0.3	0.6	1.0
34	四氯乙烯	一切排污单位	0.1	0.2	0.5
35	苯	一切排污单位	0.1	0.2	0.5
36	甲苯	一切排污单位	0.1	0.2	0.5
37	乙苯	一切排污单位	0.4	0.6	1.0
38	邻－二甲苯	一切排污单位	0.4	0.6	1.0
39	对－二甲苯	一切排污单位	0.4	0.6	1.0
40	间－二甲苯	一切排污单位	0.4	0.6	1.0

续表 7-8

序号	污染物	适用范围	一级标准	二级标准	三级标准
41	氯苯	一切排污单位	0.2	0.4	1.0
42	邻-二氯苯	一切排污单位	0.4	0.6	1.0
43	对-二氯苯	一切排污单位	0.4	0.6	1.0
44	对-硝基氯苯	一切排污单位	0.5	1.0	5.0
45	2,4-二硝基氯苯	一切排污单位	0.5	1.0	5.0
46	苯酚	一切排污单位	0.3	0.4	1.0
47	间-甲酚	一切排污单位	0.1	0.2	0.5
48	2,4-二氯酚	一切排污单位	0.6	0.8	1.0
49	2,4,6-三氯酚	一切排污单位	0.6	0.8	1.0
50	邻苯二甲酸二丁酯	一切排污单位	0.2	0.4	2.0
51	邻苯二甲酸二辛酯	一切排污单位	0.3	0.6	2.0
52	丙烯腈	一切排污单位	2.0	5.0	5.0
53	总硒	一切排污单位	0.1	0.2	0.5
54	粪大肠菌群数	医院*、兽医院及医疗机构含病原体污水	500 个/L	1 000 个/L	5 000 个/L
		传染病、结核病医院污水	100 个/L	500 个/L	1 000 个/L
55	总余氯（采用氯化消毒的医院污水）	医院*、兽医院及医疗机构含病原体污水	<0.5**	>3（接触时间≥1 h）	>2（接触时间≥1 h）
		传染病、结核病医院污水	<0.5**	>6.5（接触时间≥1.5 h	>5（接触时间≥1.5 h）
56	总有机碳（TOC）	合成脂肪酸工业	20	40	—
		苎麻脱胶工业	20	60	—
		其他排污单位	20	30	—

注：其他排污单位指除在该控制项目中所列行业以外的一切排污单位；*指50个床位以上的医院；**加氯消毒后须进行脱氯处理，达到本标准。

三、水环境保护法律法规

新中国成立以来，特别是党的十一届三中全会以来，我国颁布了一系列的相关水环境法律法规、部门规章及规范性文件等，这些均为水环境标准的贯彻落实与执行提供了执法依据。

主要的法律法规有《中华人民共和国水法》、《中华人民共和国环境保护法》、《中华人民共和国海洋环境保护法》、《中华人民共和国水污染防治法》、《中华人民共和国水土保持法》、《中华人民共和国环境影响评价法》、《中华人民共和国防洪法》等。

主要的行政法规及法规性文件有《中华人民共和国河道管理条例》、《长江河道采砂管理条例》、《中华人民共和国水污染防治法实施细则》、《中华人民共和国水土保持法实施条例》、《取水许可制度实施办法》、《建设项目环境保护管理条例》、《淮河流域水污染防治暂行条例》、《征收排污费管理条例》等。

主要的部门(地方)规章及规范性文件有《饮用水水源保护区污染防治管理规定》、《取水许可水质管理规定》、《城市供水水质管理规定》、《污水处理设施环境保护监督管理办法》、《关于加强污水综合排放国家标准的通知》、《珠江河口管理办法》、《水土保持生态环境监测网络管理办法》、《水利部水文设备管理规定》、《内蒙古自治区境内黄河流域水污染防治条例》等。

为了贯彻落实国务院《建设工程质量管理条例》,水利部于2011年已正式发布《工程建设标准强制性条文》(水利工程部分),条文共6篇21章742条,其中第六篇"水环境影响评价与监测"共2章24条。强制性条文的发布,有力地维护了国家和人民群众的利益,推动了水行政主管部门对水利工程建设活动过程和环节的技术控制,有利于整顿和规范水利工程建设市场秩序,有利于提高水利工程的建设质量。它的发布与实施,是进行标准体制改革的切入点,是向建立由强制性的水利技术法规与自愿采用的技术标准相结合的新体制迈出的关键性的一步。

第二节　水功能区划

功能是指自然或社会事物对于人类生存和社会发展所具有的价值与作用。水功能区是指根据流域或区域的水资源条件与水环境状况,考虑水资源开发利用现状和经济社会发展对水量与水质的需求,在相应水域内划定的具有特定功能的区域,水功能区是有利于水资源的合理开发利用和保护,并能够发挥最佳效益的区域。主导功能是指在某一水域多种功能并存的情况下,按水资源的自然属性、开发利用现状及社会经济需求,考虑各功能对水量水质的要求,通过功能重要性排序,确定的首位功能即为该区的主导功能。

一、水功能区划

(一)目的和意义

水是重要的自然资源,水功能是水资源对人类生存和经济社会发展所具有的价值与作用的体现。随着我国经济社会的迅速发展、人口的增长、人民生活水平和城市化水平的提高,对水的需求愈来愈多,要求也愈来愈高,水资源短缺和水污染日益严重,已成为经济社会可持续发展的制约因素。水资源的保护必须从以往孤立的、被动的防治转为综合的、主动的控制,在注重水资源开发利用的同时,更要重视水资源的节约和保护,通过水资源优化配置提高用水效率,实现水资源的可持续利用。

水功能区划的目的是依据国民经济发展规划和水资源综合利用规划,结合区域水资源开发利用现状和社会需求,科学合理地在相应水域划定具有特定功能、满足水资源合理开发利用和保护要求并能够发挥最佳效益的区域(即水功能区);确定各水域的主导功能及功能顺序,制定水域功能不遭破坏的水资源保护目标;通过各功能区水资源保护目标的实现,保障水资源的可持续利用。因此,水功能区划是全面贯彻《水法》,加强水资源保护的重要举措,是水资源保护措施实施和监督管理的依据,对实现以水资源的可持续利用保障经济社会可持续发展的战略目标具有重要意义。

(二)指导思想与原则

1. 指导思想

结合流域(区域)水资源开发利用规划及经济社会发展规划,根据水资源的可再生能力和自然环境的可承受能力,科学、合理地开发和保护水资源,既满足当代和本流域(区域)对水资源的需求,又不损害后代和其他流域(区域)对水资源的需求。促进经济、社会和生态、环境的协调发展,实现水资源可持续利用,保障经济社会的可持续发展。

2. 区划原则

1)前瞻性原则

水功能区划应具有前瞻性,要体现社会发展的超前意识,结合未来经济社会发展需求,引入本领域和相关领域研究的最新成果,为将来高新技术发展留有余地。

2)统筹兼顾、突出重点的原则

水功能区划应将流域作为一个系统,统筹兼顾,充分考虑上下游、左右岸、近远期以及经济社会发展需求对水域功能的要求;与水资源综合开发利用相协调,达到与保护相协调。建立区划体系和选取区划指标时既要把握和考虑全国共同性特点,又要符合不同水资源分区的具体特点。在划定水功能区的类型和范围时,应以饮用水源地为优先保护对象。

3)可持续发展原则

水功能区划应与区域水资源开发利用规划及社会经济发展规划相结合,根据水资源的可再生能力和自然环境的可承受能力,合理开发利用水资源,保护当代和后代赖以生存的水环境,保障人体健康及生态环境的结构和功能,促进社会经济和生态环境的协调发展。

4)便于管理、实用可行的原则

为便于管理,水功能的分区界限尽可能与行政区界一致;类型划分中选用目前实际使用的、易于获取和测定的指标,同时定量和定性指标相结合。区划方案的确定既要反映实际需求,又要考虑技术经济现状和发展,力求实用、可行。

5)水质、水量并重的原则

水功能区划分既要考虑对水量的需求,又要考虑对水质的要求。水功能区类型的确立,应综合考虑水资源数量与质量,对常规情况下仅对水资源单一属性(数量或质量)有要求的功能不作区划,如发电、航运等。

(三)水功能区划技术体系

我国江、河、湖、库水域的地理分布、空间尺度有很大差异,其自然环境、水资源特征、开发利用状况等具有明显的地域性。对水域进行的功能划分能否准确反映水资源的自然属性、生态属性、社会属性和经济属性,很大程度上取决于功能区划体系(结构、类型、指标)的合理性。水功能区划体系应具有良好的科学概括、解释能力,在满足通用性、规范性要求的同时,类型划分和指标值的确定与我国水资源特点相结合,是水功能区划的一项重要的标准性工作。

遵照水功能区划的指导思想和原则,通过对各类型水功能内涵、指标的深入分析、综合取舍,我国水功能区划分采用两级体系(见图7-3),即一级区划和二级区划。

水功能一级区分四类,即保护区、缓冲区、开发利用区、保留区;水功能二级区划在一级区划的开发利用区内进行,共分七类,包括饮用水水源区、工业用水区、农业用水区、渔业用水区、景观娱乐用水区、过渡区、排污控制区。一级区划宏观上解决水资源开发利用与保护的问题,主要协调地区间关系,并考虑发展的需求;二级区划主要协调用水部门之间的关系。

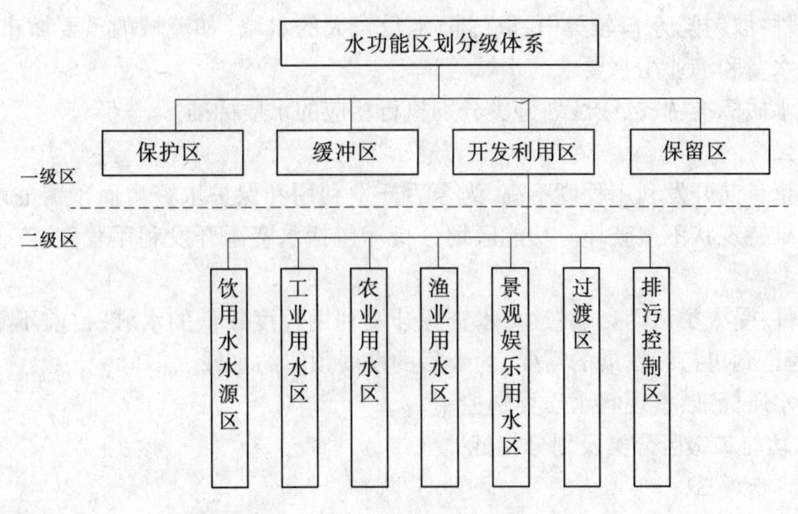

图7-3　水功能区划两级体系

(四)水功能一级区划分指标

1.保护区

保护区指对水资源保护、饮用水保护、生态环境及珍稀濒危物种的保护具有重要意义的水域。指标包括集水面积、保护级别、调(供)水量等。划区条件:

(1)源头水保护区,是指以保护水资源为目的,在重要河流的源头河段划出专门涵养保护水源的区域。

(2)国家级和省级自然保护区范围内的水域。

以上两种情况的功能区水质标准,执行《地表水环境质量标准》(GB 3838—2002)Ⅰ、Ⅱ类水质标准(因自然、地质等原因,不满足Ⅰ、Ⅱ类水质标准的,应维持水质现状)。

(3)已建和规划水平年内建成的跨流域、跨省区的大型调水工程水源地及其调水线路,省内重要的饮用水源地。功能区水质标准执行《地表水环境质量标准》(GB 3838—2002)Ⅰ、Ⅱ类水质标准或用水区域内用水功能相应的水质标准。

(4)对典型生态、自然生境保护具有重要意义的水域。执行对该类保护区议定的水量、水质指标。

2.缓冲区

缓冲区指为协调省际间、矛盾突出的地区间用水关系,协调内河功能区划与海洋功能区划关系,以及在保护区与开发利用区相接时,为满足保护区水质要求需划定的水域。功能区划分指标包括跨界区域及相邻功能区间水质差异程度。

划区条件:跨省、自治区、直辖市行政区域河流、湖泊的边界水域,省际边界河流、湖泊的边界附近水域,用水矛盾突出地区之间水域。

功能区水质标准:按实际需要执行相关水质标准或按现状控制。

3.开发利用区

开发利用区主要指具有满足工农业生产、城镇生活、渔业、游乐和净化水体污染等多种需水要求的水域和水污染控制、治理的重点水域。功能区划分指标包括水资源开发利用程度、产值、人口、水质及排污状况等。

划区条件:取(排)水口较集中,取(排)水量较大的水域(如流域内重要城市河段、具有一定灌溉用水量和渔业用水要求的水域等)。

功能区水质标准:按二级区划分类分别执行相应的水质标准。

4. 保留区

保留区指目前开发利用程度不高,为今后开发利用和保护水资源而预留的水域。该区内水资源应维持现状不遭破坏。功能区划分指标包括水资源开发利用程度、产值、人口、水量、水质等。

划区条件:受人类活动影响较少,水资源开发利用程度较低的水域;目前不具备开发条件的水域;考虑到可持续发展的需要,为今后的发展预留的水域。

功能区水质标准:按现状水质类别控制。

(五)水功能二级区分类及划分指标

1. 饮用水水源区

饮用水水源区指城镇生活用水需要的水域。功能区划分指标:人口、取水总量、取水口分布等。

划区条件:已有的城市生活用水取水口分布较集中的水域,或在规划水平年内城市发展设置的供水水源区;每个用水户取水量需符合水行政主管部门实施取水许可制度的细则规定。

功能区水质标准:根据需要分别执行《地表水环境质量标准》(GB 3838—2002)Ⅱ、Ⅲ类水质标准。

2. 工业用水区

工业用水区指城镇工业用水需要的水域。功能区划分指标:工业产值、取水总量、取水口分布等。

划区条件:现有的或规划水平年内需设置的工矿企业生产用水取水点集中的水域,每个用水户取水量需符合水行政主管部门实施取水许可制度的细则规定。

功能区水质标准:执行《地表水环境质量标准》(GB 3838—2002)Ⅳ类标准。

3. 农业用水区

农业用水区指农业灌溉用水需要的水域。功能区划分指标:灌区面积、取水总量、取水口分布等。

划区条件:已有的或规划水平年内需要设置的农业灌溉用水取水点集中的水域,每个用水户取水量需符合水行政主管部门实施取水许可制度的细则规定。

功能区水质标准:执行《地表水环境质量标准》(GB 3838—2002)Ⅴ类标准。

4. 渔业用水区

渔业用水区指具有鱼、虾、蟹、贝类产卵场、索饵场、越冬场及洄游通道功能的水域,养殖鱼、虾、蟹、贝、藻类等水生动植物的水域。功能区划分指标:渔业生产条件及生产状况。

划区条件:具有一定规模的主要经济鱼类的产卵场、索饵场、洄游通道,历史悠久或新辟人工放养和保护的渔业水域;水文条件良好,水交换畅通;有合适的地形、底质。

功能区水质标准:执行《渔业水质标准》(GB 11607—89),并可参照《地表水环境质量标准》(GB 3838—2002)Ⅱ~Ⅲ类水质标准。

5. 景观娱乐用水区

景观娱乐用水区指以景观、疗养、度假和娱乐需要为目的的水域。功能区划分指标:景观娱乐类型及规模。

划区条件:休闲、度假、娱乐、运动场所涉及的水域,水上运动场,风景名胜区所涉及的水域。

功能区水质标准:执行《景观娱乐用水水质标准》(GB 12941—91),并可参照《地表水环境质量标准》(GB 3838—2002)Ⅲ~Ⅳ类标准。

6. 过渡区

过渡区指为使水质要求有差异的相邻功能区顺利衔接而划定的区域。功能区划分指标:水质与水量。

划区条件:下游用水要求高于上游水质状况;有双向水流的水域,且水质要求不同的相邻功能区之间。

功能区水质标准:按出流断面水质达到相邻功能区的水质要求选择相应的水质控制标准。

7. 排污控制区

排污控制区指接纳生活、生产废污水比较集中,所接纳的废污水对水环境无重大不利影响的区域。功能区划分指标:排污量、排污口分布。

划区条件:接纳废水中污染物可稀释降解,水域的稀释自净能力较强,其水文、生态特性适宜于作为排污区。

功能区水质标准:按出流断面水质达到相邻功能区的水质要求选择相应的水质控制标准。

二、水功能区划分的程序

水功能区划分按下列程序进行:

(1)按水资源分区进行一级水功能区划分;

(2)在一级水功能区的开发利用区内进行二级水功能区划分;

(3)在按分区进行水功能区划分的基础上编制流域(区域)水功能区划报告;

(4)将流域(区域)水功能区划报告送审报批。

水功能区划分工作程序流程,可用图7-4表示。

三、水功能区划分的方法

(一)一级功能区划分的方法

1. 资料收集

根据功能区分类指标要求,按省级行政区收集流域内有关资料,主要应包括以下几类。

(1)基础资料。流域水系图、流域水资源基本状况等。

(2)划分保护区所需的资料。①国家级和地方级自然保护区的名称、地点、范围、保护区类型、主要保护对象、保护区等级和主管部门;②河流主要水系长度、水文和水质等基本数据;③大型调水水源工程水源地的位置、范围、调水规模、供水任务等。

(3)划分缓冲区所需资料。①跨省区河流、湖泊的取排水量,以及离省(区)界最近的取水口和排污口的位置;②省际边界河流、湖泊取排水量;③地区之间水污染纠纷突出的河流、湖泊;④水污染纠纷事件发生地点、纠纷起因、解决办法、结果等。

(4)划分开发利用区和保留区所需资料:①区划水域的水质资料、排污资料等;②基准年的产值,非农业人口,工业及生活取水量和主要水源地(河流、湖泊、水库)的统计资料;③规划水平年的产值,非农业人口,工业及生活取水量的预测资料,流域水资源利用分区资料;

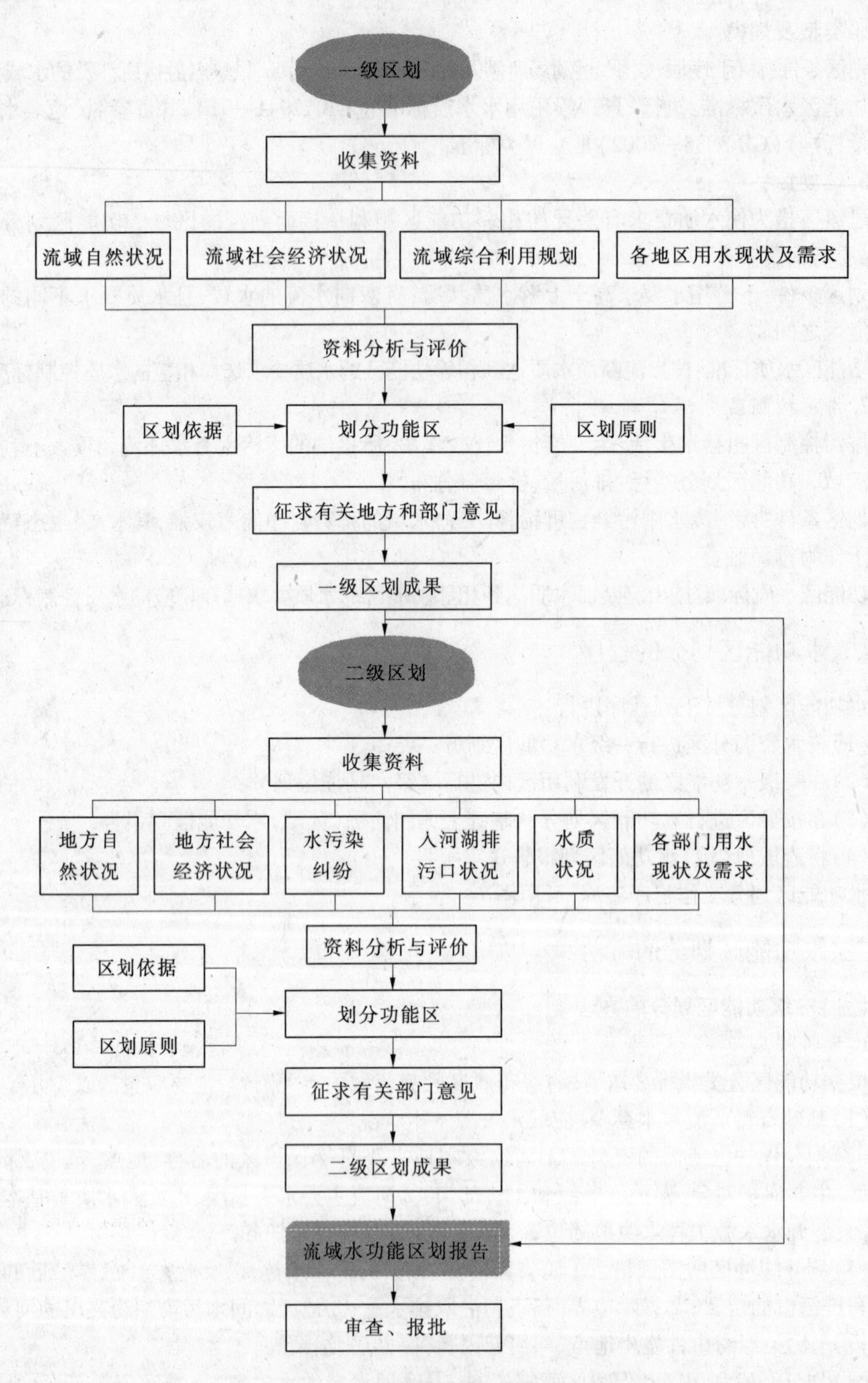

图 7-4　水功能区划分工作程序流程

④排污（包括排污量及集中退水地点）等反映开发利用程度的资料。

上述资料应在选定的水资源利用分区单元内，以县级以上（含县级）行政区为单元分别统计，大城市所辖郊县的数据不计在内。

2. 资料分析与评价

资料分析与评价包括以下内容。

（1）保护区。通过资料分析，分别确定涉及区划水域的省级以上（含省级）自然保护区和地县级自然保护区。根据主要水系确定需要建立源头水保护区的主要河流。

（2）缓冲区。通过资料分析，确定省际边界水域、跨省区水域的具体位置和范围，结合水污染纠纷事件分析，确定行政区之间水污染纠纷突出的水域。

（3）开发利用区和保留区。通过资料分析评价，划分开发利用程度。开发利用程度高低的标准，可通过对产值、非农业人口、取水量、排污量等项指标的分析测算来确定。每一单项指标确定一个限额，任一单项指标超过限额，均可视为开发利用程度较高，限额以下则为开发利用程度较低。限额的确定方法是将各城市的各项指标分别从大到小依次排列，每一单项顺序累加，当第 n 个值对应的累加结果超过统计单元相应指标累加总和的50%（具体百分数各流域可根据管理的实际需要确定）时，则可将第 n 个值确定为该单项指标的限额。

由于流域内地区经济发展不平衡，为了适应不同地区开发利用和管理的需要，同一流域内，应按水资源利用分区范围，划分成若干独立的统计单元，分别排序。具体采用哪一级分区作为统计单元，可根据各流域的具体情况决定。

3. 功能区划分

功能区的划分采取以下步骤：首先划定保护区，然后划定缓冲区和开发利用区，其余的水域基本可划为保留区。各功能区划分的具体方法如下。

（1）保护区的划分。自然保护区应按选定的国家和省级自然保护区所涉及的水域范围划定。源头水保护区可划在重要河流上游的第一个城镇或第一个水文站以上未受人类开发利用的河段，也可根据流域综合利用规划中划分的源头河段或习惯规定的源头河段划定。

跨流域、跨省及省内大型调水工程水源地应将其水域划为保护区。

（2）缓冲区的划分。跨省水域和省际边界水域可划为缓冲区。省区之间水质要求差异大时，划分缓冲区范围应较大，省区之间水质要求差异小，缓冲区范围应较小。缓冲区范围可根据水体的自净能力确定。依据上游排污影响下游水质的程度，缓冲区长度的比例划分可为省界上游占2/3，省界下游占1/3，以减轻上游排污对下游的影响。在潮汐河段，缓冲区长度的比例划分可按上下游各占一半划定。在省际边界水域，矛盾突出地区，应根据需要参照交界的长度划分缓冲区范围。

缓冲区的范围也可由流域机构与有关省区共同商定。

（3）开发利用区的划分。以现状为基础，考虑发展的需要，将任一单项指标在限额以上的城市涉及的水域中用水较为集中、用水量较大的区域划定为开发利用区。根据需要其主要退水区也应划入开发利用区。区界的划分应尽量与行政区界或监测断面一致。对于远离城区，水质受开发利用影响较小，仅具有农业用水功能的水域，可不划为开发利用区。

（4）保留区的划分。除保护区、缓冲区、开发利用区外，其他开发利用程度不高的水域均可划为保留区。地县级自然保护区涉及的水域应划为保留区。

（二）二级功能区划分的方法

1. 资料收集

根据功能区分类指标要求，在一级区划确定的开发利用区范围内收集有关的资料。

（1）基本资料。①开发利用区水域图；②水域水质监测资料。

（2）划分饮用水水源区所需的资料。①现有城市生活用水取水口的位置、取水能力；②规划水平年内新增生活用水的取水地点及规模。

（3）划分工业用水区所需资料。①现有工矿企业生产用水取水口的位置、取水能力、供水对象；②规划水平年内新增工业用水的取水地点及规模。

（4）划分农业用水区所需资料。①现有农业灌溉取水口的位置、取水能力、灌溉面积；②规划水平年内新增农业灌溉用水的取水地点及规模。

（5）划分渔业用水区所需资料。①鱼类重要产卵场、栖息地的位置及范围；②水产养殖场的位置、范围和规模。

（6）划分景观娱乐用水区所需资料。①风景名胜的名称、涉及水域的位置、范围；②现有休闲、度假、娱乐、运动场所的名称、规模、涉及水域的位置、范围。

（7）划分排污控制区所需资料。①现有排污口的位置、排放污水量及主要污染物量；②规划水平年内排污口位置的变化情况。

划分过渡区可利用以上收集的资料。

2. 资料分析与评价

（1）水质评价。应根据开发利用区的水质监测资料，按《地表水环境质量标准》（GB 3838—2002）对水质现状进行评价，部分特殊指标应参照有关标准进行评价。

（2）取排水口资料分析与评价。应根据统计资料和规划资料，结合当地水利部门取水许可实施细则规定的取水限额标准，确定开发利用区内主要的生活、工业和农业取水口，以及污水排放口，并在地理底图中标明其位置。对于零星散布的取水口应根据其取水量在当地同行业取水总量中所占比重等因素评价其重要性。

（3）渔业用水区资料分析。应根据资料分析，找出鱼类重要产卵场、栖息地和重要的水产养殖场，并在地理底图中标明其位置。

（4）景观娱乐用水区资料分析。根据资料分析，确定当地重要的风景名胜、度假、娱乐和运动场所涉及的水域，并在地理底图中标明其位置。

3. 功能区划分

（1）饮用水水源区的划分。应根据已建生活取水口的布局状况，结合规划水平年内生活用水发展需求，尽量选择开发利用区上段或受开发利用影响较小的水域，生活取水口设置相对集中的水域。在划分饮用水水源区时，应将取水口附近的水源保护区涉及的水域一并划入。对于零星分布的一般生活取水口，可不单独划分为饮用水水源区，但对特别重要的取水口，则应根据需要单独划区。

（2）工、农业用水区的划分。应根据工、农业取水口的分布现状，结合规划水平年内工、农业用水发展要求，将工业取水口和农业取水口较为集中的水域划为工业用水区和农业用水区。

（3）排污控制区的划分。对于排污口较为集中，且位于开发利用区下段或对其他用水影响不大的水域，可根据需要划分排污控制区。对排污控制区的设置应从严控制，分区范围不宜过大。

(4)渔业用水和景观娱乐用水区的划分。应根据现状实际涉及的水域范围,结合发展规划要求划分相应的用水区。

(5)过渡区的划分。应根据两个相邻功能区的用水要求确定过渡区的设置。低功能区对高功能区的水质影响较大时,以能恢复到高功能区水质标准要求来确定过渡区的长度。具体范围可根据实际情况决定,必要时可按目标水域纳污能力计算其范围。为减小开发利用区对下游水质的影响,根据需要,可在开发利用区的末端设置过渡区。

(6)两岸分别设置功能区的划分。对于水质难以达到全断面均匀混合的大江大河,当两岸对用水要求不同时,应以河流中心线为界,根据需要在两岸分别划区。

第三节　水资源保护规划

水资源保护包括水资源数量保护和质量保护两个方面,也就是说,通过行政、经济、法律、科技方法和手段保护水资源的质量与数量,防止水流堵塞、水源枯竭、水土流失、水体污染,以满足社会经济发展的需要。自然界的水资源在被人类开发利用中如不加以保护,就会产生各种环境问题。如过量开采地下水会引起干旱和荒漠化、地面沉降、海水入侵等环境问题;水体污染则导致农作物死亡和减产、农田土壤盐碱化、工业产品质量下降等一系列问题。同时,人类在进行其他社会活动中也必须注意对水资源的保护,以免造成不良的水环境问题。水环境质量的恶化,导致了可利用水资源的进一步减少和水资源供需矛盾的加剧。水污染严重和水资源短缺已成为实现我国可持续发展的两大障碍。因此,保护水资源是非常必要的。

水资源保护的目标就是通过采取一定的方法和措施,在维持水资源的水文、生物、化学等方面的自然功能,维护和改善生态环境的前提下,合理充分地利用水资源,使得经济建设与水资源保护同步进行,以实现可持续发展。

随着工业和城市的发展,水体污染越来越严重,加剧了水资源的供需矛盾,各国纷纷采取防止水污染、保护水资源的措施,包括颁布法令、设立管理机构,制定水质标准、制定统一规划的原则,实施综合的防治措施等。严重的水环境问题使人们认识到孤立的、局部的治理技术与措施解决不了社会性和综合性的区域水污染问题。近年来,将系统分析技术应用于水资源保护,据此制定水资源保护规划,由单项治理转向综合防治,已成为现代水资源保护事业的标志。

水资源保护规划就是在水环境系统分析的基础上,合理地确定水体功能,进而对水资源的开发、供给、使用、处理、排放等各个环节作出统筹安排和决策。水资源保护规划包括两个有机部分:一是水质控制规划,二是水资源利用规划。前者以实现水体功能要求为目的,是水资源保护规划的基础;后者强调水资源的合理利用和水环境的保护,它以满足经济和社会发展的需要为宗旨。

一、水资源保护规划的目的和意义

水资源保护规划的目的在于保护水质,合理地利用水资源,通过规划提出各种治理措施与途径,使水质不受污染,从而保证满足水体的主要功能对水质的要求,并合理地、充分地发挥水体的多功能作用。依据社会经济发展规划和水资源综合利用规划,科学合理地编制水资源保护规划,对保证水资源的永续利用和实现经济社会的可持续发展,以及为经济社会发展的宏观决策和水资源统一管理与合理利用提供科学依据，具有重要意义。

20世纪80年代中期，原水利电力部会同城乡建设环境保护部首次组织编制了全国七大流域的水资源保护规划。该规划的基本思想、方案和结论，作为流域开展水资源保护工作的主要依据，对流域水资源保护起到了积极作用。随着流域社会经济的快速发展，污废水排放量急剧增加，江河水质恶化的趋势没有得到有效遏制，水污染事故和省际间、地区间水事纠纷频频发生。原规划的目标、措施已不能适应流域综合利用总体规划的要求，亟待制定新的水资源保护规划。制定水资源保护规划是发展的需要、战略的需要。没有水，就没有可持续发展。早在20世纪70年代，联合国就发出了水情警报，然而，近30年全球缺水仍在继续恶化，能否摆脱淡水危机，对人类来说是一场关系生死存亡的大事。解决淡水危机的主要途径是开源节流。一方面，想办法开发一切可能开发的水资源，如跨流域（区域）调水与海水淡化等；另一方面，要节省一切可以节约的淡水，科学管水、科学用水。水资源保护规划是今后10年、20年与一段时间内科学管水、用水和保护水的指南，也是依法行使对水资源水质、水量统一管理行政权利的依据和基础。水资源保护规划是现代水资源保护事业的需要。目前，各国对付水污染的行政措施有：颁布法令，设立管理机构，采取某些工程措施，制定水质标准，制定统一规划，大量拨款实施综合防治工程技术措施。其中"统一规划"是从个别治理转向综合防治的转折点，是现代水资源保护事业的标志，因为人们逐步认识到那种孤立的、局部的治理技术和措施解决不了社会性、综合性的区域环境污染问题。近年来，系统工程和系统分析技术的发展并应用于水污染控制领域，正是这种系统的观点，给水资源保护带来了根本性的变化。如水质水量统一管理，上下游、左右岸、地表和地下、行政区间、行业间、不同用途间的统一管理，城市、农村、陆地、点源、面源水污染的综合治理等。划分水功能区、制定水资源保护规划成了解决水环境问题的基础。

二、水资源保护规划的指导思想

水资源保护规划的指导思想是：与水资源综合利用规划相协调，贯彻经济社会可持续发展的战略思想，体现和反映经济社会发展对水资源保护的新要求，为宏观决策和水资源系统管理提供科学依据。具体内容有以下几个方面：

（1）以可持续发展战略作为指导思想，贯彻国家有关经济建设、社会发展与水资源合理开发利用、水资源保护及污染防治协调、发展的方针。

（2）贯彻"防治结合，预防为主"的方针，对于已经受污染的水资源，应尽快着手治理，对于尚未受污染或污染尚不严重的水体，则应加强保护措施。

（3）特别重视水资源的合理开发与利用，要把节水、污水资源化及开发跨流域（区域）引水工程结合起来，作为长期的重大战略措施。

（4）规划中确定的水功能区，既要考虑近期要求，也要考虑到中长期的要求，还应根据经济社会支撑能力，对水资源保护措施作出相应的分阶段优化规划方案与实施计划。

（5）水资源保护规划既要研究、总结、吸收国外水资源保护的基本经验和先进技术，又要突出考虑本地的实际情况和条件，以便确定技术上行之有效、经济上适宜的规划方案与对策措施。

（6）对于工业废水污染，应注重强调源头控制，持续开展清洁生产，实施废物减量化和生产全过程控制，达到节水、减污的目的，并与厂外集中处理相结合，实现入河排污口的优化布置。

(7)规划中应高度重视农村水资源的保护,特别是那些位于重要饮用水源地的农村污染源。对化肥农药、畜禽排泄物、乡镇企业废水及村镇生活污水等应采取有效措施进行控制、处理及利用,实现农村生态的良性循环。

三、水资源保护规划的基本原则

(一)可持续发展原则

水资源保护规划应与流域水资源开发利用规划及社会经济发展规划相协调,并根据规划水体的环境承受能力,科学合理地开发利用水资源,并留有余地,以保护当代和后代赖以生存的水环境,维持水资源的永续利用,促进经济社会的可持续发展。

(二)全面规划、统筹兼顾、突出重点的原则

水资源保护规划是将水系内干流、支流、湖泊、水库以及地下水作为一个大系统,充分考虑河流上下游、左右岸,省(区)际间,湖泊、水库的不同水域,以及远、近期经济社会发展对水资源保护规划的要求进行全面规划。坚持水资源开发利用与保护并重的原则。统筹兼顾流域、区域水资源综合开发利用和经济社会发展规划。对于城镇集中饮用水水源地保护等重点问题,在规划中应体现优先保护的原则。

(三)水质与水量统一规划、水资源与生态保护相结合的原则

水质与水量是水资源的两个基本属性。水资源保护规划的水质保护与水量密切相关。规划中将水质与水量统一考虑,是水资源的开发利用与保护辩证统一关系的体现。在水资源保护规划中应从水污染的季节性变化、地域分布的差异、设计流量的确定、最小生态环境需水量、入河污染物总量控制指标等方面反映水质和水量的规划成果,还应考虑涵养水源,防止水资源枯竭、生态环境恶化等方面的因素。

(四)地表水与地下水统一规划的原则

在水资源系统中,地表水与地下水是紧密相连的,水资源保护规划应注意地表水与地下水相统一,为水资源的全面统一管理提供决策依据。

(五)突出与便于水资源保护监督管理的原则

水资源保护监督管理是水资源保护工作的重要方面,规划方案应实用可行,操作性强,行之有效,重点突出水资源保护监督管理措施,以利于水资源保护规划的实施。

四、水资源保护规划的分类

水资源保护规划是水资源开发、利用、管理工作的一个组成部分。它是在现在或将来,流域(区域)开发至各不同阶段,为保护区域内水资源达到一定目标或水质标准而采取的方法或措施。其最终目的是,在达到水质要求的基础上,寻求最小(或较小)的经济代价或最大(或较大)的经济效益。

(一)按规划的层次分类

按照规划的层次,可以将水资源保护规划划分为流域规划、区域规划和设施规划。一般来说,规划的层次越高,其规模就越大,所涉及的因素也越多,技术也越复杂。

(1)流域规划。流域规划的任务是在一个流域范围内确定水资源保护的战略目标,包括环境质量目标和经济目标。流域规划的主要内容是在流域范围内协调各个重点污染源之

间的关系，以保证流域范围内的各个河段和支流满足水质要求。流域规划的结果可以作为各个污染源进行排放总量控制的依据，是区域规划和设施规划的基础，是高层次的规划。

（2）区域规划。区域规划是指流域内具有复杂的污染源的城市或工业区的水资源保护规划，区域规划是在流域规划的指导下进行的，其目的是将流域规划的结果和排放总量分配给各个污染源，并为此制订具体的、可执行的方案。区域规划既要满足上层规划对该区域的限制，又要为下一层的规划提供依据。

（3）设施规划。设施规划的目的是按照区域规划的结果，提出合理的污水处理设施，预设的污水处理设施，既要满足污水处理效率的要求，又要使污水处理的费用最低。污水处理设施规划是为维持和改善河流水质，对污水处理设施所做出的规划。规划中应调查已有的污水处理设施和估算各种废水处理与处置方案；然后根据环境、社会和经济的综合因素，选择一个投入费用最小、收益最大的方案。

（二）按不同水体分类

（1）河流水资源保护规划。以河流为规划整体，对全河流所提出的分段水资源保护规划。

（2）河段水资源保护规划。对河流中污染最严重或有特殊要求的河段，在河流水资源保护规划的指导下进行河段水资源保护规划。

（3）湖泊水资源保护规划。根据湖泊水体现状和要求，对湖泊分块功能等方面所提出的水资源保护规划。

五、水资源保护规划的水平年、目标和指标

（一）规划水平年

考虑到规划成果的客观性、规划目标的可行性、实施规划的现实性和资料索取的方便，规划基准年一般取为较近年份，以便较完整地获取有关规划资料，同时又可反映与水资源保护规划有关的最新状况；规划近期水平年和规划远期水平年，主要考虑规划是为适应国民经济和社会发展需要编制的，规划水平年和国家建设计划及长远规划年份一致，将有利于规划的实施。为了与国家近期建设计划相衔接，规划提出了相应目标和成果要求。此外也考虑水环境变化的滞后性和缓慢性，目前环境变化的作用源主因是人类活动，但是人类活动作用到环境，一般环境不是立即引起急骤变化，由于环境容量的影响使作用源的效应滞后，而且变化较缓慢。如果规划水平年距基准年过近，会使水环境变化效应显现不出来，缺乏对规划效应的评判。

（二）规划目标

规划目标包括近期目标和远期目标。近期目标要具体可行、便于操作、易于实现，具体为使得饮用水水源地水质达到国家标准，重要的和易达标的水功能区水质达到功能区水质标准。远期目标使各功能区水质达到各功能区水质标准。为了与国家建设计划相衔接，在现状年和近期水平年之间应插入相应的水资源保护要求与目标。

水资源保护的基本目标用各功能区的水质控制类别来表达。落实到各水平年则用主要控制指标的浓度值来表示。目标值确定中应依据不降低现状水质指标的原则。

（三）规划指标

根据全国各地排污状况和水质污染特点，化学需氧量（COD）和氨氮（NH_3-N）一般均为应突出的超标污染物，同时，该两项指标也是最常规的检测项目。因此，规划统一采用化

学需氧量、氨氮作为污染物必控指标和汇总指标。考虑到某些湖库已存在明显富营养化的情况,也应从反映富营养化的指标(TN、TP、叶绿素等)中选择污染物控制指标。

由于各种情况千差万别,水体污染也存在明显的差异,因此在规划时应认真分析排污状况和水质污染特点,找出反映该地水体污染特性的突出指标,对某些受特殊污染物影响的河流水系,可考虑增加当地指标作为污染物控制指标。增加哪个指标及数量均不作具体限制,但国家统一规定的控制指标必须作为规划指标。

六、制定水资源保护规划的步骤

制定水资源保护规划的主要步骤可概括如下:

(1)分析并提出水环境问题。包括水质、水量、水资源利用等方面的问题,进而查清这些问题的根源所在。

(2)确定水环境目标。根据社会经济发展的要求,充分考虑客观条件,从水质和水量两个方面拟订目标,做出水环境功能的分区。

(3)拟订措施。可供考虑的措施有调整经济结构和布局、提高水资源利用率、增加污水处理设施等。

(4)将各种措施结合起来,提出可供选择的实施方案。即在评价、优化的基础上提供决策选择的方案。

七、水资源保护规划的内容

现代水资源保护规划包括水功能区划、地表水与地下水资源保护规划、集中式饮用水水源地水资源保护规划、水资源保护监测规划以及与水相关的生态环境修复与保护等部分。

(一)水功能区划

水功能区划是根据水资源的自然条件、功能要求、开发利用状况和经济社会发展需要,将水域按其主导功能划分为不同的区域,确定其质量标准,以满足水资源合理开发和有效保护的需求,为科学管理提供依据。

我国水功能区划分采用两级体系即一级区划和二级区划。一级区划宏观上解决水资源开发利用与保护的问题,主要协调地区间关系,并考虑发展的需求;二级区划主要协调用水部门之间的关系。

(二)地表水资源保护规划

针对规划范围内地表水资源的不同功能区开展相应规划工作。

1.开发利用区

1)内容

针对开发利用区的各二级水功能区计算水体纳污能力,依规划目标确定不同水平年功能区水质目标值,提出控制排放量,以现状(基准年)纳污量为基础分别计算各二级功能区至各水平年年污染物削减总量,并依具体情况将削减总量分配至功能区的主要入河排污口。提出水资源保护对策措施。

2)说明

该区多为人口密集、产业发达、排污集中的城镇附近水域,是水资源保护的重点,也是规划的重点。水资源保护的重心是按水功能区水量、水质要求对现有污染进行治理和削减,基于国家污染物总量控制的要求（即实际污染源的动态变化应符合总量控制的要求）和现状污染已很严重的现实，削减量的计算中必须进行污染源的预测。

2. 保护区

1）内容

根据保护区要求和规划总体目标提出各保护区代表断面水质目标值，进行水质现状评价，对现状纳污量进行统计。根据国家及地方有关法规、标准提出按现状纳污量进行污染物控制的对策措施，其中属于集中式饮用水水源地的规划内容，按集中式饮用水水源地保护规划要求进行。

2）说明

保护区是对河流源头、自然生态、跨区域调水保护具体重要意义的水域，一般水质较好，按现状纳污量控制。

3. 保留区

1）内容

进行现状水质评价，按现状水质状况提出水质控制目标值，对现状入河排污口的污染物排放量进行统计，提出按现状排放量进行排污控制的对策措施。

2）说明

保留区是现状开发利用程度较低、污染轻、水质较好并作为后期资源开发利用的预留水域，该区的保护目标是维持现状，不遭破坏。

4. 缓冲区

1）内容

进行现状水质评价，按上下游水功能区要求确定缓冲区入流断面、出口断面、代表断面的水质控制目标值，以此目标值和现状水质状况分析缓冲区是否达到要求，如达到要求，即提出缓冲区按现状控制的对策措施；如达不到要求，应分析缓冲区位置及范围、上游水功能及水质要求、缓冲区内排污等原因，并据此提出缓冲区达到功能要求的方案和对策措施。

2）说明

缓冲区是为协调省界间矛盾突出地区间的用水关系，以及保护区和开发利用区衔接时，为满足保护区水质要求而划定的水域。其水质状况差别较大，情况较为复杂，因此应分不同情况分别处理。

（三）地下水资源保护规划

规划的主要任务是了解区域水文地质及规划区水文地质条件；调查规划区地下水开发利用情况；简要进行地下水资源量评价；调查超采区出现的环境地质问题；划分超采区，制定控制超采的合理开发利用对策措施；进行地下水水质现状评价；确定污染物，追溯污染源，分析污染途径及污染原因；制定污染防治对策措施；制定监测监督管理措施。

（四）集中式饮用水水源地水资源保护规划

集中式饮用水水源地主要为湖库，一部分为河道，个别为地下水。由于一些地区在水源地保护方面已做了一些规划工作，本项规划应充分收集和利用这些已有成果，并注意与颁布的水源地保护规划的衔接。

规划内容：水质现状评价，污染源现状调查评价，拟定水源地各级保护区和水质目标，提出保护区点污染源（必要时可考虑面污染源）的削减方案，根据国家、地方水源地保护有关法规、标准、条例等提出保护对策措施。

(五)水资源保护监测规划

水资源保护监测规划的内容是:从水功能区管理、入河排污口管理、省界断面管理的要求出发,提出各类各级监测断面布设的位置、监测项目、监测频次,拟定实施计划,并测算相应的监测费用。

(六)与水相关的生态环境修复与保护

(1)根据规划需水预测、供水预测及水资源配置等相关部分的分析成果,对由于水资源的不合理开发利用以及不恰当的水事行为造成的与水相关的生态环境问题的地区,应研究相应的对策措施,逐步修复生态环境。对其他地区要研究预防、监督与保护的对策。

(2)对现状用水超过当地水资源承载能力,导致生态环境严重恶化的地区,要研究生态环境用水,提出包括生态环境用水在内的水资源配置方案,从而在满足生活、生产用水的条件下,对生态环境用水作出总体安排。根据生态环境用水研究成果制定与水相关的生态环境保护的对策措施,改善生态环境;提出修复生态环境的工程措施和非工程措施。

(3)分析研究造成河道断流(干涸)、湖泊与湿地萎缩的原因,提出解决此类生态环境问题的方案,制定对策措施,如河流上下游多水库联合调度、增加河道内用水量等。

(4)分析研究增加河流下游流量的配置方案,以及地表水与地下水的联合调度方案,控制地下水水位在一个合理的水平上,既不产生荒漠化,又不产生次生盐渍化等生态环境问题,提出解决河流下游天然林草枯萎、荒漠化、次生盐渍化等生态环境问题的对策措施。

第四节　水资源保护管理

水资源保护管理,从广义上讲,应该涉及地表水和地下水水量与水质的保护管理两个方面。也就是通过行政的、法律的、经济的和技术的手段,合理开发、管理和利用水资源,保护水资源的质、量供应,防止水污染、水源枯竭、水流阻塞和水土流失,以满足社会实现经济可持续发展对淡水资源的需求。在水量方面,应全面规划、统筹兼顾、综合利用、追求效益、发挥水资源的多种功能,注意避免水源枯竭,过量开采。同时,也要顾及环境保护要求和改善生态环境的需要。在水质方面,应防治污染和其他公害,维持水质良好状态。实现水资源的合理利用与科学管理,必须减少和消除有害物质进入水环境,加强对水污染防治的监督和管理。

一、水资源保护管理的任务与内容

水资源保护管理是环境保护工作的重要组成部分,水资源保护的关键在于管理,只有加强管理,才能更有效地利用人力、物力和时间这些要素,多快好省地解决环境问题。

水资源保护管理着力于对损害水环境质量的活动施加影响,协调发展与环境的关系,并以环境制约生产。但其核心问题是遵循生态规律与经济规律,正确处理发展与保护水资源的关系。环境是发展的物质基础,又是发展的制约条件,发展可能为水环境带来污染和破坏,但水环境质量改善和保护也只有在经济技术发展的基础上才能得以实现。在发展与环境的关系中,发展是主要方面。所以,水资源保护管理的实质是影响人类的行为,使人类的行为不致对水环境产生污染和破坏,以求维护水环境质量。

水资源保护管理要遵循预防为主、重在管理、综合治理、经济合理的原则。“预防”是水资源保护工作的核心。而防止水资源被破坏的最有效手段就是加强管理。近年来,城市人口的增长和工业生产的发展给许多城市水资源和水环境保护带来了很大的压力。农业生产的发展要求灌溉水量增加,这对农业节水和农业污染控制与治理提出了更高的要求。实现水资源的有序开发利用、保持水环境的良好状态是水资源保护管理的根本任务。具体内容如下:

①实行统一管理,有效合理地分配水资源,提高水资源的利用率。

②保护水资源、水质和水生态系统,加强各类水体污染源的监测与管理。

③实现地下水资源的可持续利用,消除次生的环境地质问题。

④保障城市生活、工业和农业生产的可持续用水,做到计划用水、节约用水,综合利用、讲求效益。

⑤提高水污染控制和污水处理的技术水平,充分运用水利工程的调节作用,合理调度,不断改善现有水质。

⑥强化气候变化对水资源的影响及其适应战略的研究,做好水质的预测预报工作。

⑦改革水资源管理体制并加强其能力建设。

⑧加大执法力度,实现以法治水和管水。

总之,水资源保护管理的内容应围绕控制人们可能会引起水资源在量上浪费或质上恶化的各种行为和活动而开展。对水量的保护管理应加强两方面的工作,一是防止不合理的开发造成的水资源枯竭和资源量下降。二是避免不合理的调配或无计划用水导致的可利用水资源量的减少。而水质的保护管理,一方面是要防止水体污染,另一方面是要改善现有水质。

二、水资源保护管理体制

(一)我国水资源保护管理体制与机构

长期以来,我国水资源保护管理较为混乱,水权分散,形成"多龙治水"的局面。例如,气象部门监测大气降水,水利部门负责地表水,地矿部门负责评价和开采地下水,城建部门的自来水公司负责城市用水,环保部门负责污水排放和处理,再加上众多厂矿企业的自备水源,致使水资源开发和利用各行其是。实际上,大气降水、地表水、地下水、土壤水以及废水、污水都不是孤立存在的,而是有着有机联系的、统一而相互转化的整体。简单地以水体存在方式或利用途径人为地分权管理,必然使水资源保护管理措施难以有力地贯彻实施,水资源的开发利用难以合理。管理分散、各自为政,就无法从政策、法规、规划、协调、监督等宏观上调节、控制与保护水资源,就会加剧水资源的危机,降低水资源的经济效益和生态效益。尤其对于中国这个国土辽阔、湖泊河流众多、水资源时空分布极不均匀的大国,没有一个强有力的水资源管理机构是不行的。尽管20世纪80年代以来,中国水资源统一管理工作有了较大进展,但由于起步晚,无论在理论上还是在实践上均缺少经验,有待今后开创探索。主要是要研究如何按《中华人民共和国水法》要求,建立健全统一管理与分级分部门管理相结合的符合中国国情的水资源管理体制。

水资源保护管理体制的完善和发展,既要服从水资源自然规律的需要,又要符合社会经济规律及不同时代的发展需要。还应有利于调动各单位、各部门及全体公民均能积极参与水资源保护管理工作。进入21世纪,中国水资源保护管理应进入一个高度统一、宏观与微观相结合、功能齐全、多目标多层次、全方位的现代化管理阶段。

水资源保护管理是水利部门与环保部门的共同任务。中华人民共和国水利部负责全国水资源统一管理和保护,各级地方人民政府的水行政主管部门也都承担着其管辖范围内水资源统一保护管理的职责。

水利部门在水环境监督管理方面起着不可替代的作用,并具有特有的基础和优势。

(1)江河、湖泊、水库、河道都有比较健全的管理机构,七大江河流域(长江、黄河、珠江、松花江和辽河、海河、淮河、太湖)都设有国家水利部、环保部双重领导的水资源保护局(办),各级水政水资源管理机构都具有水环境保护的职责,已经形成了比较健全的管理组织体系。

(2)大量水利工程发挥调节控制水源的作用。水库的调蓄作用和水库、水闸的调度运用,地表水与地下水联合调度,进行地下水回灌,跨流域引水补源等,对改善水质、保护水环境起着举足轻重的作用。

(3)水利系统有健全的水文监测体系,对水资源与水环境具有监测的职能,遍布全国各水系的水质观测站和地表水、地下水监测点,是监视水环境变化的耳目。

(4)水利部门有一支理论与实践相结合的水环境方面的技术队伍和科研力量。

(5)水环境保护管理必须根据不同的水体功能和用途,实施相应的标准和措施,而水体功能区的划分必须以水资源总体规划为基础,因此水体功能区的划分离不开水利部门。

(二)水资源保护管理机构的职能

所谓职能,是指人、事物或机构所应有的作用。水资源保护管理应起到规划、协调和监督三方面的作用。

按目前水资源保护的行政体系,各级水资源保护机构的职能如下。

1.水利部

负责全国水资源保护的统一管理,组织制定全国性的水资源保护法律法规并监督实施;编制全国水资源保护近期规划、长远规划及年度计划;组织全国性的水环境监测网络并实施管理;编制全国性的水资源质量年报及组织与水资源保护相关的科研等。

2.环保部

负责对全国环境保护工作实施统一监督管理,对七大流域机构进行业务指导及行业归口管理,组织各级环保部门对水体污染源实施监督管理,制定全国性的水环境质量标准及水污染排放标准,审批大型项目的环境影响报告书,督促各城市进行水环境综合整治等。

3.流域水资源保护机构

(1)贯彻执行国家环境保护的方针、政策和法规,协助草拟水系水体环境保护法规、条例。

(2)牵头组织水系干流所在省、自治区、直辖市的环境保护部门及水行政主管理部门制定水系干流的水体环境保护长远规划和年度计划,报水利部、环保部批准实施。

(3)协助环境保护主管部门审批在流域内修建的工业、交通等以及有关大中型水利工程对水体环境的影响报告书;协助各级环保主管部门监督检查新建、技术改造工程项目对水环境保护执行"三同时"的情况。

(4)监督管理不合理利用边滩、洲地,任意堆放有毒有害物质,向水体倾倒和排放废弃物质造成的污染和生态破坏。

(5)在全国环境监测网的指导下,按商定的统一监测方法和技术规定,组织协调各流域水体环境监测,掌握水质状况,提出流域水环境质量报告书。

(6)开展有关水系水体环境保护科研工作。

4. 省水行政主管部门

按流域规划的要求编制所在省水资源保护规划,并组织省辖城市的水资源保护规划以及负责规划的监督实施;督促所在地政府制定颁布水资源保护的有关法规、条例;参与地方水环境质量标准及水污染物排放标准的制定并监督实施;组织省内的水环境监测;配合流域机构实施水资源保护的流域化管理等。

5. 省环保部门

按流域水资源保护规划的要求参与编制地方规划中的工业污染源治理部分,负责所辖区域的水污染源的监督管理,督促省内城市的水环境综合整治,审批规定权限内的建设项目环评报告书等。

省以下水行政主管部门及环保部门按省级水利、环保部门的职责相应地负责各自区域的工作。此外,各级地矿、城建部门负责城市地下水的管理,航政部门对船舶污染实施监督管理。

三、水资源保护管理措施

为了实现水资源保护管理的任务和内容,确保水资源的合理开发利用、国民经济的可持续发展及人民生活水平的不断提高,必要的法律法规和技术等管理措施是非常重要的,也是非常关键的。

(一)加强水资源保护管理立法,实现水资源的统一管理

1. 设立行政管理机构

通过建立权威性机构,对水资源进行统一规划与管理。这些机构既是管理机构,又是权力机构。他们有权提出:①控制水污染的政策、法令与标准;②控制污染源的排放;③对各项政策及措施的实施进行监督与检查;④有的还在经济上具有独立性,必要时采取经济措施。这类行政管理机构一般建有国家级和区域级的二级机构。我国在水利部设立国家级水资源保护机构,各流域成立了相应的水资源保护局,为水资源保护工作发挥保证作用。

2. 制定政策、法令、法规

我国在水资源和水环境保护立法方面取得了巨大的进展。1973 年,国务院召开了第一次全国环境保护会议,研究、讨论了我国的环境问题,制定了《关于保护和改善环境的若干规定》。这是我国第一部关于环境保护的法规性文件。其中明文规定:保护江、河、湖、海、水库等水域,维持水质良好状态;严格管理和节约工业用水、农业用水和生活用水,合理开采地下水,防止水源枯竭和地面沉降;禁止向一切水域倾倒垃圾、废渣;排放污水必须符合国家规定的标准;严禁使用渗坑、裂隙、溶洞或稀释办法排放有毒有害废水,防止工业污水渗漏,确保地下水不受污染;严格保护饮用水源,逐步完善城市排水管网和污水净化设施。这些具体规定为我国后来的水资源保护管理措施与方法的实施奠定了基础。

我国水资源保护的政策是:科学规划、合理布局;节约用水,减少排污,积极推行污水资源化;实行人工处理与自然净化、单项与综合防治相结合的集中控制方针,并采用经济手段进行强制性控制,以达到保护水资源的目的。我国有关的水资源保护法规,除《中华人民共和国环境保护法》外,还有《中华人民共和国水污染防治法》、《中华人民共和国水法》、《中华人民共和国水土保持法》、《中华人民共和国河道管理条例》、《中华人民共和国海洋环境保护法》,以及《关于防治水污染技术政策的规定》、《取水许可制度实施办法》、《取水许可水质管理规定》、《饮用水水源保护区污染防治规定》、《建设项目环境保护管理办法》等。

3. 制定各项水质标准和排放标准

我国水环境标准制定起步较晚，为了保护水资源，防治水体污染，维持生态平衡及保障人民健康，我国已制订和颁布多种地面水水质标准（如地面水水质卫生标准、地面水环境质量标准等）及排放标准（如污水综合排放标准、医院污水排放标准等）。主要有《地表水环境质量标准》（GB 3838—2002）、《海水水质标准》（GB 3097—1997）、《生活饮用水卫生标准》（GB 5749—2006）、《渔业水质标准》（GB 11607—89）、《农田灌溉水质标准》（GB 5084—2005）、工业用水水质标准、地区水环境质量标准等。

水污染物排放标准是根据水环境质量要求结合水环境特点和社会经济技术条件，对污染源排入水环境的有害物质所作的控制性规定，一般以允许浓度或数量表示。我国目前的标准是浓度控制。水污染物排放标准有：《污水综合排放标准》（GB 8978—1996）和行业排放标准，如《轻工行业污染物排放标准》（GB 3544 ~ 3553—83）、《重工行业污染物排放标准》（GB 4911 ~ 4913—85）、《军化工业污染物排放标准》（GB 4274 ~ 4283—84）、《建材行业污染物排放标准》（GB 4915 ~ 4916—85）、《医院污水排放标准》（GBJ 48—83）等。

4. 实现水资源的统一管理

加强水资源管理，建立统一管理与分级、分部门管理相结合的管理制度，是《水法》的核心内容之一。水资源是以流域作为基本的自然单元，上下游、干支流构成一个有机的整体。为了实现合理地开发利用和调度配置水资源，有效地保护水资源，必须全面规划，统筹安排，统一管理。在《水法》第九条规定的管理体制中，所谓水资源统一管理，主要是对水资源所有权的管理，即产权管理；所谓水资源分部门管理，主要是指开发利用的管理，即产业管理。由于水资源是多功能的，它有灌溉、航运、发电、养殖、供水、游览、自然保护等多方面的功能，这些功能之间是相互联系的，因此农业、交通、电力、水产和有关工业部门都是水资源的开发利用管理部门。但是，分部门的开发利用管理，必须在水资源统一管理，也就是在统一规划、统一调度、统一发放取水许可证、统一征收水资源费、统一管理水量水质的前提下进行。

（二）预防和治理水土流失，保护并合理利用水土资源

我国由于特殊的自然地理条件和长期以来不合理的生产建设活动，导致了严重的水土流失和生态环境恶化。水土流失使土地沙化、石化、退化，加剧了水旱风沙灾害，成为我国经济社会可持续发展的制约因素。而我国人多地少、水资源十分紧缺的基本国情，决定了水土保持具有特别重要的意义。保持水土资源就是保护我们当代人和子孙后代的生存基础，关系到可持续发展战略的实施，因此必须依法加强水土保持，采取多种手段对水土流失地区实施综合治理。

为控制土壤冲刷，防止水土流失而采取的措施，称为水土保持措施。在流域产沙中，坡面泥沙是河流泥沙的主要来源，而沟道不仅是流域内径流泥沙的通道，而且是水力侵蚀和重力侵蚀集中发生的区域。坡面泥沙控制措施主要有生物措施、坡面工程措施和耕作措施。控制沟道径流泥沙的措施有沟头防护工程、谷坊、淤地坝、小水库等。

（三）节约用水，提高水资源的重复利用率

我国是世界上 13 个严重缺水的国家之一，淡水资源量仅为世界平均水平的 1/4。北方干旱缺水，城市缺水，已成为我国社会经济发展的重要制约因素之一。但是，不少地方在水资源使用过程中的浪费现象依然存在。主要体现在农业灌溉用水利用系数低，我国农业灌溉年用水量近 4 000 亿 m^3，占全国总用水量的 70% 以上，是用水大户。我国农业用水利用系数为 0.4 ~ 0.5，发达国家已达到 0.8，也就是说，同样的灌溉面积，我国的农业用水量是世界发达国家的 2 倍；工业用水定额大，我国工业万元产值用水量为 103 m^3，是发达国家的 10 ~ 20倍（日本为 6 m^3，美国为 9 m^3）。水资源重复利用率我国为 40%，而发达国家已达 80% ~ 85%；生活用水浪费，我国城市生活用水的近 20% 由于供水管网的跑、滴、漏以及种种浪费而白白流掉。

节约用水、提高水资源的重复利用率是克服水资源短缺的重要措施。工业、农业和城市生活用水均具有巨大的节水潜力。在节水方面，世界上一些发达国家日本、美国、德国等水的重复利用率都在 60% 以上，工业用水的重复利用次数（指水在重新回到水源之前，在厂内重复利用的次数）均达到 2 次以上。许多国家都把城市生活污水加以利用，如美国的一些地方对下水道污水进行科学处理后，用来灌溉农田和冲洗盐碱地，已取得了良好效果。由于长期缺水，以色列对污水净化和回收利用极为重视。1981 年以色列城市污水的重复利用率已达 30%，目前已提高到约 70%，其中大多数用于农田灌溉。

有关资料表明，在农业用水方面，世界各国的灌溉效率如能提高 10%，就能节省出可供应全球居民的生活用水量。据国际灌溉排水委员会的统计，灌溉水量的渗漏损失在经过未衬砌的渠道时可达 60%，一般也在 30% ~ 40%。采用传统的灌溉和浸灌方式，水的渗漏损失率高达 50% 左右。而现代化的滴灌和喷灌系统，水的利用效率可分别达到 90% 和 70% 以上。20 世纪 80 年代以来，以色列采用计算机控制的滴灌和喷灌系统，使农业用水减少了 30%。

对于工农业生产用水的问题，我国正在进行积极的改进工作。对农业用水，各地正以节水灌溉为重点进行灌区建设，以期提高灌溉用水的利用系数。对于工业用水，很多地方开始提倡清洁生产和污水资源化。目前，已着手将经处理的工业废水作为低质水源，用于火力发电厂的冷却水、炼铁高炉冷却水、石油化工企业中的一些敞开式循环水等。

（四）综合开发地下水和地表水资源

联合运用地下水和地表水是当前许多国家开发水资源的一项基本政策。地下水和地表水都参加水文循环，在自然条件下，它们相互转化。但是，过去在评价一个地区的水资源时，往往分别计算地表径流量和地下径流量，以二者之和作为该地区水资源的总量，造成了水量计算上的重复。有资料显示，由于这种转化关系，在一个地区开采地下水，可以使该地区的河川径流量减少 20% ~ 30%。所以，只有综合开发地下水和地表水，实现联合调度，才能合理而充分地利用水资源。

我国是一个降水量年内变化较大的国家，5 ~ 9 月的丰水期降雨量占全年总降水量的 70% ~ 80%，如何有效合理利用集中降雨季节的巨大的地表径流量成为解决水资源短缺问题的重要研究内容，各种先进、适用的集雨工程技术已在我国许多缺水地区得到了广泛应用。

习　题

1. 简述我国水环境标准体系。
2. 阐述我国地表水水域环境的标准分类及其功能。
3. 什么是水功能区划？
4. 水功能区划的原则是什么？
5. 水资源保护规划的内容主要有哪些？

第八章　水利水电工程开发对环境的影响

第一节　概　述

水资源危机与需水量日益增长的矛盾是区域乃至全球可持续发展的最大障碍。为解决由于水资源时空分布不均导致的洪涝、干旱等灾害以及工农业生产和居民生活用水困难问题，国内外都把水资源开发建设工程即水利水电工程作为主要手段。而水利水电工程开发建设会对自然环境产生巨大、深远与多方面的影响，人类正确地认识与对待这种影响也有一个过程。应该说，水利水电工程开发总是以兴利和改善环境条件为其目标，但这一初衷却往往未能得以实现或全部实现。有些水利水电工程由于对环境影响问题考虑不周或错误估计，结果使这些工程建设引发了一些不良的环境效应，影响了水利水电工程开发建设目标的实现，造成了不可预估的重大损失。从 20 世纪 60 年代末人们开始对环境问题有了更多、更深刻的考虑和认识，认识到每一个水利水电工程，不论地理位置、规模如何，都会对环境产生一定的影响，既可能是好的、有利的正效应，也可能是不好的、有害的负效应，或者两者兼而有之。在水利水电工程开发建设中应该同时考虑这两方面的影响，努力增加正效应，设法减小负效应；实现既开发利用水资源，又能改善、协调人类发展与水环境间的和谐关系，维持河流、湖泊的健康生命。

一、水利水电工程开发的环境效应

水利水电工程开发对环境的作用与影响的特点如下：一是主要通过工程的调控作用实现对环境的影响，二是通过对河流水文泥沙、水文情势的改变（包括量与过程）产生对环境的影响。一个水电开发建设项目的环境效应如何？其判别标准是看这个水电开发工程在建设、运用期间究竟是提高还是降低环境质量，每个水利水电工程的环境影响分析都应根据这一标准进行，并明确影响的性质。

（一）水利水电工程开发对环境的正效应

1. 提高抵御自然灾害的能力

防洪、治涝、灌溉、排水等水利工程可以提高抗御洪、涝、旱、碱等自然灾害的能力。这些水利工程通过调配水量，提高了抗灾标准，降低了灾害发生频率及范围，可以保障人们的生命财产、交通安全，提供了稳定的生产和生活环境。例如，长江三峡水利枢纽，是当今世界上最大的水利枢纽工程，是解决长江中下游严重洪水威胁的诸多综合措施中的一项关键性工程。工程建成后，长江荆江河段的防洪标准可由十年一遇提高到百年一遇，大大减轻了洪水对长江中下游地区的威胁。

2. 提供清洁能源，减轻能源污染

早在 2002 年的世界可持续发展高峰会议上，国际社会已经得出一致意见，充分肯定了水电的清洁可再生能源作用。水电因其开启灵便等特点，不仅可代替部分火电、核电，在电力系统中具有明显的调峰优点外，还可提高水资源的利用率而基本不改变水质，不排放污染物，改善空气的质量。从整体上看，水电的生态效益是不容置疑的。以溪洛渡水电站为例，该电站装机容量1 260万kW，多年平均年发电量571.2亿kWh，通过"西电东送"，每年可替代东部地区火电发电量约556亿kWh，相当于每年节约标准煤2 200万t。每年减少大气污染物排放量：二氧化碳排放量近4 000万t，二氧化硫排放量约40万t，烟尘排放量22万t，从而极大地减少了东部地区的大气环境压力。三峡工程与同等发电量的火电站比（年需标准煤3 200万t或原煤4 200万t），每年可少排二氧化硫100万～200万t，一氧化碳1万t，氮氧化物37万t和大量飘尘、降尘，水电的这种优势可见一斑。

3. 改善航运环境

随着大规模的水利水电工程开发，水库上游区域的航运条件将显著改善。随水位升高，河的宽度和深度增加，水流速度降低，某些不利航运的急流险滩将消失，通航河段的长度、宽度、吨位将增加。而且，通过水库调节削减洪峰，中等水位期将延长，枯水期的流量得到保证，从而使下游通航期延长，航运的保证率增加。如三峡工程完工后，上游河段的危险礁石和急流险滩消失，航道条件大大改善，万吨级船队直达重庆，同时下游荆江河段的航道条件改善，工程改善的航道里程为570～650 km。当然大坝也隔断河道上下游的联系，对过船、过木、过鱼都有一定的影响。

4. 改善生态环境，提高生态系统的生产力与自我恢复能力

1）改善局部地区气候

兴建大型水库一般可使局部地区气候向有利方向转变，如通过水体的调节作用，可使年平均气温改变，使极端最低气温升高、极端最高气温降低；还可提高库区及邻近地区的相对湿度，提高农作物和果树的产量，有利于当地库区周围农业的发展。例如，局部气候的改善对柑橘的越冬和增产是很有利的；局部灾害天气的减少也对农业、林业有利。

2）形成人工湿地

水利水电工程开发在一个流域上建设一个或多个水库。水库库区形成许多库湾，能够生长多种水生植物和动物，成为人工湿地，为动、植物提供了生存条件，增强了湿地生态系统的生产能力，改造某些虫害的发生基地，因此在库区和水库周边会增加多种适合湿地环境的动、植物物种，提高局部区域的生物多样性，增加水域的综合功能。

3）改善生态环境

在沙漠地区修建调水灌溉工程，通过农业灌溉，可以在一定程度上改善当地生态环境。例如在新疆塔里木和准噶尔盆地，一些内陆河流贯穿其间，盆地中为沙漠，四周分布戈壁和绿洲。由于该区域径流量在时、空分布上很不平衡，加之平时雨量稀少、蒸发量大，形成季节性缺水，特别是春旱严重。通过兴建水库、水电站、灌溉渠道，大大增加了灌溉面积。由于水利建设是农、林、牧等增产的关键，在这些地区，调水与灌溉工程等水利建设在一定程度上改造了比较恶劣的自然环境，创造了新的比较健全的生态系统。在戈壁沙漠中不但扩大了原有绿洲（农田与林地）的面积，还形成一些新的绿洲和新型城镇。

4）减少地区性流行病

血吸虫病的传播媒介——钉螺的生存环境条件为"夏水冬陆"。新中国成立前在长江中下游地区，因洪水经常泛滥，使钉螺的繁殖活动范围扩大，血吸虫病猖獗。通过水利工程控制洪水泛滥和水位的季节变化，可以形成"夏陆冬水"的反生态环境，这样就有利于控制

这些地区的钉螺繁殖,从而控制血吸虫病的流行。如今水利工程的兴建使洪涝灾害大大减少,开发和综合治理洞庭湖、江汉平原、鄱阳湖等沿江、沿湖的大面积洲滩,使那里的钉螺失去滋生环境而被消灭,为血吸虫病防治工作创造了十分有利的条件。

5)改善水质及供水条件

水利工程不但在排除洪涝方面发挥较大的作用,同时通过调节水量、增强水体稀释自净能力,改善河流水质,同时,还可以提供稳定、可控制供水的条件。如水库改善了抽水站取水的条件并利用势能使之降低造价;水库可以降低水中的含沙量、色度、氧化度等,使自来水厂净化简便;水库使河水水量、水质季节性变化减小,保证水厂运行的稳定、均衡,促进地区经济的发展。改善当地居民的生活环境,提高人们的生活质量。

6)改善、扩大水生生态环境

通过水利水电工程开发建设可以扩大水面面积,有利于渔业发展。只要有恰当的渔业规划,发展鱼类及水生生物养殖就有很大发展空间。例如丹江口水库形成了700 km^2 的水域和众多的库汊,为发展淡水鱼类养殖提供了得天独厚的条件。由于库水很深,可以适应浅层鱼、中层鱼和深层鱼等多种鱼类生存。各种鱼类因对生态环境要求不同,在水库中都有各自充分的生存活动空间。现已成为一个集国有、集体和私有等多种养殖并存,年产1 000万kg以上的商品鱼生产基地,丹江口水库野生鱼已经成为远近闻名的水特产。

新安江处于天然河流状态时,天然鱼种(如鲤、鲫、鲂、鳊等)近100种;但山区河流水浅流急,鱼产量不大。新安江水库建库后,水域面积增加约6万 hm^2,水库环境对发展渔业非常有利。首先是库区营养物质丰富,为浮游生物提供了充沛的饵料;其次是巨大的调节库容使库水清澈、溶解氧含量很高;另外水库库岸弯曲,港汊、岛屿众多,有利于鱼类在岸线(包括岛屿)处洄游觅饵,产卵繁殖。港湾、汊道也利于建立栏网和网箱渔场,进行人工育苗放养。

5. 创造或改善旅游环境

水库形成人工湖泊,水面宽阔,游鱼可数,水使自然环境充满了蓬勃的生命活力与无穷的魅力,在功能上增加了美学和旅游价值。在水电开发的基础上,合理优化水工建筑物的布置和造型,并适当加以装饰设计,使其在景观上起到美化环境的作用。可以根据具体要求和地势环境条件,修建人工港湾、池塘,放缓岸坡,建造森林公园、草坪、花圃及景观建筑,修建水上娱乐设施,组成新的水环境景观系统。北京十三陵抽水蓄能电站,在上池周围开辟了草坪、花坛,种植了树木,利用地势修筑了护坡,环池修建了游览道路和一些景观建筑物,在上池旁的山顶将防火瞭望塔修成仿明古塔,上池现已成为十三陵风景区的一个新景点。浙江的新安江水库和富春江水库,发展旅游的地理位置绝佳。新安江东有杭州,北有黄山,从杭州经水库至黄山,沿途皆景,形成著名的千岛湖国家旅游公园。富春江自古就是名胜之地,附近有多处奇异溶洞,巍峨多姿。库内更是山清水秀,风景点和名胜古迹很多。在水库开展水上运动、钓鱼和游泳等活动,可以充分发挥水体的使用价值,对提高人民生活水平是大有裨益的。

水利工程还可以通过调节河道流量,改善旅游环境。桂林素以“山青、水秀、洞奇、石美”山水四绝融为一体而冠甲天下,漓江秀水是桂林山水的灵魂。然而,枯季缺水、河床裸露、水质恶化,曾使这个自然景观大受其害。目前,正在桂林漓江上游修建的三座水库将与已实施补水的清狮潭水库枢纽联合调度运行,可在枯季向漓江补水,使游客能在全年全程饱览漓江碧水与两岸奇峰相映的迷人景观。

(二)水利水电工程开发对环境的负效应

水利水电工程对环境的影响是方方面面的,有正面的影响,同样也有负面的影响,水利水电工程开发对环境可能引起不利影响,主要有以下几个方面。

1. 侵占土地,影响人类生活

一些大型水利水电工程的修建,必然侵占大量的土地,对人类的生产造成压力,例如,修建水库淹没大量土地,可能失去大片可耕土地,压缩人类生存空间。

人类生活也会受到水利水电工程修建的影响,例如:

(1)蓄水工程的修建需要大批的原住民迁移,去适应新的生活环境,同时,移民及居住地施工都可能造成水土流失及传染病的流行,这些都对人类生活造成严重影响。

(2)水库淹没以及工程清场施工都会对文物古迹、风景名胜、自然保护区、疗养区及其他重要的政治、军事、文化设施等产生影响,三峡水库蓄水对三峡景区内的美丽景观及奉节、丰都等地历史遗迹的影响就是一个典型的例子。

(3)蓄水淹没铁路、公路等交通设施,进而给人类的生活带来诸多不便。

(4)引起下游水位下降,沿海地区还会引起海水在地下蓄水层中的浸渗,使水质变坏。

2. 破坏生态环境

大型水利水电工程的开发本身就是一种大规模改变自然现状的行为,如果把握不当,必然对生态环境产生破坏。

(1)蓄水淹没可能对森林及珍稀动植物生态环境造成无法弥补的破坏。如三峡工程的修建使三峡库区特有的荷叶铁线蕨受到威胁,库区珍稀的经济林如荔枝、龙眼等大部分被淹没。蓄水淹没改变了库区溪河的自然流态和水的物理、化学性质,尽管变化有限,但对敏感的水生生物的影响不容忽视,存在种群数量、分布受损以至于物种消失的可能。例如,鱼类中的洄游种、土著种、特有种以及水生野生动物面临着由于人类强烈干扰带来的"适者生存"的重新选择,适应静水环境的物种和基因可能会缓慢增加,而原有的适应急流、净水中生活的物种和基因将面临灭绝与丧失的风险。

(2)水库蓄水后,水位壅高,水质物理、化学特性随之会发生变化,水温分层及流速过小的大水体产生的污染是必然出现的现象,这将对农作物、鱼类和其他水生生物,包括沿岸的人类生活环境都会产生不利影响。

(3)由于水库调节引起的下泄流量的变化,也必然引起水库下游生物生存环境的改变,进而影响生物种群数量、分布的变化。

(4)水工建筑物的修建,特别是大型水利水电工程的修建,阻断了一些洄游性鱼类通道,淹没鱼的产卵场,大坝上、下游形成了不同的水生生态系统,改变了鱼类的生态习性;由于洄游通道阻断,长距离洄游的鱼类和水生野生动物处在濒危或灭绝状态;近距离洄游的鱼类和水生野生动物被迫上溯寻找新的繁殖地和栖息地,如果没有适宜的生存环境,它们也将面临灭绝。

(5)大坝在阻隔泥沙正常输送的同时,减少了向下游输送的泥沙量,适量的泥沙向下游输送是江河正常的生态过程,河口地区不仅会由于缺少泥沙补给而萎缩,同时河流向海洋输送的陆源营养物质也因之减少,造成河口和近海海洋生物饵料来源受到影响,进而影响河口地带的水生生态环境。

(6)盲目围垦降低了天然湖泊的调蓄能力,缩小了水产面积,影响了水生生物及其相关的鸟类的生长繁衍。

(7)兴建拦河节制闸控制了河道径流,使闸上游成为静水,闸下过流受控制,影响了对河道污水的稀释扩散,干扰了水体自净能力,兴建河口挡潮闸阻挡了潮汐吞吐,使海口发生淤积,各种闸坝一方面阻碍、影响航运,另一方面隔断了鱼蟹的洄游通道,影响其繁殖和生长,甚至造成种类灭绝。

3. 加大传染病发生概率

水利水电工程建设及运行过程中,也会增大各种传染病流行的概率。如蓄水工程扩大水面后,为蚊虫生长提供了滋生地;灌溉工程扩大水浇面积以后,为血吸虫病源钉螺的传播提供了条件,有可能扩大疾病流行区。水库淹没和移民引起的流行疾病的变化,施工人员的聚集引起传染疾病的变化等,均可能加大传染病发生概率。

4. 增加移民负担

大型水利水电工程的兴建,必然要占用大量土地,工程移民是一个比较大的负担。

(1)一些移民远迁他乡,由于不适应自然条件、生活困难和受传统观念约束,边移边返的现象时有发生,造成很大的社会问题。

(2)移民安置造成的水土流失。移民安置施工建设期由于大量的土方工程会造成水土流失,运行期安置区内由于人类生产生活活动也会造成水土流失。

(3)发展乡镇企业、安置移民也会带来环境污染。

5. 增大地震、滑坡等地质灾害的发生概率

水库水位壅高,有可能引起水库库岸滑坡、坍塌,也可能由于库区压力的增加诱发地震及其他环境地质问题,同时,水位的壅高也会促使地下水位升高,有可能造成土地盐碱化、沼泽化等。三门峡水库蓄水后,渭河下游水位抬高,出现土壤盐碱化就是典型的例子。

6. 引起河道功能的改变

水利水电开发工程的修建往往引起河道上下游的大范围改变,河道的基本功能也随之调整。

(1)水库修建后,水文情势的改变使河流造床功能受阻,水库发生淤积,一方面,影响水库效益的发挥;另一方面,在水库运行寿命结束后,就是拆掉大坝也难以清除这些沉积物,也许自然流态的江河就此消失了,而汇水区内地表径流可能还要寻找新的河道。

(2)水库的阻断,导致水库下游长距离的冲刷,对下游河道形态及发展方向都会产生影响,进而影响沿岸的生活环境及生态环境。

(3)一些水电项目为抬高水头要修建引水涵洞发电,大坝下游河段会出现若干千米的脱水或减水河段,脱水和减水不仅使局部河段生境改变,使水生生物,尤其是鱼类生存受到严重影响,同时也改变了河流与陆地的水文交换态势,间接地对陆生生态系统产生不利影响。

(4)大坝下游江河与周边陆域的物质和能量交换被迫改变,受影响最人的是江河的一级阶地和陆域地下水补给总量减少,区域性城乡用水会发生困难,湿地干涸和荒漠化会有所显现。

7. 阻碍航运及漂木等运输业发展

在水利水电工程的一定施工期(围堰与基坑开挖期),河道不能过水,通航河道的航运

及漂木等运输业就会受到影响,必须开挖临时航道来解决施工期临时通航问题;有时甚至在局部时段需要断航,临时开辟短途公路运输。临时航道与临时公路的施工期间也会产生不利的环境影响。

8.引起环境污染

(1)水利水电工程施工开山挖洞,造成尘土飞扬,施工机械与爆破也会产生噪声,粉尘和噪声对周围环境和人群健康均带来不利影响。

(2)水利水电工程施工废水排放量大,悬浮物含量较高,如果不经过处理直接排入江河,造成下游水质下降,影响城镇和居民用水质量,有时还可造成局部河道淤塞。

(3)水利水电工程施工弃渣和料场开采占用大量土地,施工结束后又未进行复垦和绿化,对地貌景观和植被破坏很大。随意弃渣,极易造成局部水土流失、淤塞河道、抬高下游河道水位等。

9.干扰人类正常的生活状态和需求

(1)水库蓄水淹没或者大型水利水电工程的修建,必然破坏库区人们原有的生活环境,迫使其重新建立新的聚落环境。

(2)调水干、支渠建设也会给生态环境带来负面影响,主要是对区域生境中正常的物质流和能量流的切割与阻断。干、支渠的切割与阻断还会使地表径流上游壅水,并可诱发次生盐渍化,而下游则可能使干旱发生和发展,同时也可能阻断地下水汇水和补给通道,造成城乡地下水位降低,用水发生困难。

二、水利水电工程开发对环境影响的特点

不同的水利水电工程项目,或同一工程的不同区域,由于所处的地理位置不同,其环境影响的特点各异。一般来说,水利水电工程通常不直接产生污染问题,其影响的对象主要为区域生态环境,因而多属非污染生态项目。水利水电工程的环境影响区域一般可分为库区、大坝施工区、坝下游区。库区的环境影响主要源于水库淹没和移民安置、水库水文情势的变化,受影响最大和最为重要的通常是生物多样性、水质、水温、环境地质、景观、人群健康、土壤侵蚀、土地利用、社会经济等因子,受影响的性质多数为不利影响,有些是间接性的。对库区自然环境、社会环境和人群健康的影响一般是长期性的,需要经过较长时间才能反映出来。施工期对环境的影响主要源于生产废水、生活污水、废油的直接排放造成的水质污染,施工噪声污染,废气和扬尘造成的大气污染,开挖和弃渣等造成的水土流失。坝下游区的环境影响主要源于大坝调蓄引起的水文情势变化,受影响的主要是水文、河势、水温、水质、水生生物、湿地资源、入海河口生态环境、社会经济等因子,影响的性质有利有弊,影响的时间一般是长期的,影响的范围随着影响源的情况和区域的特点不同各异,有时可延伸至河口区。

归纳起来,水利水电工程开发对环境影响的显著特点主要有以下两点:

(1)空间的连锁性。它的影响通常不是一个点(建设工程附近),而是一条线(带),即从工程上游到下游的带状区域,尤其是下游往往影响几百千米甚至直抵河口。例如,在水利工程枢纽地区则不仅影响该处河道,而是上下游沿河岸几千米至十几千米范围都受影响,黄河中游三门峡水库上游影响到陕西的潼关以上渭河的很长河段,下游影响数百千米甚至达到河口,就是一个典型例子。而对于灌溉工程其影响则不仅

是点、线、带，而是整个灌溉区域。

(2)时间的延伸性。水利水电工程开发对环境的影响有的是暂时的，如施工期的噪声等，但是大部分往往不是一时的，而是一个长期存在的过程，如水库修建后下游河道的长距离冲刷，从水库蓄水开始就会出现，持续到水库淤积平衡才会终止，必然引起下游河道环境的巨大变化。同时，有的影响在水利水电工程运用初期并未出现，而是随着其他因素的发展而出现的，如由于水库回水区泥沙淤积引起的航运问题。

水利水电工程是开发利用水资源，是要兴利除害，然而对于水利水电工程开发对环境所带来的一系列不利影响，我们必须充分认识其重要性。因为有许多环境不利影响造成的恶果往往不可弥补，贻害子孙后代。例如，对生态环境的破坏造成的生物群落改变，个别是种群灭绝的损失往往无法估量，而且影响长远，对文物古迹、自然景观的破坏也无法再造。因此，水利水电工程的环境影响评价必须既肯定有利影响，同时对不利影响要尽量做到科学预测。对不利影响提出可行的对策和减免、改善措施，以达到既合理开发利用水资源，造福于人类，又能保护和提高环境质量，使工程的经济效益、社会效益和环境效益达到统一。

大型水利水电工程的环境影响评价工作，目前我国已积累了大量的资料和经验，如新安江、丹江口、三门峡水电站，评价过程任务十分繁重，且涉及面广。中小型水利水电工程的环境影响评价的困难在于缺少基本资料和领导不够重视，其原因在于有人认为工程的开发利多弊少，环境影响评价工作做不做都无所谓；有的还认为环境影响评价是节外生枝，增加工程上马的阻力，给规划设计工作增加困难，因此采取消极被动的态度，以应付过关为目的。显然这些认识是片面的，即使工程建设利大于弊，也必须认真对待，通过评价工作提出将不利影响减小到最低限度的措施，使工程达到最大效益。

在进行水利水电工程环境影响评价时，不能仅对某一项工程的影响进行分析，还必须与流域治理规划联系起来，因为水利水电工程建设必定是整个流域开发的一部分，必须有全局观点和长远观点，必须实现高目标、高功能的综合利用，不能只顾局部眼前利益，不能只见利而不见弊，不能只强调单项工程而忽视全流域的开发，不能只讲经济效益而不讲社会效益和环境效益。总之，水利水电工程的环境影响评价工作比一般建设项目的评价要复杂得多，涉及的面广，需要多学科的联合评价。

第二节　蓄水工程对环境的影响

水利工程是改造大自然的产物，在改造自然的过程中，工程对自然和社会环境都是有影响的。如前所述，工程对环境影响有有利的一面，也有不利的一面，既有长远的影响，也有暂时的影响，既有潜在影响，又有明显影响。

以水库为主的蓄水工程对环境的影响是多方面的，它对工程附近的局部气候、水质、地面与地下径流、自然生态环境、社会环境都会产生一定的影响。

一、对局部气候的影响

水库蓄水形成足够大的水面后，对库周局部小气候产生的影响是一个十分值得重视的问题。由于水库蓄水后，下垫面由热容量小的陆地变为热容量大的水体，使局部地表空气变得较湿润，对局部小气候会产生一定的影响，主要表现在对降雨、气温、风和雾等气象因子的影响。

(一)对降水的影响

水库蓄水后,在阳光辐射下,蒸发量也随水域扩大而增多。一般来说,夏季水面温度低于陆面温度,水库水面上部大气层结构较稳定,将使降水量减少;冬季水面温度高于陆面温度,大气层结构不稳定度增加,相应降水量也略有增加。另外,水库对降水的影响是使水库周围降水的地理分布发生了变化,即引起了降水再分布,对整个水库流域范围内的平均降水量影响很小。我国一些水库观测资料表明,一般库区及其上游建库后的雨量是减少的,如表 8-1 所示。例如新安江水库建成后,库区中心雨量就减少 50 mm。

此外,夏季水库水面温度低,使经过水库的气流稳定度增加,上升运动减弱,从而使库区附近产生对流性天气现象的概率减小,如出现雷暴日数、降雹日数都将有所减少。

表 8-1　建库前后降水量变化情况

项目		密云水库		石河水库		陡河水库	黄壁庄水库	
		白河	潮河	石河水库	秦皇岛	唐山	黄壁庄	灵寿
距离(km)		0	0	0	15	15	0	8
建库前	年平均降水量(mm)	803	776	737.3	671.9	649.3	602.8	616.5
	汛期平均降水量(mm)	689	645	591.1	553.3	537.3	467.0	488.9
	资料年限(年)	10	10	17	17	33	10	7
建库后	年平均降水量(mm)	665	592	608.9	643.6	618.2	532.2	514.4
	汛期平均降水量(mm)	563	493	478.0	494.8	513.4	413.9	399.1
	资料年限(年)	24	24	9	9	27	21	18
增减量	年平均降水量(mm)	-138	-184	-98.4	-37.3	-31.1	-70.6	-102.1
	汛期平均降水量(mm)	-126	-152	-113.1	-58.5	-23.9	-53.1	-89.8

(二)对气温的影响

建库后由于下垫面性质的变化,库区下垫面与空气之间能量交换方式和强度也发生变化,从而在水陆气温差所产生的水平交换影响下,使水库附近陆地气温也产生变化。一般库区附近气温将变得冬暖夏凉,日平均温差减小。

从季节分析,春季气温回升,水体升温要吸收大量热量,因此升温较慢,这是水库的吸热期,水面气温略低于陆面气温;秋冬季节气温下降,水库储存大量热量,水温下降比陆面气温缓慢,水体在降温过程中向大气以潜热和显热的形式输送大量热量,使空气增温,从而水面气温高于陆面气温。

从年平均分析,由于一年中增温期多于降温期,而使蓄水后的库区年平均气温增高。此外,由于水体对温度的调节作用,使库区及其附近地区的气温年、日差变小。

(三)湿度、蒸发与雾

蓄水引起水域蒸发量增大,一般要增加库区环境湿度。相对湿度受温度高低和下垫面潮湿程度两个因子影响。建库后年平均气温略有升高,而下垫面的水源充足,可使蒸发能力加强,空气湿度将有所增加。据国内有关资料分析,库区与库周比较,相对湿度年平均可相差4%～5%,春季水面温度低,相对湿度差值可达6%～8%。据新安江水库建库前后比较,相对湿度年平均值增加3%～5%。在黄壁庄水库建成后,距水库20 km的石家庄市测得年平均相对湿度增加2%。

库区蒸发量大小与气候热力因子有关,主要决定于温度、湿度。夏季尽管地面太阳有效辐射很高,蒸发力增大,但由于水体附近气温降低,不能提供充足的水汽而导致蒸发量减少;冬季陆面太阳有效辐射虽低于夏季,但库区气温较建库前升高,从而提供了较多的水汽,使蒸发量增大。此外,建库后风速增大,可以抵消由温度降低和湿度增大使蒸发量减少的影响,使蒸发年总量变化不明显。据官厅水库分析,建库后大坝下方库岸处年蒸发量与建库前比较,相差不足10 mm;夏季略有减少,冬季略有增加。

雾是悬浮于近地面气层中的大量水滴或水晶粒,形成的条件是空气相对湿度达100%,气温降到露点以下。根据形成条件不同,水库地区多为辐射雾、平流雾和蒸气雾等。水库地区由于水汽充沛,近地面气层相对湿度大时,稍有辐射降温,空气就会达到饱和,便有凝结发生,形成辐射雾。夏季水库附近气温较低,当暖湿的空气流经较冷的下垫面而逐渐冷却时,即形成平流雾。蒸气雾是在水温高于气温的情况下,由于暖水面蒸发的水汽冷却而形成的;特别在秋季夜间,冷空气流到较暖的库区上空时容易形成蒸气雾。

根据雾的形成原因分析,建库后下垫面由陆地变水面,增加了形成雾的有利条件,库区附近有雾日将可能增加。当然如果库区风速很大,又没有冷却过程,便不易成雾。总之,雾的形成除与水库下垫面的水汽条件有关外,还与大气系统的天气形势变化密切相关。

(四)风

一方面,水库蓄水后,由平滑的水面代替了起伏不平的陆面,粗糙率变小,可使风速加大;另一方面,蓄水后水位升高,使谷底变宽,两岸相对高度降低,风区长度增加,同时又会使河谷的狭管效应减弱。这些因素所起的作用程度不同,从而使建库后上、下游风速产生不同程度的变化。

由于水库气温与四周陆地气温的热力差异,可能产生以一日为周期的水陆风。白天水面温度低于陆地,产生指向陆地的气压梯度,风由水库吹向沿岸;而夜间相反,风由陆地吹向水面,形成风向日变化。河道型水库这种现象不会很明显,而且范围也不大。

总之,从现有观测资料分析,蓄水工程对气候的影响一般都是有利的。气候湿润有利于农作物的生长和植被的增加,减少水土流失。平均温度增高,无霜期增加,暴雨季节降雨量减少,非暴雨季节雨量增加,增加了土壤水分含量,都给农、林种植带来有利条件,都会提高库周生态系统的生产力及稳定性。

二、对水质的影响

水库蓄水虽不直接产生污染物,但由于它一方面承纳流域汇流带来的污染物,另一方面水体在库内滞留,加上水环境边界条件改变,都会对库区水质产生影响。

水库蓄水对库区水质产生有利的影响主要包括:水库拦蓄使库区水流减缓、库内滞留时间增加,有利于悬浮物的沉淀,可以降低水的浊度、色度;生物降解会减小BOD值;大肠杆菌的自然死亡减小了其密度指标;库内流速慢,藻类活动频繁,呼吸作用产生的CO_2与水中钙、镁离子结合产生 $CaCO_3$ 和 $MgCO_3$ 并沉淀下来，降低了水的硬度。

蓄水对库区水质产生不利的影响主要表现在以下几方面。

（一）影响库区水体自净能力及水质

水库拦蓄上游及库周排入的污染物，减缓的水流不但使污染物的扩散能力减弱、复氧速度减慢，自净能力降低，污染物吸附于泥沙而沉积库底，逐年累积形成污染底质。库区周界溶蚀淹没矿藏，淹没区域的有害物质也将进入水体，影响水质。

（二）水库富营养化

对于水深不大的梯级水库和宽浅型水库，蓄水后水体滞留时间较长，复氧能力减弱。含有氮、磷等营养元素的泥沙、生活污水、工业废水、农业弃水及地表径流进入水库，使营养物质浓度增加，使蓝绿藻等浮游生物大量繁殖并在表层水中形成超负荷生物量，从而导致水体水质下降的富营养化现象。在水库中，富营养化强度和持续时间取决于入库营养物的数量、时间和库容，以及蓄泄水条件等因素的综合作用。过量的网箱养鱼，大量地向水中投放鱼饲料也可能会引起水库的富营养化。

出现富营养化后，藻类呼吸以及死亡后的分解消耗大量的溶解氧，鱼类会因缺氧而窒息死亡，藻类生长过程中吸收氮，死亡后又释放大量的氮，使水质进一步变坏。

水体富营养化还加剧了对水工建筑物的侵蚀，引起混凝土自动剥落、闸门严重锈蚀，不仅影响工程的正常运行，还加快了工程的老化。

（三）水温分层影响

分层变化的水温也会对水质产生不利影响。在影响水质的诸多特性中，水温是受蓄水影响较大者。天然河流水体体积相对较小，紊动掺混作用较强，沿水深方向的水温分布基本均匀，水温也会随气温的改变而迅速变化。水库为相对静止的巨大水体，具有很大的热容量，水流较缓的大水库通常会出现沿水深温度分层现象。库水的年平均温度随水深的增加而降低，据观测，在水库水面处年平均水温比陆地年平均气温高 2 ~ 3 ℃，在水深 50 ~ 60 m 处，年平均水温则比年平均气温低 5 ~ 7 ℃。

不同的水库有不同的水温分层结构，它取决于库区地形、气象条件、水文条件、泄水口布置及水库调度运行方式。一般有混合型水温结构和分层型水温结构之分，前者多出现在水体掺混强的径流型水库，后者多见于低中纬度地区、水流较缓的大型深水水库。所谓混合型水温结构，指的是在一年中，库底水温与库表水温相差不大，基本上是同温的；而分层型水温结构在夏天库底水温与库表水温差别大，呈明显的分层现象。

分层型水库水温结构在垂直方向上呈现出有规律的分层特性，其分层状况是呈一种与净辐射强度的年循环有关的周期变化。初春，温带水库水温常保持在 4 ℃左右。此时沿水深各点的水温是不稳定的，易受风的作用而混合变化。夏天来临时气温上升，太阳辐射增强，库表层水受热升温，密度减小，不易与停留在其下的较冷水层混合。若库区水体温差较大，风的作用不足以混合整个水柱时，就形成了稳定的三层式温度分布。沿水深看，水库上部为大体上水温均匀的库面温水层；在此之下的水温迅速变化区称为温跃层，一般水深增加 1 m，水温至少下降 1 ℃，温跃层的深度很大程度上取决作用于水面上的风力；温跃层以下水温很低，为停滞静水，称为库下冷水层。秋天气温下降，太阳辐射变弱，表层水温下降，密度增加，库面温水层与其下层水由于重力和风的作用产生对流，温水层厚度逐渐加大，温跃层的深度增加，最后混合作用扩展至整个水深，形成等温状态，这称为秋季对流。冬天水温继续下降，若表层水温低于4 ℃，在无风及有冰层的情况下，将出现底层水温比表层水温高的逆分层。春天来临时，如库区有冰层并开始溶解，逆分层将混合消失，这称为春季对流，随后再一次出现温度分层。图8-1是由安徽梅山水库实测资料绘制的水温沿水深变化过程图。对于大多数面积不是很大的水库，除库尾入流处、出流处和一些岸边港湾地区外，整个库区水平面基本上呈等温状况。

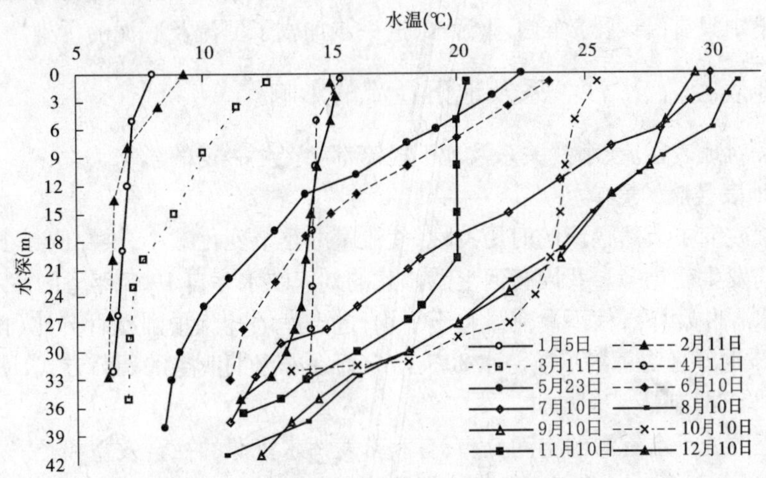

图8-1　安徽梅山水库某年水温变化（坝前）

水库水温对环境的影响程度主要取决于水温的分层程度、出水口高程和环境对水温的敏感性。影响范围包括库区和出水口下游。温度分层对水体的化学和生物方面有重大的影响。库面温水层可通过水面与大气交换，保持较高的溶解氧水平，如有植物的光合作用，溶解氧量往往达到过饱和。在此状态下，如果水库氮、磷含量较高，就会使水体中的浮游生物及水生植物大量繁殖，出现富营养化和水质恶化现象。而库下冷水层由于和库面温水层及大气隔开，无供氧来源，当由浮游生物死后的残体和沉淀物产生的生化耗氧量较大时，将出现缺氧现象，变成或接近于厌氧微生物层。在缺氧的冷水层中只能生长适宜于低温、低溶解氧的生物种类。秋季对流时，冷水层的营养物均匀分布，如果含量较大，将会使水库水体和下游藻类急剧生长。

分层型水库对下游水温、水质的影响与出水口的高程有关。采用底层出水口将会使含有大量离子成分、溶解氧较低的冷水排出，使下游水质变坏，营养物质将使下游富营养化变得严重，并使水库生产能力降低。采用中、上部高程出水口，下泄水具有高溶解氧、低含量的悬浮固体（铁、锰等），水温较高，水质较好，但由于水温较高也有可能使下游生化需氧量迅速挥发，使水质变坏。水库放水对下游水温的一般影响是推迟下游春季水温上升和秋季水温下降，使水生生物群落发生变化。另外，采用底孔泄水使下游水温偏低，对下游的农业、渔业和居民生活等会产生较大的不利影响。据多省的调查，我国大部分水库除泄洪外，其余时间里都是底孔放水，水温偏低，对下游大范围内（几千米至几十千米）的农业、渔业、居民的工作和生产产生了不良的影响。这表现在以下几方面：坝下引冷水农田早稻发生烂秧、禾苗返青慢、成熟期推迟等现象；许多坝下江段由于水温难以或推迟到达鱼产卵及生长所需要的温度，产卵场消失，鱼的产量大幅度降低；下泄的冷水对在农田作业的农民及沿河的居民也带来了许多不便。

(四)对下游河道环境容量的影响

一般情况下水库调度增加了枯水期径流,提高了下游河段水体的稀释自净能力。但由于下游河段的环境容量取决于水库调度运用,一些水库调蓄使下游河段流量剧减,引起河流萎缩,进而导致水体稀释自净能力的降低,环境容量减小。更有甚者,下游河段间歇性缺水断流,从根本上改变了河流生态环境特点,水体环境容量丧失殆尽。例如,华北地区一些河流非汛期河槽中只有沿线排放的工业污水,进一步加剧了河流及底泥的污染。

三、对地表径流、水沙关系及地下径流的影响

蓄水工程对地表径流、水沙关系及地下径流都会产生一定的影响。

(一)对地表径流的影响

蓄水工程改变了天然径流的时历特性,使流量的季节变化减小,洪峰值减小,最大、最小流量出现时间发生变化等。我国黄河上游修建的刘家峡水库自1968年下闸蓄水运用以来,调蓄入库洪水、削减洪峰,使下泄流量趋于平均,进出库洪峰流量削减百分比(削峰比)曾高达75.3%。该水库平均每年汛期蓄水30亿m^3,而在非汛期泄空的调节方式,使汛期泄水量减少8%,而非汛期泄量大大增加。

蓄水工程改变了水资源的空间分布,有利于发挥水资源的社会效益和经济效益,但若水资源管理不当,也会产生一些不良后果。据统计,我国海河流域在新中国成立后兴建了大中型水库125座,上游大量来水被拦蓄在山区,使过去并不缺水的海河中下游平原出现了严重的缺水现象。

水库蓄水后,由于蒸发和地下渗漏增加,河流的年径流量减少。埃及尼罗河的阿斯旺大坝建成后,年平均径流量减少约5亿m^3;美国格伦峡、坎扬大坝建成后,波威湖每年的渗漏损失从15%增大到25%。

(二)对水沙关系的影响

蓄水工程改变了河流天然的水沙搭配关系,可能破坏河流输水输沙的协调性。在库区,大坝上游河道断面扩大,流速变缓使大量泥沙沉积在坝前库段,最直接的影响便是减少库容,抬高水库尾水位,从而影响水库效益。例如,黄河青铜峡水库淤积的泥沙已占总库容的87%。三门峡水库1960年9月15日开始蓄水运用至1962年3月19日,库容淤积损失了38.72亿m^3,占总库容的40.2%,水库使用寿命受到严重威胁。另外,由于渭河入黄河处的潼关河底高程明显上升,水库尾端淤积上延,回水上延(俗称水库翘尾巴)现象严重影响关中八百里秦川农业生产及防洪问题。由于这两方面的原因,不得不对三门峡水利工程进行数次改建,运用方式由蓄水拦沙改为蓄清排浑,水库的发电和灌溉效益大大降低,至今人们仍然对三门峡水库的作用及运用方式存在很大争议。另外,泥沙淤积还使水库上游航道变浅,航槽摆动,从而恶化航运条件。丹江口水库、黄龙滩水库都因此发生过碍航和船运事故。

蓄水工程对下游河道也有很大影响。一些处于蓄水拦沙运用阶段的水库,下泄的水流含沙量低,从而使水库下游很长一段河道的护岸、整治控导工程、桥梁以及滩地受到强烈冲刷。如官厅水库下泄的清水冲走了50%的河滩地,三门峡水库下泄清水时,河床下切数米,河性改变,并使大量河道整治工程被冲毁出险、引水口脱河。黄河上游龙羊峡水库、刘家峡水库运用后,改变了天然水沙过程,使黄河宁蒙河段活动性增强、弯曲率增大,河道平滩流量减小;丹江口水库运用后也使下游河段有类似变化。美国帕克坝运用后,下游河道冲刷长度

达237 km。冲刷的泥沙又淤积在更下游的河道上,引起河道形态改变、河势调整。加拿大贝内特大坝建成后,下游100 km处的三角洲从一个富饶湿润的平原变成一串孤立的淤积沙洲。这些河道河床形态改变、淤积使过洪能力减小或冲刷使河床下切、水位下降,都会给防洪、航运、引水、灌溉、沿河城镇建设、河口海岸线蚀退等方面带来种种问题。当然,河道冲刷下切可增加防洪能力,对维持航道水深也有有利的一面。

(三)对地下径流的影响

蓄水工程对地下径流也有一定的影响。水库蓄水后,引起库周地下水位上升,使土壤盐碱化、沼泽化面积增加,地下水位上升和浸没引起地面湿软还导致房屋塌毁。如黄河三门峡水库蓄水后,在陕西华阴、华县之间渭河南岸一级阶地中部的"二华夹槽"地带,自西向东长约50 km的区域地下水位抬高0.4~1.2 m,盐碱地增加3 020 km^2,沼泽地增加9 900 km^2。三门峡潼关西库区有村庄房屋塌毁不能居住,其中一个村庄一年内曾塌房200间。在河南灵宝县库区周边近岸低洼处,也曾出现地面湿软、道路泥泞造成交通困难和塌房现象。有时地下水位上升严重,会出现管涌和流土,造成地面湿陷,出现裂缝。如三门峡水库蓄水后,距库边300 m左右处曾出现裂缝长10 km,缝宽0.03~0.07 m,裂缝最大深度达20 m。

地下水位上升还会使井水水质恶化。一些水库蓄水后,库区周围不少村庄水井的水发咸变苦而不能饮用,井水水质恶化给库周居民生活带来很大困难。

四、对自然生态环境的影响

水库建成后,库区的生态环境将发生巨大的改变,淹没区由原来的陆生生态环境变为水生生态环境。天然植被将被淹没,原有河流水体也不复存在,代之以含氧量和水温都有明显垂直分布的深水型水体。这种生态环境的变化势必影响水生和陆生动植物变化,使动植物的种类、数量发生改变。淹没区生态系统向湖泊型生态系统演化。

(一)鱼类

水库蓄水后,水深增加、水面增大、流速变缓、透明度提高,加上各种营养成分的截留,有利于在深水或缓水中生活的鱼类生长繁殖。

大坝修建截断了洄游性鱼类的觅食、产卵、越冬的通道,可能导致洄游性鱼类数量和种群减少。

葛洲坝水利枢纽修建后,白鲟、胭脂鱼等珍稀鱼类已显著减少,1982年只捕获白鲟一尾,胭脂鱼三尾,四川沿江各县鱼产量也普遍减少,其中宜宾减产67.7%。三门峡水库建成后,天然黄河鲤鱼年产量大大下降,原来鲤鱼占黄河天然鱼种的第一位,现在下降到第三位。水库的兴建还可能破坏鱼类的产卵地。新安江水库建成后,由于水环境条件的改变和泥沙沉积,库内的两个鲢、鳙鱼产卵场遭到破坏。水库放空时,库中鱼类可能因水底沉淀物泛起,水中溶解氧含量过低而死亡。从水库泄水建筑物下泄水流流速高,水中溶解氧过饱和,也会危及鱼类生存。

水库拦水截沙使流至河口的含有丰富营养物质的淤泥和水量减少,水动力条件减小而海洋动力作用相对增强,导致海岸线蚀退,河口淤积。这种变化还会引起河口缺乏食物链中低营养级生物,加上洄游性鱼类的通道被截断,有可能影响河口渔业资源。

此外,夏季水库深孔泄流水温过低,在湖泊通江河口处建闸都会影响鱼类的洄游、生长、繁殖,引起鱼类的种群、数量的变化。如新安江水库下泄的低温水对下游富春江鲥鱼繁殖产生不利的影响;在长江上游的大型水电站下泄低温水后,对其下游的白鲟、达氏鲟等重要珍稀鱼类产卵场、产卵活动以及繁殖群体产生不利影响。

(二)动植物

水库使库区气候变得温暖湿润,加之库周自然保护区的建立,有利于陆生动植物的生长和繁衍,各种野生动物会逐渐向库区聚集,提高了库区生态系统的生产能力。例如三门峡库区蓄水后,鸟类迅速增加,珍贵鸟类就有四种,如天鹅、鸳鸯、金雕、大鸨,还有南迁候鸟在库区停留栖息。有时有数百只天鹅,近万只褐色野鸭和白鹤、大雁等集结于库区盘旋飞翔,给三门峡库区带来勃勃生机。

五、对地质环境的影响

水库调蓄,对库区及其周边地区的地质构造等产生影响,可能会诱发地震、库岸滑塌、水库渗漏等不良地质灾害。

(一)水库诱发地震

大型水库蓄水后,由于巨大的水体增加了地壳的荷载,库水沿地层断裂面下渗,形成渗透压力并进一步恶化断裂面地层稳定性,从而导致地壳应力重新调整,在一定条件下就会诱发地震,简称水库诱发地震。水库蓄水可能使原来的无震区发生破坏性地震,并增大水库区域原有地震活动的频度和强度。据研究,世界公认的水库诱发地震目前已有45例。在水深超过100 m、蓄水量超过10亿 m^3 的水库中,约有10%的水库将可能诱发地震。表8-2给出了诱发地震最大的五个水库的基本情况。其中印度柯伊纳水库诱发的地震使高103 m的大坝出现25条裂缝,部分坝体渗水。水库诱发地震对当地居民危害很大,因此正确评价水库蓄水对地球物理环境的影响十分重要。

表8-2　水库诱发地震情况

坝名	国家	坝高(m)	库容(亿 m^3)	蓄水年份	最高蓄水位与主震间隔时间(a)	震级
柯伊纳	印度	103	27.80		3.0	6.5
克雷马斯喀	希腊	165	47.50	1964	0.26	6.3
新丰江	中国	105	115.00	1965	1.8	6.1
卡里巴	津巴布韦	128	1 603.68	1959	0.10	5.8
胡佛	美国	221	367.03	1936	0.80	5.0

水库诱震机制主要是由于水的渗透使断层带岩石软化,抗剪强度降低从而降低稳定性,使岩体发生错动而发震。而水重产生的应力增量是很小的。引起水库地震的因素很多,但起主导作用的是:①岩石性质与发震概率有关,岩体强度与震级大小有关。②岩体中不连续结构面中,主要是断层破碎带在一定条件下产生渗漏,是使库水渗入深部而诱发水库地震的通道条件。

(二)岸坡失稳

水库蓄水后水位升高,库区岸坡被浸润,土体的抗剪强度降低,在暴雨或风浪的冲刷下有引起滑坡、崩塌等岸坡失稳的可能,支流还可能因山体滑塌引起泥石流。我国的拓溪、黄龙滩、陈村等水库均发生过滑坡。三门峡水库建成以来,库岸有930 hm^2 耕地塌入库底。岸坡失稳不仅危及库周设施、增加水库淤积,影响航运,而且直接威胁水库及下游的安全。长江三峡工程库区地形地貌特殊、山高坡陡,蓄水后可能发生滑坡的问题,也引起了水利工作者高度的重视与关心。

(三)水库渗漏

随着库水位的上升,两岸地下水位也相应上升,因而出现浸没、湿陷、塌井、沼泽化、盐渍化等;同时也造成库水向库外渗漏,使库外某些地区的水文地质状况发生改变。若水库为污水库或尾矿水库,则渗漏易造成周围地区和地下水体的污染。

六、对社会环境的影响

修建水利水电工程必然要和社会环境发生密切关系。水利水电工程的开发建设目标有防洪、除涝、发电、灌溉、航运、工业及生活用水、防凌、水源保护、水产养殖、改善生态环境等,尽管各个目标对水利水电工程的要求不同,但都是为满足社会环境的不同需求而提出来的。

(一)工程区的人口增长

无论是在水利水电工程的建设期还是运行期,水利水电工程附近的工农业生产、社会服务行业和旅游业等都将大大发展,这些事业发展的结果必然导致区域性人口集中与增长。人口增长有三种现象,一是固定人口增加,如新建工厂、服务行业和库区运行管理机构等;二是半固定人口增长,如建设施工人员和短期服务人员等;三是临时流动人口增加,如集市贸易人员和旅游观光人员等。

人口增长对库区环境产生的影响从有利方面看,必然引起区域性经济结构的调整和经济效益的提高,引起社会经济快速发展;从不利方面看,人口增长势必使生产、生活用水量增加,相应排泄废水量也要增加,可能要对工程所在地造成一定水环境污染,相应地要增加处理污染的费用。无论在建设期还是运行期,这都是需要认真重视的问题。

因为人口增加不仅对污染负荷产生影响,而且对区域国民经济和社会发展都有着深刻的影响,所以在水利水电工程环境影响的评价中是必须考虑的问题。

(二)社会经济的变化

大型水利水电工程建设对社会经济影响很大,由于社会经济的范畴很广,下面仅就主要内容进行简要介绍。

1. 工业

水利水电工程的兴建,将会在工程周围发展一批大中型和小型工业,这是因为水利水电工程可以为工业提供充足的电力和水源条件,再加上防洪安全的保证,在当地资源有可能被开发利用的时候,一批新兴工矿企业将应运而生。这给库区经济发展提供了极大的便利条件,因为它能充分利用本地资源,同时也大量增加了就业人员,解决人多地少的矛盾,对安置淹没迁移人口有利。但新兴工业的发展必然带来三方面环境影响问题:一是废物废水的排泄可能对工程及上下游河道产生污染;二是用水量需求和工程预期效益的矛盾;三是工业布局和工程环境规划的矛盾。

2. 农业

水利水电工程可以为农业提供良好的灌溉条件,无论是对下游的自流灌溉,还是对上游的提灌,都有了一定保证,特别是对干旱地区更是效益显著。但是水库深孔泄水对下游农田灌溉会产生不良影响，从水库底层取水温度很低，在一定距离内灌溉农田会造成冷害使农作物减产。

当然反过来说，库区农业对水库水质也有影响。如果上游农田大量使用化肥和农药，库区范围内从农田汇流而来的水中的农药、化肥浓度超过水库水体指标，就对水库水体产生污染。

3. 商业和社会服务行业

世界上凡是修建高坝大库的地区，都相应地出现了一批卫星城镇。一是施工期生活、办公、服务业的大量需求；二是水利水电工程建成后将有大批游客观光，作为疗养旅游胜地需要完善的商业与服务业；三是水利水电工程促进了当地工农业和经济的发展，也促进了城镇商业和社会服务行业的大力发展。一方面商业和服务行业促进了区域性经济的发展，有助于提高当地经济生活水平；另一方面商业和服务业活动排放的污水形成新增污染负荷，影响水利水电工程周围的水环境质量。

4. 养殖业和副业

大型水利枢纽提供了巨大能量和水体，使库区周边可以大力发展水产养殖业。库周水域的网箱养鱼对周围的自然环境和生态系统都有着显著的影响，应该有合理的养殖密度。另外，库区周边生态环境改变也为当地发展果林、编织等副业提供了条件，例如三峡水库库区周边不少移民弃农经果，种植柑橘也获得很好的经济效益。

5. 交通

水利水电工程对水运交通事业的促进作用是不言而喻的，在工程建设期与运行期建设的公路、铁路也都为当地物资交流、资源开发、社会经济发展发挥着极为重要的作用。在兴建水利水电工程开辟交通线路时，应该注意对当地环境的影响，同时尽可能满足区域未来发展的需要。

（三）淹没和迁移问题

兴建一个水利水电工程必然要以破坏原有自然环境条件，淹没上游一定范围的土地、山川及自然资源为代价。蓄水工程不仅仅淹没了库区内的土地和房屋、工矿企业、交通道路和输电设备，而且淹没了设计水位以下的所有自然资源和文物古迹。而自然资源和土地等是不能搬迁的，对当地社会发展有一定影响。

1. 淹没损失估价

由于淹没造成的损失不易有一个明确的标准，这是因为各地自然条件、社会环境不同，人口、文化、经济发展水平各异，损失的价值也就不同。但都需要确定淹没损失范围，确定淹没损失的物质财产。

淹没损失范围主要通过正常高水位对水库回水计算来确定，同时还应考虑库周条件，例如岸边土壤特性，地下水侵蚀程度和岸边岩体稳定条件。因为水库蓄水使沿岸地下水位抬高，可能致使库周土基软弱、房屋倒塌；农田发生盐碱化使农作物减产；岸边坍塌也可能使一些村庄和永久建筑物掉入库区水中。

淹没物质财产估价涉及赔偿问题，应按行政区划逐项列出清单，实事求是地进行调查统计，按有关规定估算。

2. 迁移

迁移一是指库区人口迁移，二是指设施的搬迁。人口迁移是一个十分复杂的问题，对社会稳定影响很大。如三峡水利工程的修建带来了超过110万的移民,移民安置问题是一个大课题。兴建水库、淹没土地使人地矛盾紧张。如果移民未加妥善安置,还会造成移民回流、毁林开荒等问题,加剧了社会矛盾。

在居民迁移中,要注意的是:对居民迁移是否从长远规划去通盘考虑;是否切实解决移民的切身利益,使他们逐渐适应新环境,并且在新的环境中生活水平不低于原环境的生活水平;是否为移民进行多种就业渠道的教育培训,让移民学会新的工作和生活方式;是否通过水利水电工程建设,为居民提供多种经营和就业机会。

(四)对人体健康的影响

不少疾病如阿米巴痢疾、伤寒、疟疾、细菌性痢疾、霍乱、血吸虫病等直接或间接地都与水环境有关。水利水电工程的修建破坏或改变了一定范围内的生态环境,原来的生物群落发生了变化,一些病源赖以生存循环的宿主、媒介发生了变化,因而导致了自然疫源的变化。如丹江口水库、新安江水库等建成后,原有陆地变成了湿地,利于蚊虫滋生,都曾流行过疟疾病;三峡水库介于两大血吸虫病流行区(四川成都平原和长江中下游平原)之间,建库后水面增大,流速减缓,因此对钉螺能否从上游或下游向库区迁移并在那儿滋生繁殖,是需要重视的环境问题。此外,水利水电工程吸引来的八方游客,也有可能把各种传染疾病带到当地社会来。这些影响对水利水电工程周围及其上下游人民的健康都是不利的,应在环境分析中给予足够重视。当然某些地区,由于水库建成后也会改善库周居民的饮水条件,可能使由于水中某种元素缺乏或过高而引起的地方病发病率下降。

(五)景观与旅游

水库的修建使一些人迹罕至之地成为旅游热点。由于水利水电工程绝大部分修建在景色绮丽的大自然环境里,山清水秀,风景宜人。宏伟的水工建筑物与周围自然环境相互映照,如果有便利的交通设施和服务条件,必然会形成一个新的旅游热点,对促进旅游事业的发展是十分有利的。我国新安江水库库区目前就形成了著名的千岛湖风景区,获得了可观的经济效益。

但有些水库的修建却在一定程度上损坏了自然景观或文化古迹。如埃及以22座神庙组成的努比亚古迹也因水库淹没而拆迁,三峡水利工程水库淹没影响了三峡的两个半峡,即瞿塘峡、巫峡、西陵峡的上半段。

水利水电工程开发建设不仅要考虑主体工程建筑物的安全和经济,还要重视与周围景观的协调。在工程规划时,对工程兴建地的自然环境面貌要作一定的美学分析,对有较大价值的自然景观应尽量保留。在工程设计时,在满足主体工程安全、经济的要求后尽量使工程外貌和周围自然环境协调、相互映照。在工程投入运行后,进一步的开发建设如文化生活设施要尽量减小对自然环境的干扰,要充分考虑与周围环境协调的需求。

(六)水库失事的影响

任何事物都是一分为二的,修水库的主要目的是减轻、消除下游洪水灾害。但因为水库蓄水多、水位高,如遇水库失事,会有很高的水头和大量的洪水,在很短时间内居高临下倾泄下来,洪水波浪所到之处,必将对水库下游造成摧毁性的破坏和毁灭性的灾难,其危害程度甚于海啸,仅次于核爆炸,大水过后,地表被一扫而光,土地连庄稼都不能种。

据统计,全世界每年有100座水库失事,对当地社会造成很大的危害。由于水库失事灾害的突发性和巨大影响,必须引起我们高度的重视。一般引起水库失事的原因有三类:①设计施工不当,如美国的圣弗兰西斯坝由于基础处理不好,修成两年后曾垮坝;②管理不善,如印度一座水库,因控制闸门启闭不灵曾导致溃坝,下游17万人的小城被冲毁;③遇到超标准特大洪水,如1975年8月淮河上游发生特大洪水,曾使两座大型水库在一个晚上同时溃坝,造成惨重损失,由此也整个改变了淮河水系的防洪标准。

第三节 跨流域调水工程对环境的影响

跨流域调水是为解决水资源在时间、空间分布上的不均或资源性的短缺而采取的水资源优化配置工程措施。如我国的南水北调工程,俄罗斯的伏尔加—莫斯科调水工程,加拿大的邱吉尔河—纳尔逊河调水工程,美国加利福尼亚的北水南调工程等。调水改变水平衡与水文循环,会引起环境的一系列变化。任何调水工程,其对环境的影响均可按地理水文分区方法划分为水量输出区(水调出区)、水量输入区(水调入区)、输水通过区(连接区)三个部分。

一、对水量输出区环境影响

对水量输出区主要存在以下几方面的问题:

(1)水调出区在枯水系列年,河流径流不足时,调水将影响水调出区的水资源调度使用,可能会制约水调出区经济的发展。紧邻水调出区的下游地区,在枯水季节更可能造成下游灌溉、工业与生活用水的困难。

(2)水调出区河流水量减少,改变了原有河床的冲淤平衡关系,可能使河床摆动、河床淤积加剧;流量减小使河流稀释净化能力降低、加重河流污染程度;另外,也会影响河流对地下水的补给关系。

(3)可能引起生态环境用水不足,引发一系列生态灾难。如俄罗斯北水南调工程,以亚洲地区8条流入北冰洋河流的总水量19 500亿m^3的1%～3%作为调出水量,却由于减少了流入喀拉海的淡水量和热水量,影响到喀拉海的水温、积水量、含盐量、海面蒸发以及能量平衡,导致极地冰盖扩展、增厚,春季解冻时间推迟;地球北部原本短暂的生长季节,也缩短了半月多;西伯利亚大片森林遭破坏,风速加大、春雨减少、秋雨骤增,严重影响了农业生态环境,并使北冰洋海域通航条件变差,鱼产减少。

(4)调水工程移民涉及众多领域,是一项庞大复杂的系统工程,关系到人的生存权和居住权的调整,是当今世界性的难题。

(5)若调水过多便会减少河流注入海湾的水量,使海洋动力作用相对增强,淡水与海水分界线向内陆转移,影响河口区地下水水质及河口稳定。

二、对水量输入区环境的影响

调水工程解决了水调入区的水资源缺乏问题,改善了水调入区的生态环境。同时,对水调入区也可能产生一些影响,主要有以下几方面:

(1)改变了水调入区水文和径流状态,从而改变了水质、水温及泥沙输送条件。例如引黄入淀(白洋淀)工程、引黄济青(青岛)工程,黄河泥沙改变了原有的河流水沙输送匹配关系,增大的含沙量会引起河道淤积并影响水质。

(2)改变了水调入区地下水补给条件,引起地下水位升高。若用于调水灌溉的排水系统处理不当,会造成土地盐碱化、沼泽化。

(3)改变水调入区水生和陆生动植物的生态环境、栖息条件,相应动植物的种群、数量会发生一定的变化;加剧外来物种的入侵,使本来就已严峻的防治工作雪上加霜。

(4)如调水时不注意对水质的控制,可能造成水调入区介水疾病的传播,影响人们健康。如美国一些调水工程实施后,传播着一种脸板蚊,曾使脑炎猖獗。而在远东一些调水工程中,则曾传播日本乙型脑炎蚊。在非洲一些调水工程中,曾给调水地区传播了大量疟蚊。此外,一旦发生大范围的水污染突发事件,若处理不及时、监控措施不到位,可能造成更大范围的生态灾难。

三、对输水通过区环境的影响

跨流域调水往往输送很长距离,有的沿程输水工程长达上千千米。一方面,由于输水工程跨越众多河流,需要修建大量交叉建筑物,对跨越河流引起河床演变和防洪新问题;另一方面,输水工程沿程跨越不同自然条件的地域,或者经过调水工程范围内的工业和城市,可能引起对所调水体的污染。有的调水工程将所经过的众多河流和湖泊作为部分引水线路,这些河流和湖泊事先有污物,或者其后被来自调水区域已污染的水体所污染,这样引起调水工程沿线各地对被调水体的污染。污染源一般来自以下几方面:

(1)生活污水。当地生活污水有可能通过湖、河、渠进入被调水体中。对跨流域调水工程进行评价时,污水的影响不能超过调水工程来水的自净量。若调水工程通过人口密集区,调水的水质易被生活污水所污染。如我国南水北调东线输水工程,长达1 150 km,整个输水线要通过江淮平原一系列湖泊(如洪泽湖等),穿过长江、淮河、黄河和海河四大水系,沿途人口密集、经济发达,有可能造成所调水体的污染。

(2)城市暴雨径流。在有综合排污系统的地区,暴雨径流会跟污水混合,以溢流方式流进排水渠道,有可能进入到调水工程所经过的河流、湖泊中。这些混合径流含有城市街道、庭院、屋顶冲刷出来的污染物质,造成调水工程的水体污染。

(3)农田灌溉排水。来自农田灌溉的退水中一般含有:碱性和含盐土壤的排出物质,来自生活污水和工业污水灌溉的土地排出的污染物质,来自农药、化肥的残留物质。这些污染物通过农田灌溉退水或暴雨径流通过水渠流入输水工程中,有可能污染所调的水体。

(4)工业废水。调水工程通过城市工业废水排放区域时,城市的工业废水(往往含有大量的有毒物质和致癌物质)有可能污染调水工程的水体。我国南水北调输水工程东线方案受这方面的影响会相当严重,中线方案相对来讲就好一些,西线调水工程由于沿线人烟稀少、工业不发达,受沿线污染最小。

(5)总干渠与沿线交叉工程。南水北调输水工程总干渠沿程与数百条河流交叉,每个交叉建筑物都对穿越河流的泄洪与冲淤变化带来各种影响,同时交叉河流的泄洪也对总干渠建筑物安全构成威胁。另外,渠道渗漏会影响所经地段的土壤与地下水的平衡,在北方地区有次生盐渍化的威胁。

第四节　其他水利工程对环境的影响

一、灌溉工程对环境的影响

灌溉工程包括蓄水工程、输水系统和灌区三部分。蓄水工程对环境的影响已如前所述，这里主要介绍输水系统沿线的影响和灌区内部的影响。

(一)输水系统的环境问题

输水系统是蓄水工程与灌区之间的过渡，沿线所经过的地带由水源区向人口稠密、社会经济活动频繁区和农业耕作区过渡。它上承水源区所产生的环境影响并向沿线各处传播，或加强或减弱，从而形成灌区环境影响问题。输水系统一般由人工渠道或河、渠联合组成，沿线工程设施和水情变化带来各种环境影响。输水系统中的水流流速过缓会引起泥沙淤积，影响渠道输水能力；同时岸壁水草及贝类生长又会增大渠道阻力、影响水质。输水系统中的水流过急，则会引起渠道冲刷，影响渠道安全。从多沙河流引水的输水系统中淤积往往不可避免，每年渠道清淤要将大量淤沙被抛弃在渠道两侧。堆弃的粗沙不但占压了农田，春季刮风时漫天黄沙又带来环境问题。

沿渠道两侧渗漏水量加大和地下水位抬高，会改变影响沿河的水文地质条件及地下水动态。在输水系统除了输水也有可能传播危害人、畜和植物的传染病。另外，排水系统则可能把灌区中含有农药、化肥的劣质水排入大河，对河流造成污染。

(二)灌区内部的环境问题

为了进行充分的农业灌溉，灌区内部各级沟渠纵横交错。灌区生态系统应该说要比周边地区好得多，但是这些沟渠可能因积水或排水不良而招致病虫害滋生，恶化环境卫生，诱发疟疾、肠道传染病等。回归地下的灌溉渗漏水抬高了地下水位，虽然提高了土壤湿润程度，但也可能形成渍害，造成土地沼泽化或盐碱化；如果土壤中施用大量化肥、农药，灌溉渗漏或降雨渗漏都会对地下水造成污染，灌区灌溉或降雨退水也可能成为通过排水系统向外输出的污染源。

二、引水式水电站对环境的影响

引水式电站是利用天然河道落差，由引水系统集中发电水头的电站；还有些电站既用挡水建筑物，又用引水系统共同集中发电水头，成为混合式水电站。引水式电站会造成挡水建筑物至发电厂房段的河道断流，或是永久性断流，或是间断性断流。跨流域引水发电，可造成较长河段的断流或流量减少。河道断流造成的影响很大，主要是对森林植物、动物的栖息环境、断流段的小气候等生态环境的影响，这种影响往往是破坏性的和不可逆转的。必须采取必要的可行措施，来保护断流段的生态环境，例如，从挡水建筑物下泄一定的水量，保证该段的生态环境用水，将这部分水称为生态需水量，或称最小生态用水量。

三、地下水开采对环境的影响

地下水的大规模过量开采，往往破坏地下水的均衡，造成区域性地下水位下降，从而导致地下水可开采量减少以至衰竭、地面沉降和塌陷、地下水质恶化，产生缺氧空气等。

（一）地下水可开采量减少以至衰竭

地下水同地表河流一样，其资源是有一定限度的，如果合理开采，其开采量与补给量基本相当，就可保持持续不断地取得一定水量。相反，如果开采量不加控制，长期超过补给量，则可开采量会逐渐减少，动水位将大幅度下降，将由少数井开始吊泵及枯井，逐渐发展到整个水源地，最终导致地下水资源的枯竭甚至完全干涸。如我国华北地区的石家庄、邯郸、郑州等城市都因过量开采地下水，使水位下降，形成地下水下降漏斗。

（二）地面沉降和塌陷

地面沉降通常多在大河下游近海冲积平原地区的城市发生，而地面塌陷多发生在岩溶地区的工矿基地，这两者都是在自然条件和人为因素综合影响下产生的环境地质现象。引起地面沉降和塌陷的主要原因是过量开采地下水，造成地下水位大幅度下降后引起松散沉积物压缩（如沙层压密或黏性土层压缩）而导致地面沉降；或大量吸取地下水后，使原填充在溶洞内的泥沙被迁移或携出，因而造成地面局部塌陷。地面沉降可形成洼地，由此雨后积水不易排除，路面积水阻碍城市交通和淹没地下库室，使建筑物发生不均匀沉陷等现象，并造成地下管道、电缆破坏，部分码头失效，海潮淹没地面等，给工农业生产、交通运输、市政建设及居民生活带来极大危害。

（三）导致地下水质恶化

在滨海地区（或内陆咸水区）取水，由于区域地下水位下降，往往造成海水（或咸水）侵入开采的含水层，造成原来的抽水含水层水质恶化。我国沿海的某些城市如大连、青岛、秦皇岛、宁波均有水质恶化现象。在水质变坏的同时，水量也减少很多。

（四）产生缺氧空气

主要指缺乏氧气成分的空气的从地下喷出引起死亡事故。天然状态下，原有的松散含水层空隙均被地下水所饱和，由于大量抽水引起地下水位下降过大，流入松散沉积物中的空气，因为底层本身强烈的还原状态而消耗空气中的氧气，因而产生缺氧。在地下工程兴建时，因地下水位下降产生的缺氧空气，值得引起重视。

习　题

1. 水利水电工程建设为什么会对环境产生影响？其影响包括哪两个方面？
2. 试分析建坝对下游河道可能产生的影响。
3. 试论述库区附近土壤盐碱化的原因。
4. 简述水利水电工程对河流上下游渔业产生的有利影响和不利影响。
5. 水利水电工程引起断航的原因有哪几个方面？
6. 调水工程对环境的影响有哪几方面？

第九章 水利水电工程环境影响评价

第一节 意义与原则

一、水利水电工程环境影响评价的意义

水利水电工程通过水资源的调控,实现防洪、发电、供水、灌溉、航运等多功能,可对改善生态环境发挥显著作用,是国家经济社会可持续发展的重要基础。同时,水利水电工程开发也带来了土地淹没、移民安置、泥沙冲淤、生态环境的改变以及施工期的环境问题。我国的水利水电工程建设在经历了资金和市场约束为主的时期后,已进入生态与环境约束占主导地位的时期。在工程建设中切实保护生态与环境,建立与生态相协调的水利水电工程建设体系是必然趋势。以科学发展观、人与自然和谐的理念,全面、科学、客观地评价水利水电工程建设的环境影响,对于我国水资源开发具有重要的意义。

美国及一些发达国家对兴建水电站所引起的生态问题一直比较重视。美国率先在20世纪60年代开展环境影响评价工作,其后,瑞典、澳大利亚、法国分别于1969年、1974年和1976年在国家的环境法中肯定了环境影响评价制度。我国水利水电工程环境保护从20世纪50年代开始就进行了一些初步的研究,但不够系统,70年代末环境影响评价才开始起步,但从80年代初以来,发展迅速,从理论研究、实地监测和环评规范化及一大批大中型工程相继开展环境影响评价,逐步得到全面发展和完善。

《中华人民共和国环境保护法》规定,建设项目环境影响报告书必须对建设项目产生的污染和对环境的影响作出评价,制定防治措施。1998年,国务院发布了《建设项目环境保护管理条例》,对建设项目环境保护的分类管理、环境影响报告书的内容、审批程序和管理办法作了更具体的规定。2000年颁布了《中华人民共和国环境影响评价法》,把环境影响评价从法律上提到新的高度。根据我国法律法规和环境保护行政主管部门加强标准化管理要求,1988年12月,水利部、能源部共同发布了《水利水电工程环境影响评价规范》(试行);1992年11月,又颁布了《江河流域规划环境影响评价规范》;2003年,国家环保部、水利部发布了《环境影响评价技术导则——水利水电工程》。这些法律法规、技术标准和规范使我国水利水电工程环评步入了法制化、规范化的管理轨道。

所谓水利水电工程环境影响评价,概括地说,就是用于水资源开发建设项目环境管理的一种战略防御手段。它的任务就是从环境保护角度对拟建工程进行评审、把关,提出工程规划建设的可行性、合理性及环境对策。在规划阶段它是项目决策的重要依据,在项目建设与运行期它对项目的环境管理起指导作用。狭义地讲,在水利水电工程开工之前,即在可行性研究阶段对其选址、设计、施工、运行可能带来的环境影响进行预测分析,对不利影响拟定防治措施(环境对策),确保水利水电工程与周边生态环境的协调。广义地讲,环境影响评价不仅要对水利水电工程建设及运行期间对自然环境的影响进行评价,也要研究评价工程对

社会环境、社会经济的影响；制定有效的环境对策，把不利影响限制到可以接受的水平，为实现经济增长和环境保护同步协调发展提供决策依据和有力保证。目前，也对一些过去的水利水电工程进行环境影响的回顾评价，以利于已建工程的运行与环境管理，也有助于新建水利水电工程环境影响评价工作的开展。例如，对三门峡水利枢纽进行环境影响回顾评价，对水库的运行及环境管理具有重要的指导意义，同时也可作为小浪底水利枢纽环境影响评价的参考。

二、水利水电工程环境影响评价的目的与原则

（一）目的

水利水电工程环境影响评价是法令规定拟建工程必须执行的一项例行制度。环境影响评价的目的是要保证拟建工程贯彻执行"保护环境"的基本国策，认真执行"以防为主，防治结合，综合利用"的环境管理方针。通过评价预测拟建水利水电工程建成后对当地自然环境和社会环境造成的各种影响，提出环境对策，以保证拟建工程影响区域良好的生态环境和社会环境；同时评价结果也为领导部门决策（拟建工程的可行性、方案论证等）提供重要的科学依据。

水利水电工程的环境影响评价的任务就是要查清工程所在流域的环境质量现状，针对工程特征和污染特征，对工程在自然、社会、生态环境方面可能产生的影响进行分析，预测各种影响的范围、程度，预测可能发展的结果，对不利影响要提出相应的工程防止措施与环境对策；根据评价结果回答工程项目的可行性、合理性与方案选择。

（二）原则

水利水电工程的环境影响评价涉及方面很广，因此水利水电工程环境影响评价工作应注意遵循以下几条原则。

1. 政策性

《中华人民共和国环境保护法》规定，建设污染环境的项目，必须遵守国家有关建设项目环境保护管理的规定。环境影响报告书经批准后，计划部门方可批准建设项目设计任务书。环境影响评价工作责任重大，政策性是评价工作的灵魂；要求环境影响评价工作者必须按照国家与地区颁布的有关方针、政策、标准、规范进行工作。

2. 针对性

不同水利水电工程的作用、性质、规模及当地条件不同，工程对环境影响也会各不相同。采取的评价方法及环境对策也应针对具体情况，必须根据评价对象，因地（工程）而宜。

3. 科学性

环境影响评价是需要多学科联合完成的综合性技术工作，涉及方面及影响因素多。要作好环境影响评价，一定要以科学、缜密的态度进行各种环境要素的监测、分析，数据要可靠，选用评价模式要合理、适宜。

4. 公正性

水利水电工程对周边的环境影响会有所差异，环境影响评价工作一定要实事求是、客观公正，决不能受外在因素影响而带有主观倾向性，评价结论一定要准确和公正。

第二节　工作程序与内容

水利水电工程影响评价工作包括两大部分：一是编制评价工作大纲，二是开展环境影响

评价。

一、编制评价工作大纲

评价工作大纲是环境影响报告书的总体设计和行动指南，是开展环境影响评价工作的战术方案。环境影响报告书的质量好坏、评价费用高低，取决于评价工作大纲是否符合客观实际。因此，编好评价工作大纲是搞好环境评价、保证环境影响报告书质量的关键。一般的环境影响评价工作大纲，即环评程序如图 9-1 所示。

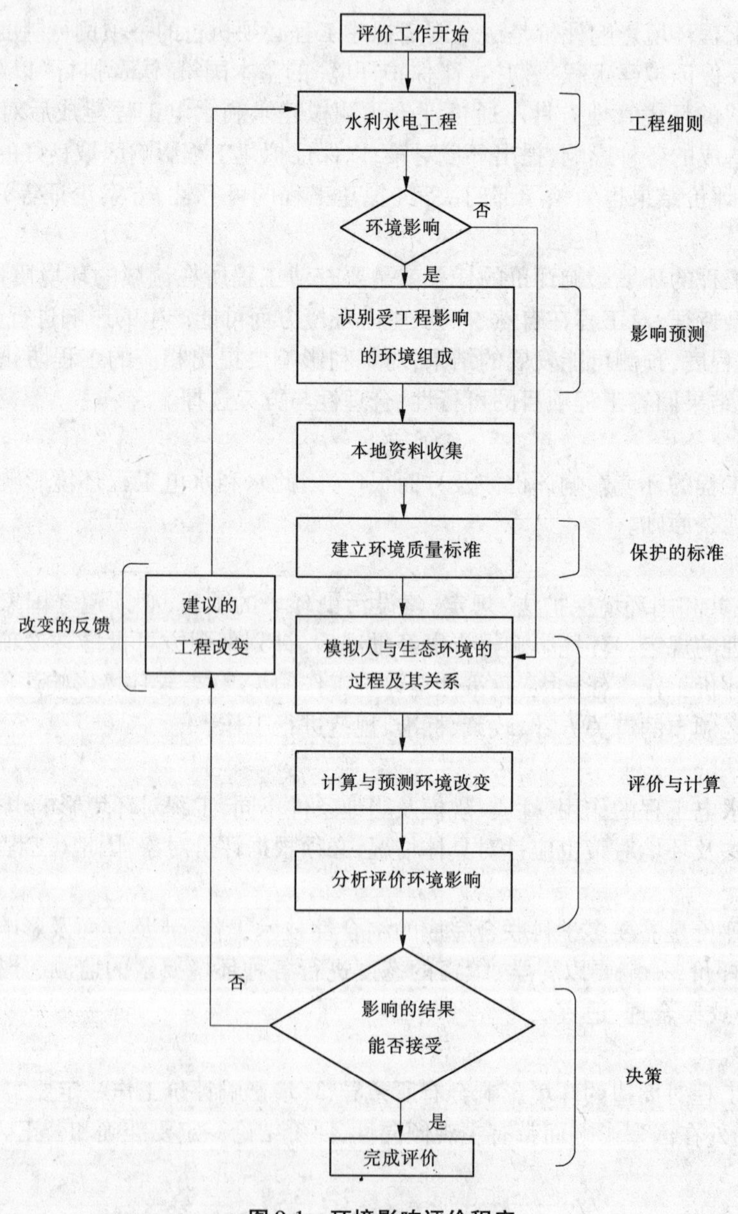

图 9-1　环境影响评价程序

(一)编制步骤

环境影响评价工作大纲编制的步骤可分为四步。

1. 编制准备工作计划

首先根据评价任务委托书规定内容和进度做好组织落实,确定项目和技术总负责人;同时物色协作单位,组织安排专题负责人和工作人员;然后编制准备工作计划。

2. 开展初步调查,收集和了解有关资料

了解工程设计的有关方案、主要技术参数和相关指标;调查了解拟建工程所在区域的社会情况,重点了解工程的行政区划,周围工矿企业、移民区、政治文化设施、特定保护目标分布、位置等;勘察了解拟建工程现场自然环境情况,如工程地形、地貌、气象、水文、地质、地震、放射性等自然环境概况;了解工程区域环境质量现状及规划功能要求;了解经济发展与环境规划,收集有关环境法规和标准;了解项目建设批准文件的详细内容,了解当地相关可行性研究的资料。

3. 确定评价工作初步纲要

首先把现场收集的社会、自然环境资料结合现场区域环境质量现状和环境功能要求进行整理、研究,作出环境特征分析。再根据工程建议书、可行性研究以及工程设计方案等资料,分析研究作出工程特征分析。然后根据环境特征和工程特征分析结果,进行评价等级识别,并结合有关法规、标准和经济、环境发展规划要求,确定出评价工作范围、内容和深度以及评价费用估算。进而汇成评价工作初步纲要,同时再向有关环境保护部门、建设单位征求意见。

4. 编写评价工作大纲

评价工作初步纲要向建设单位和环境保护主管部门征求意见后,即可参照环境影响评价大纲明文规定的内容和格式,结合有关部门和单位所提意见正式编写环境影响评价工作大纲,同时完成评价费用,概算编制完成后,再按规定程序由建设单位上报审批。

环境影响评价工作大纲编制流程如图9-2所示。

具体到水利水电行业,“水利水电工程环境影响评价大纲”编写格式如下:

(二)编写格式

(一)任务及编制依据

1. 工程(建设项目)环境影响评价任务由来。
2. 国家及地方环境保护法规的有关规定。
3. 流域或河段的主要规划文件。

(二)工程规划设计简况

1. 工程开发任务。
2. 工程规模、特性、施工规划安排。
3. 工程影响地区自然及社会环境特点。
4. 附图:工程所在流域或河段规划示意图;工程布置示意图。

(三)环境状况调查

1. 调查的内容和范围。
2. 调查方法。
3. 调查要求。

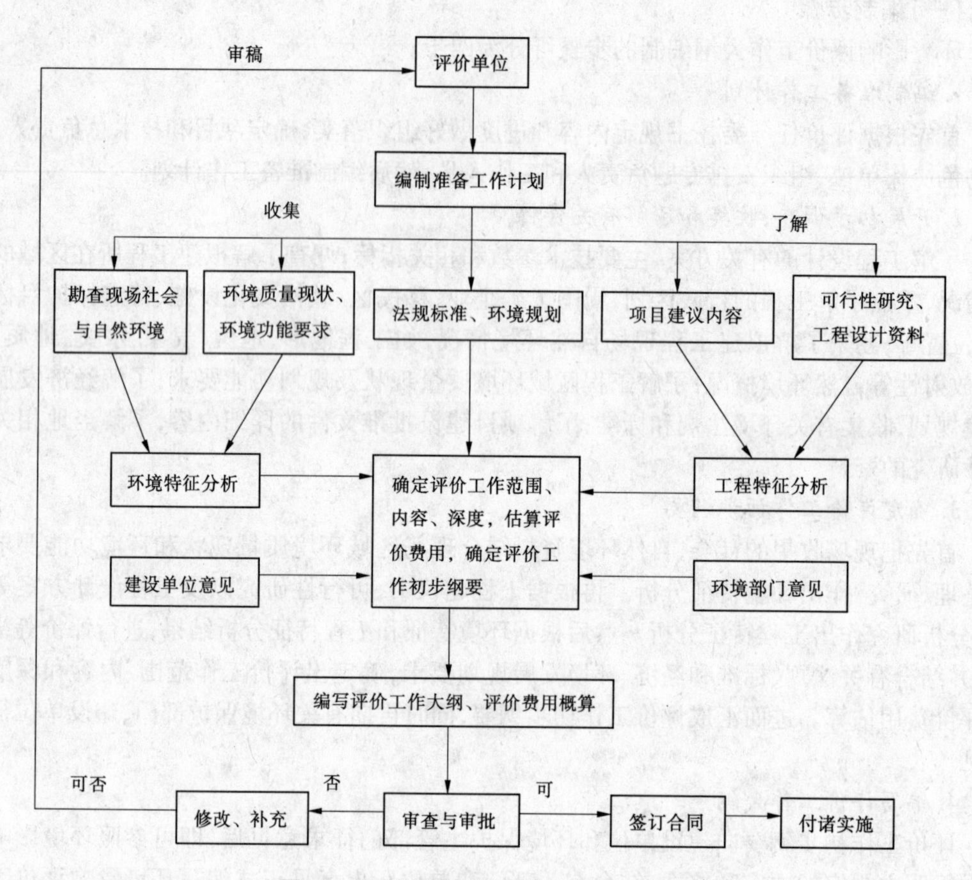

图 9-2　环境影响评价工作大纲编制流程

4. 调查成果。

（四）环境影响预测、评价

1. 预测评价的内容。

2. 预测评价的方法。

3. 预测评价的成果。

（五）综合评价和结论

1. 综合评价方法。

2. 对策措施研究和投资估算。

3. 环境影响经济损益简要分析。

4. 评价结论和建议。

（六）提交成果

（七）工作进度安排

（八）组织及分工

（九）环评工作经费预算

（十）其他

（三）编写要求

(1)在环境状况调查中，凡需进行测试的项目，应列出取样的位置（附图）、测试的时间和次数、测试工作的实施办法。

(2)环境影响预测、评价的内容中,应提出工程兴建可能产生的主要环境影响。

(3)工作进度安排要求:

①列出工作进度表。

②安排进度一般可包括工作准备、初步查勘、大纲编写及审查、环境状况调查、测试分析、专题报告编写、环境影响报告书编写等阶段。

③为协调各专业、专题之间的配合,对工作量较大的专题和测试周期较长的项目,可增加提交一次中间成果。

④编制工作进度计划,应留有一定机动时间,以便安排新增加的研究项目。

(4)组织分工的要求:

①列出工程环评项目负责人及专题环评项目负责人的姓名、职务。

②列表说明工程环评任务分工,内容包括专题名称、承担单位。

③对外委托的专题评价项目,应签订委托书。内容包括:任务要求、双方承担的责任和义务、工作经费、完成任务时间及其他注意事项等。

(5)工程项目环境影响评价费一般应包括初步查勘、资料收集、测试分析、委托专题费,环境影响报告书编写及印刷费,环评大纲、专题报告、环境影响报告书等审查费和其他不可预见费等。

(6)制定工作大纲时,可根据工程的实际情况,对规定的编写格式作适当调整。

二、开展环境影响评价

根据以往工程环境影响评价工作的经验,在进行环境评价之前,首先需要建立环境评价的基本系统。它主要包括环境评价的对象系统、时间系统与识别系统。

(一)对象系统

对象系统应该是一个多层次的复合生态系统。第二层次一般可分为自然、社会、经济三个子系统,第三层次是第二层次进一步的细化,以下逐层次细化,直至达到可以量化的具体环境评价因子。例如对自然子系统部分,它可以包括水环境、陆地环境、生态环境,在水环境中又可细分为水质、底泥、自净、城镇污染等,而水质部分则可以具体细分为一些可以量化的环境因子,如BOD、DO、COD、重金属含量、氨氮含量等具体指标。在社会子系统部分,它可以包括移民区、施工区、淹没区等子层次,在移民区中又可细分为土地承载量、资源开发潜力、水资源利用量,而土地承载量部分则可以具体细分为一些可以量化的指标,如单位面积上的移民人数、单位农田面积上的某种作物产量等。在经济子系统部分,它可以包括库区经济、移民区经济、施工区经济等子层次,在移民区经济中又可细分为移民区经济类型、经济结构、开发潜力、产值空间、效益组成等,而效益组成部分则可以具体细分为一些可以量化的指标,如某种产业的年效益值等。

(二)时间系统

时间系统主要是指在环评工作中要根据不同的时间系列进行评价,一般可分为不同建设阶段的评价时间系列与不同开工期建设的评价时间系列两个子系统。对于不同建设阶段的评价时间系列子系统又可分为准备阶段、施工阶段、运行阶段三个子层次。对于不同开工期建设的评价时间系列子系统又可分为近期开工、中期开工、远期开工三个子层次。

(三)识别系统

识别系统是环评工作的主要内容,它主要包括:确定工程环评中的影响关系,确定工程环评中的价值标准,确定工程环评结论。一般识别系统要建立一个标准系统、一个识别指标系统。

1. 标准系统

标准系统主要包括:

(1)本底标准系统:反映评价对象的初态值及环境本底值,这是无工程状态下的动态值,与评价时间系统密切相关。

(2)投资发展标准系统:反映无工程但有当地投资状态环境标准。

(3)理想标准系统:反映理想状态下的环境标准。

(4)影响标准系统:反映有工程状态,有外来投资与无外来投资两种状态下的环境标准。

(5)预警系统:提出预警指标,给出评价结果与预测发展趋势。

2. 识别指标系统

识别指标系统包括:

(1)环境质量指标 $E(t)$,一般分五级:0~2,2~4,4~6,6~8,8~10。

(2)环境影响程度指标 $I(t)$,一般分六级:无(0),微弱(0~2),轻度(2~4),中度(4~6),巨大(6~8),极大(8~10)。

当然,这一评价系统也在工程实践中不断完善。

三、开展环境影响评价

环境影响评价步骤主要包括五步:影响识别、影响预测、影响评价、减免影响和改进措施的研究及拟定保护措施和监测方案,其中前三步是最重要的。

评价工作的依据是经过批准的环境影响评价工作大纲,凡是大纲中核定的工作内容都要按照进度计划分期开展,认真组织,全面完成。在工作中若遇有困难而影响工作计划完成时,评价单位应及时研究和处理,如果需要改变原定大纲中的规定内容,必须事先征得审批环境影响评价大纲的环保主管部门同意。按评价大纲规定内容开展评价工作,最后编写环境影响报告书。

第三节 评价方法

水利水电工程环境影响评价是按照一定的评价目的,分析水利水电工程对环境的影响,把各种影响要素综合起来,对工程的环境影响进行定性或定量的评估。

水利水电工程对环境各种影响的复杂制约条件以及各种环境影响要素之间的关联性难以准确评定,所以环境影响难以有较好的计算模式予以准确量化。水利水电工程环境影响评价目前还并没有完善、通用的评价方法,这里将介绍几种常用的定性、定量的评价模式与方法。但应注意每种评价方法都有其适用范围和局限性,具体选用时应根据实际工程特点、环境条件及各自问题的特殊性,慎重考虑,酌定选用。评价的一般步骤是确立评价系统,选定评价因子,选择合适的评价方法(模式)进行量化计算(评判)。

一、清单法

清单法是最基本、最传统、最常用的一种评价方法。其基本形式是把某项水利水电工程各种有关影响以表格形式列出，并常附有定量计算和环境参数的解释与说明，通过各类影响值的分析或运算进行影响评价。它可以分为以下两种方法。

（一）简化清单法

它是一个一目了然的环境参数表，没有提出如何测定和解释环境参数数据的准则。它可用于工程施工影响分析的评价中，各潜在影响是根据影响类别和工程阶段来编制的，常根据工程的具体情况分为有利的和不利的几级影响，可参见表 9-1、表 9-2。由表 9-2 可知，施工期对水质的不利影响最大，运行后的主要效益是防洪。

表 9-1　某流域开发方案环境影响比较

环境因子项目	选择方案		
	A	B	C
河流系统中的水库数	4	3	0
水面总面积（hm^2）	3 500	1 300	—
总库岸线长（km）	190	65	—
新灌溉面积（hm^2）	40 000	12 000	—
公共场地的减少（hm^2）	10 000	2 000	—
洪水泛滥淹没的文物古迹（个数）	11	3	—
减少土壤侵蚀（相对数量级）	4 倍	1 倍	0
渔业生产（相对数量级）	4 倍	1 倍	0
洪水控制标准	20 年一遇	百年一遇	—
新的潜在不利环境威胁（相对数量级）	4 倍	1 倍	0

表 9-2　国外某水利工程环境影响评价

影响类别	不同工程阶段的影响程度		
	规划设计	施工	运行
防洪	0	- -	+ + + +
灌溉	0		+ +
航运	0	- -	+
水质	0	- - -	-
淹没土壤	0	-	- -
气候	0	0	+
社会政治经济	-	- -	+ +
自然景观	0	-	+ +
生态			

注："+"——有利影响，最低等级：+，最高等级：+ + + +；

"-"——不利影响，最低等级：-，最高等级：- - - -；

0——无影响。

有的则除列出环境参数外，还包括环境参数的识别，同时给出测定参数的准则。回答涉及哪些建设项目以及可能受这些项目影响的有哪些环境参数，同时注明参数数据如何量测和估计的准则。每个根据实际测量获得的环境因子均有详细的描述与数据解释的信息，故可称为描述性清单法。

有的在前述方法的基础上，附上对环境参数数值分级的资料，利用分级技术评价与比较建设项目的环境影响。Adkins 和 Buker 提出了以 +5 到 -5 为分级评价的相对基础。分级的方法是根据各方面专家的共同判断评分。本法利用对各方案有利影响评价(正号)的数目与不利影响评价(负号)的数目的比值，以及所有估值的代数和的平均值来显示各种方案环境影响的相对大小，故可称为等级清单法。

(二)权重清单法

1. 权重评分法

权重评分法考虑了不同环境影响因子在水利水电工程对环境影响系统中不同的地位和作用，将各环境因子对环境总体影响的大小作为评价权重。例如，水库淹没在环境影响系统中的地位比较重要，耕地淹没和移民这些重要因子的权重就比较大，而相对局部小气候改变这一因子影响较小，权重就小。权重评分法采用将各项因子的影响程度(常以影响级别表示)与其权重相乘，再累加，作为评价的综合指标，计算公式为：

$$y = \sum_{i=1}^{n} (E_i D_i) \tag{9-1}$$

式中 y——环境影响指数；

D_i——第 i 项环境影响因子的权重值，应慎重选定；

E_i——第 i 项影响因子的影响程度。

E_i 有以下两种确定方法：

(1)按影响程度强弱分为五级。

Ⅰ级　影响程度极大　100 分

Ⅱ级　影响程度较大　80 分

Ⅲ级　影响程度一般　60 分

Ⅳ级　影响程度较小　40 分

Ⅴ级　影响程度极小　0 分

有利影响取正值，不利影响取负值，无影响取零。

(2)按 Adkins 的环境影响分级法，以 ±5 和 0 共分为十一级。

确定影响级别和权重的这项工作通常应由经验丰富、熟悉工程情况的环评人员确定，并征求有关专家意见。

这里举一综合利用水利枢纽的环境影响评价为例。这个水利水电工程以发电为主，兼顾航运、渔业、灌溉、旅游等。工程布置有拦河闸、泄洪闸、冲沙闸、船闸、引水道及发电厂房等水工建筑物。根据工程特点将工程环境分为自然环境、社会环境和环境效益三个子系统。子系统下又分环境组成和环境因子两个层次，分别确定权重。总权重以 1 000 计，三个子系统按 3∶3∶4分配，即自然环境(300)、社会环境(300)、环境效益(400)。环境影响因子的影响程度在这里共分四级：基本无影响(0 级)，影响较轻(1 级)，有一定影响(2 级)，有较大影响(3 级)。有利影响取正，不利影响取负。经调查、资料整理分析和专家评定，该工程环境影响评价的具体成果(权重清单表)如表 9-3 所示。

表 9-3　某水利水电工程环境影响评价

环境种类	环境组成	环境因素或因子	环境背景	环境影响效应	综合评价		
					级别	权重	结果
自然环境(300)	环境地质(50)	诱发地震	未发现强震构造背景，工程地区地震烈度Ⅳ度	蓄水后发生诱发地震的可能性很小	0	25	0
		岸库	库周库岸稳定	有数处小滑坡、塌岸	-1	15	-15
		水库浸没	浸没较少发生	地下水位略有上升,对耕地时有浸没	-1	10	-10
	水文泥沙(40)	径流变化	最大流量:28 900 m^3/s,最枯流量:519 m^3/s	对下游防洪略为有利	+1	20	+20
		泥沙淤积	年输沙量 7 470 万 t	基本无拦沙效益,3 年淤积至坝头,量小	-1	15	-15
		下游冲刷	多为沙岸河岩	基本无冲刷	0	5	0
	局部气候(60)	气温	年平均 17.6 ℃,最高 41.3 ℃,最低 -2.4 ℃	冬季气温略有升高,夏季气温降低	+1	20	+20
		降水	多年平均降水量1 014.6 mm	库周降水量略有增加	+1	20	+20
		蒸发	20 cm 口径,多年平均蒸发量 1 166.2 mm	影响不大	0	10	0
		湿度	相对湿度 81%	影响不大	0	10	0
	水质、水温(60)	自净能力	天然河道纳污能力较强	水库水位虽经常变化,但自净能力有所降低	-1	25	-25
		脱水段水质	天然河道水质良好	水体变小,接纳一定污水,水质状况变差	-2	20	-40
		水温	年均 17.1～17.4 ℃	水库为混合型,水温略有上升,脱水段深槽水温上升	+1	15	+15
	陆生生物(50)	植被	马尾松、青冈和人工经济林	有利于库周植物生长	+1	35	+35
		野生动物	野生动物稀少	无影响	0	15	0
	鱼类资源(40)	越冬、产卵场	库区有羊口滩产卵、白花沱越冬场,脱水段棺材石越冬场	越冬场迁移或废弃,产卵场迁移	-2	15	-30
		种群变化	鲤、鲫、鲶、白甲等	流态和饵料变化,河流阻隔,种群略有变化	-2	20	-40
		资源增值	年渔获量约 2 532 t	水面扩大,资源可能增值;由于脱水和阻隔,总变化不大	0	5	0

续表 9-3

环境种类	环境组成	环境因素或因子	环境背景	环境影响效应	综合评价		
					级别	权重	结果
社会环境(300)	水库淹没(150)	水库移民	库区人口约16.7万人	迁移人口259人	-2	50	-100
		淹没耕地	库区耕地约9 200 hm^2	淹没耕地307 hm^2，减产粮食180万kg	-3	60	-180
		其他	经济林、房屋、水利水电设施等	桑树4 960株，柑橘64株，房屋5 000多m^2	-2	40	-80
	健康(80)	地方病	无特殊地方病	无影响	0	30	0
		流行病	肝病、痢疾、疟疾为主	疟疾在库湾、渍水区略有上升，其他无影响	-1	30	-30
		其他病	发病率较低	无影响	0	20	0
	工程施工(20)	施工区“三废”	基本无“三废”排放	年污水量1 089万m^3，总固体废渣546万m^3	-3	10	-30
		噪声污染	自然河流声源	施工机械、设备噪声大于90 dB，对居民有影响	-2	5	-10
		景观	植被较差	施工区破坏较严重	-2	5	-10
	脱水段(50)	灌溉用水	年提水336.5万m^3	影响农业灌溉用水	-2	20	-40
		生活用水	年用水7.2万m^3	主要影响烈面镇的生活用水	-2	15	-30
		烈面港口	年吞吐货物1万t	港口废弃	-3	15	-45
环境效益(400)	发电(150)		无	年发电量9.55亿kWh，节煤56万t/a，无“三废”污染	+2	150	+300
	航运(120)		通航20~200 t驳船	通航300~500 t驳船，改善航道60余km	+1	120	120
	养鱼(50)		靠天然渔获	脱水段深槽和水库库湾发展养鱼	+2	50	+100
	旅游(30)		基本未开发	水工建筑物和水库风光旅游	+2	30	+60
	就业(50)		无	可提供数百人就业	+2	50	+100

2. 环境影响质量指标法

这是对泰国湄公河上的帕蒙水利工程进行环境影响评价使用的方法,又称帕蒙工程法。泰国是发展中国家,帕蒙工程采用的评价模式具有一定的典型性与代表性,评价方法简便易行,可供借鉴。该方法包括下述步骤:

(1)确定水利工程可能影响的环境参数、组成及种类,建立合适的评价体系(图表)。帕蒙工程经验认为,与水利工程环境影响有关的总共有50个环境参数,可以把这50个参数区分成9个组成部分,并综合成三个类别,如图9-3所示。

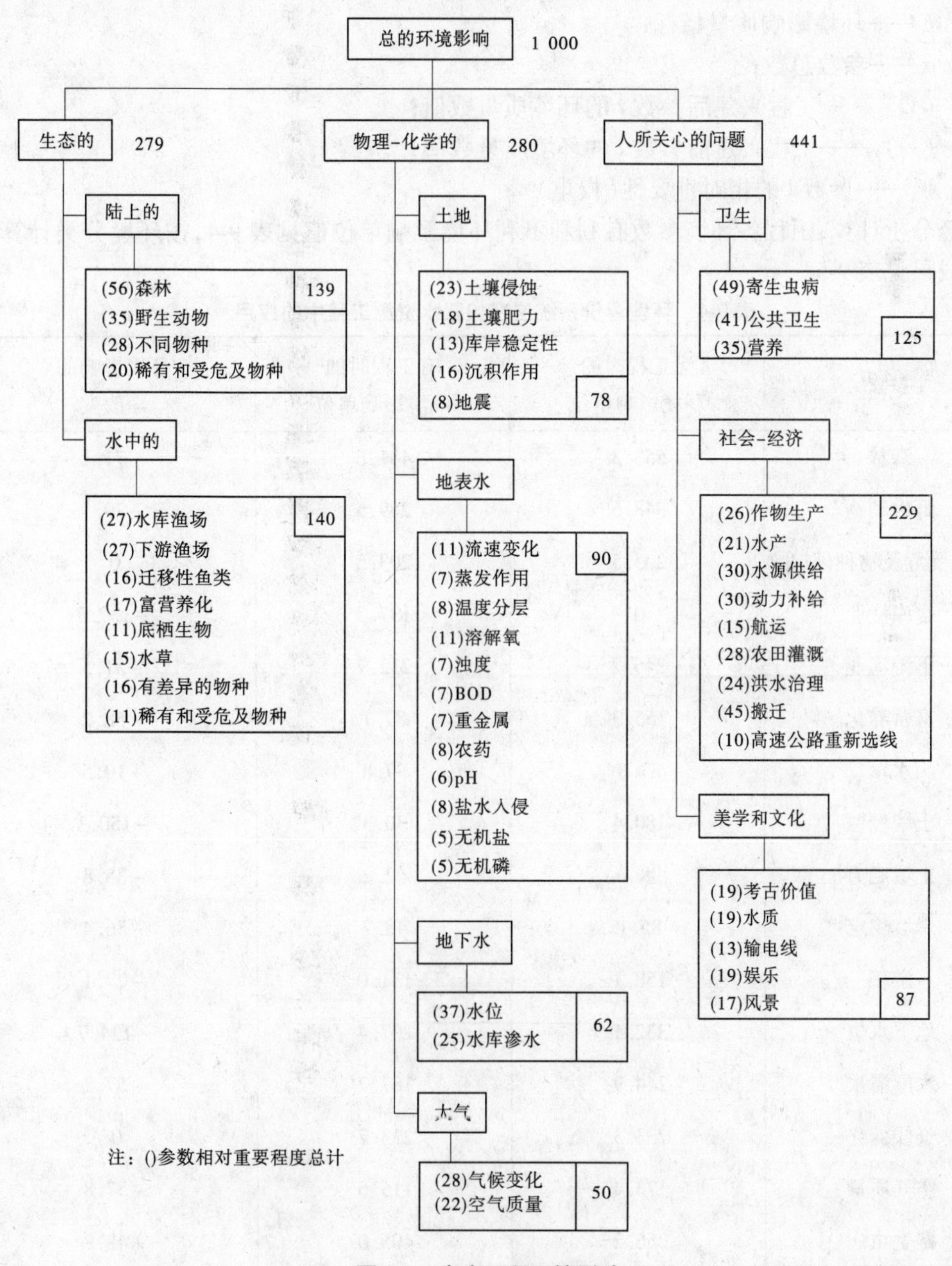

图9-3　水库工程环境影响

(2)确定上述参数的相对重要性(权重)。采用调查添表形式,对与环境有关各部门的50位熟悉水资源环境管理与保护的专家进行调查研究,确定各参数权重。按相对重要程度,权重按总分1 000计,研究结果得出各类重要程度的得分数由图9-3中给出。

(3)根据工程兴建前后每一环境参数的改变,决定相应的环境质量的改变。通过调查,经分析后建立每一参数的环境质量函数曲线。

(4)为便于计算环境影响,用下式把实际参数转换成一个公用单位:

$$E = \sum_{i=1}^{n}[(V_i)_1 W_i] - \sum_{i=1}^{n}[(V_i)_2 W_i] \tag{9-2}$$

式中　E——环境影响质量指标;

n——参数总数;

$(V_i)_1$——工程兴建后参数 i 的环境质量数值;

$(V_i)_2$——工程兴建前参数 i 的环境质量数值;

W_i——参数 i 的相对重要性(权重)。

经分析计算,工程各环境参数有利和不利环境影响单位值见表9-4,按环境分类计算影响的成果见表9-5。

表9-4　环境评价系统法在帕蒙水资源工程中的应用

参数	无工程时的环境影响单位	有工程时的环境影响单位	环境影响的净改变
森林	553.3	481.6	-71.1
野生动物	348.6	269.5	-79.1
珍稀及受危及物种(陆生)	203.5	203.5	0
水库渔业	0	137.7	+137.7
下游渔业	246.2	212.7	-51.5
富营养化	155.3	87.1	-68.2
水草	87.3	97.8	+10.5
土壤侵蚀	180.4	30.3	-150.1
土壤肥力	98.0	62.2	-35.8
岸坡稳定	85.1	48.7	-36.4
淤积	158.1	131.0	-27.1
地下水位	332.1	207.4	-124.7
水库漏水	244.9	187.7	-57.2
气候变化	233.3	233.7	0
空气质量	173.4	115.6	-57.8
寄生虫病	356.2	405.0	+48.8

续表 9-4

参数	无工程时的环境影响单位	有工程时的环境影响单位	环境影响的净改变
公共卫生	167.1	385.4	+218.3
营养物	80.6	326.2	+245.6
作物生产	56.4	111.5	+55.1
水产	124.7	200.4	+75.7
防洪	12.2	98.7	+86.5
发电	74.6	277.7	+203.1
诱发地震	54.8	54.8	0
流量变化	94.2	39.4	-54.8
蒸发	71.0	28.4	-42.6
盐水入侵	76.9	21.7	-55.2
温度分层	71.9	59.0	-12.9
溶解氧	107.6	0	-107.6
浊度	0.5	61.4	+60.9
pH	53.6	53.6	0
重金属	42.6	42.6	0
农药	75.5	52.9	-22.6
供水	95.4	278.2	+182.8
航运	74.8	277.7	+202.9
灌溉	6.9	238.7	+231.8
搬迁	424.8	12.5	-421.3
公路重建	103.3	103.3	0
考古价值	189.8	140.4	-49.4
输电线	126.2	106.3	-19.9
风景	118.9	155.7	+36.8
水质	147.2	99.3	-47.9
娱乐	103.4	163.7	+60.3
总计	6 028.4	6 300.3	+271.9

表 9-5　帕蒙水资源工程对环境组成部分的影响

组成	无工程时的环境影响单位	有工程时的环境影响单位	环境影响的净改变
陆上的	1 105.4	954.6	-150.8
水生的	506.8	535.3	+28.5
土地	576.4	327.0	-249.4
地表水	593.8	358.7	-235.1
地下水	577.0	395.1	-181.9
大气	406.7	348.9	-57.8
卫生	603.9	1 116.6	+512.7
社会经济	972.9	1 598.7	625.8
美学和文化	685.5	665.4	-20.1
总计	6 028.4	6 300.3	+271.9

二、Leopold 矩阵法

矩阵法把工程活动和潜在影响的环境特性按矩阵关系进行分析，它也可看成是工程建设活动一览表和环境参数一览表的综合，即综合列表清单。影响被看成工程行动和环境要素之间相互作用的结果，通过矩阵直接建立起每项工程活动和每个环境要素之间的相互影响，并以数量的大小和重要程度反映其影响的相对大小。

在运用 Leopold 矩阵时，每一行动及对每一环境要素的潜在影响都必须考虑。如有影响，则在矩阵相关的空格内画一对角斜线，对角线左上侧填写作用影响程度（级别）；右下侧填写作用主要程度（权重）。继而确定相互作用的大小（即影响的数量级指标）和影响的重要性和深刻性（即影响的权重值）。

影响的数量级是在 1 到 10 之间给定一个数值予以描述。10 表示影响最大，1 表示影响最小，大小接近 5 的值表示中间值。影响的权重是根据影响的重要性确定的，重要性的尺度也用 1 ~ 10 表征，用 10 表示非常重要的影响，1 表示重要性很低。影响权重值由参加环境评价的各学科专家判断给定。

Leopold 矩阵的工程行动数目和环境因素都可以增加或减少，其主要优点是可以用做影响识别阶段的筛选工具，并且可以对影响项目和产生影响的主要工程行动之间的关系有清楚的显示。矩阵还可用（ + ）号和（ - ）号表示有利和不利的影响，以供识别。

泰国奎依坝工程运用 Leopold 矩阵法进行的环评实例详见表 9-6。从表中看出，该工程最显著的环境影响是对人群健康的影响。此外，对下游水质、考古、旅游等方面的不利影响也较大。通过“影响总指标”的比较发现，对环境评价、选择坝址及水位方案比较直观，容易被公众理解。

表 9-6　泰国奎依坝工程的 Leopold 矩阵分析

环境因素	工程行动							
	外来移民	施工	交通线路	水库充水	重金属负荷	水草生长	居民迁移	影响总指标
人群健康	5/8	4/6		5/8	4/7	6/6		168
鱼类产卵		3/4		3/6	3/7	5/5		76
考古	4/6			8/8				88
旅游			7/7	7/6	2/4			84
下游的水污染		7/8		7/8			8/7	113
社会经济发展								56
林业		4/2						8
渔业		2/5			2/5			20
航运				6/5				30
水生植物				6/6				36

注:斜线上面的数值表示可能影响的数量级(1 是最小,10 是最大),斜线下面的数值表示权重(1 是最小,10 是最大),将两数相乘代表影响指标值。

表 9-7 是我国某水土保持工程采用矩阵分析环境影响的成果,它是采用符号来反映工程对某环境因子影响的程度。

表 9-7　某水土保持工程的环境影响矩阵

环境问题	工程基本建设活动						运行中的主要活动				环境监测措施
	Ⅰ	Ⅱ	Ⅲ	Ⅳ	Ⅴ	Ⅵ	种植	养殖	农药施用	化肥施用	
1. 水沙情势影响	+	+A	+A	+A	+A		+A				合适
2. 水质影响									-AB	-AB	合适
3. 土壤影响	+	±A	±A						-AB	-AB	合适
4. 生物影响及病虫害防治							+	+	+AB	+AB	合适
5. 工程措施安全问题	AB			AB	A						合适
6. 局部气候		+A	+A				+	+			合适
7. 公众健康与生活水平						+	+	+	+	+	合适
8. 环境管理							+	+	+	+	合适

注:Ⅰ. 基本农田建设;Ⅱ. 林草植被建设;Ⅲ. 果品基地建设;Ⅳ. 治沟工程措施;Ⅴ. 其他措施;Ⅵ. 培训与监督管理。+、- 表示有影响,性质为正、负;A 为需监测;B 为需防治措施;空格为没有显著影响。

三、类比分析法

类比分析法是将拟建工程与选择的已建工程(类比工程)进行比较,根据已建工程对环境产生的影响,作为评价拟建工程对环境影响的主要依据。

(一)类比工程应具备的条件

(1)与拟建工程有相似的自然地理环境,如地理位置、气候条件、环境特征及水库大小、形状相似等条件。

(2)与拟建工程相似的功能、特性及运行方式,如工程主要用途、调节性能相似。

(3)类比工程应具有5~10年以上的运行年限及积累一定的实测资料。

(二)类比分析法的步骤

(1)做好类比工程和拟建工程的环境调查工作,包括拟建工程的现状和类比工程的现状及本底资料的全面调查研究。

(2)全面分析调查资料。应按照不同因子逐项进行,特别对影响较大的因子应重点分析。

(3)进行比较。对拟建工程与类比工程的自然环境、社会环境等逐项进行比较,尤其要注意类比工程未建设前的环境本底状况与拟建工程现状的比较。当实测资料多时,在相关分析的基础上可建立定量的相关关系。

(4)根据类比工程环境影响预测和评价结论,分析拟建工程建成后可能产生的环境影响性质和程度,对其中不利影响提出避免和改善措施,最后作出对拟建工程的全面的环境影响评价结论。

四、环境质量指标法

环境质量指标法基本原理是将环境因子的变化规律用函数表示出来并建立评价函数曲线,这就把环境因子的变化转化为统一的无量纲的环境指标(由好到坏用0~1表示),由此算出工程建设前后各因子环境质量指标的变化值,再根据各因子的重要性(即权重)将其指标变化值综合起来,得出工程对环境的综合影响。早在20世纪70年代,美国坎特将各环境因子的函数关系绘制成图,形成手册,使用方便,由此这一方法得到广泛的应用。

基本公式为:

$$E = \sum_{i=1}^{n} [(e_{2i} - e_{1i})_1 W_i] \tag{9-3}$$

式中　E——工程对环境的综合影响;

e_{1i}、e_{2i}——工程建设前、后第i项环境因子的环境质量指标值;

W_i——第i项环境因子的权重,$i=1,2,\cdots,n$。

计算步骤如图9-4所示。其中确定环境因子评价函数曲线和权重是核心。函数曲线首先应根据国家和地方政府已有的规定、标准,在分析各环境因子特性、工程等级和当地具体条件等基础上,定性分析环境因子与环境质量之间的关系(是直线还是曲线、是上升型还是下降型),再根据工程功能和地区环境特征,确定各环境因子指标的上、下限相对应的标准值,最后再进一步分级确定相应的标准值的环境质量指标,给出该因子的质量函数曲线,如图9-5所示。

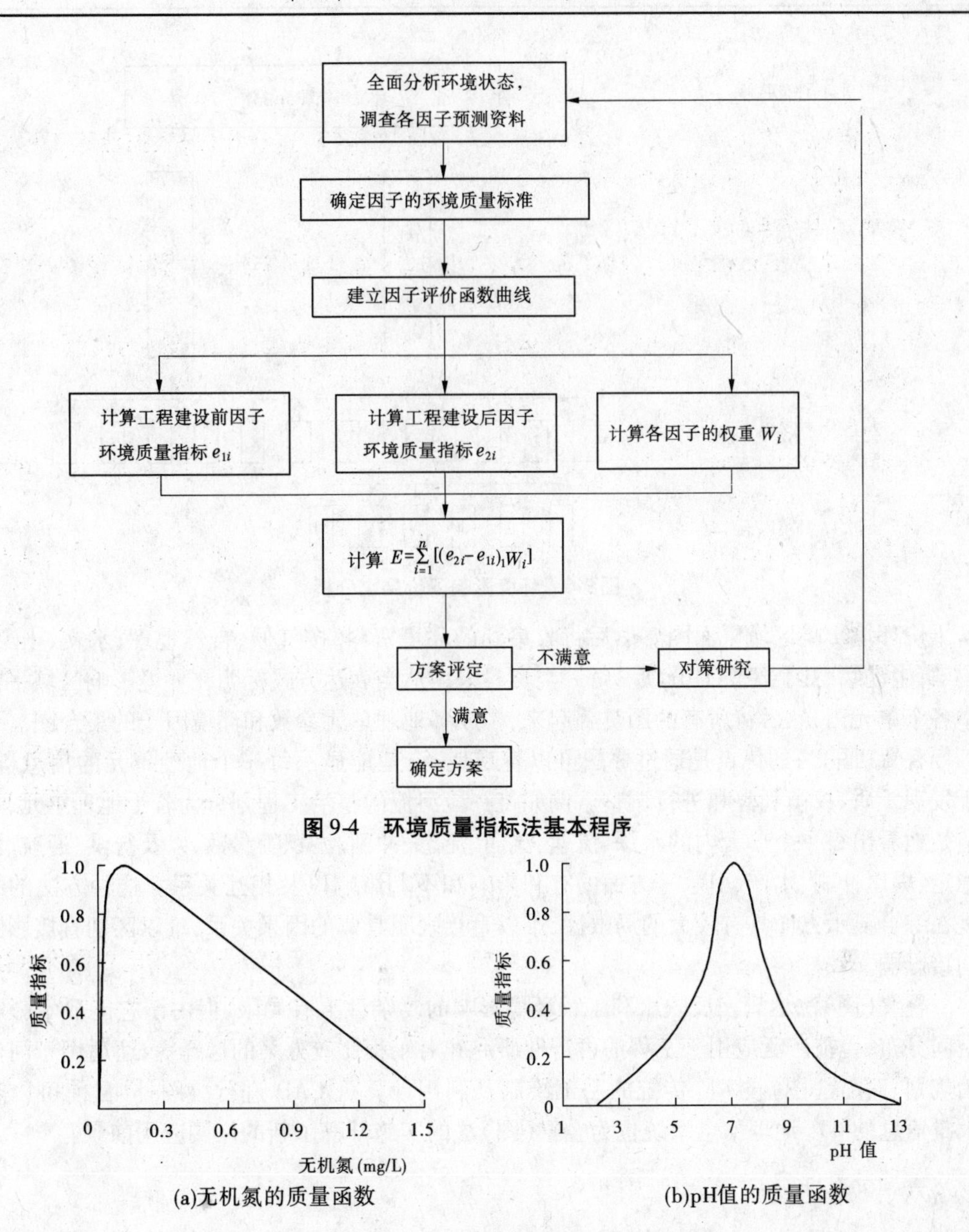

图 9-4　环境质量指标法基本程序

(a)无机氮的质量函数　(b)pH值的质量函数

图 9-5　质量函数曲线

权重的分析方法很多，常用的有：①专家评估法。即请 20 名以上有经验专家在调查研究的基础上，对各环境因子的重要性进行评价，由此作为确定权重的依据。②层次分析法。它是把环境问题中的各因素通过划分相互联系的层次结构，建立层次分析结构模型，根据一定的原则构造出判断矩阵，利用求特征值的方法，确定各因子的权重排序。一般水利水电工程采用四个层次是合适的，如图 9-6 所示。

五、叠置(图)法

这种方法是将工程及其影响范围，按不同的地貌和土地状况，分为若干地理单元，描绘

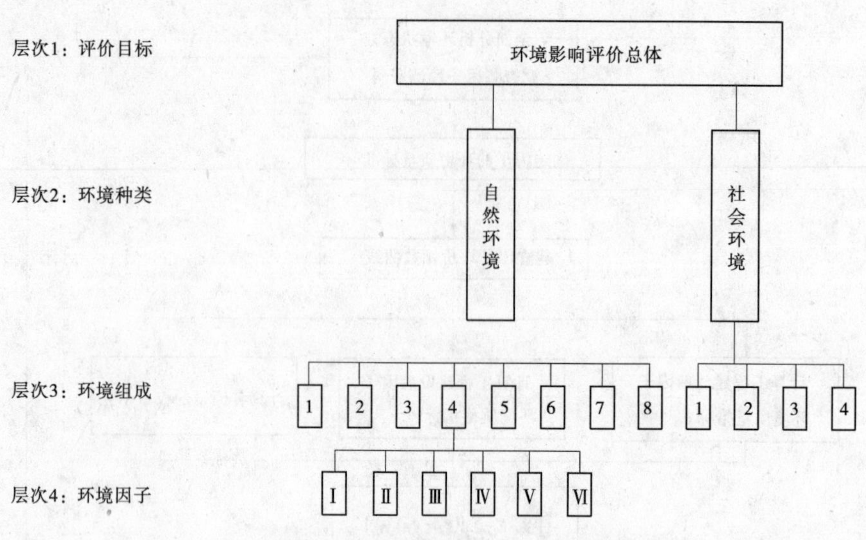

图 9-6　环境影响评价层次分析

若干份环境影响区域平面图。然后将收集到的环境资料，按气候、自然地理、水文、土壤、植物、野生动物、社会经济等分项。每一类资料采用适当表达方式标明在环境影响区域平面图中各个单元内，然后将所有的图重叠起来，构成各地理单元参数和环境因子的集合图。

叠置(图)法的优点是通过叠图可以直观地、清楚地显示每一个地理单元的信息群，便于发现矛盾、权衡利弊和进行调整。例如将一段河流的整治工程划分为若干地理单元，可以清楚地看出每一个单元内的水深、流速、流向、流态、冲刷、淤积等参数，以及行洪、通航、河势稳定、堤岸冲刷、水产、引水等方面的有利影响和不利影响以及相互关系。这种方法的缺点是在综合显示方面具有较大的局限性，难以直接表明具体的因果关系，难以区别直接影响和间接影响。

叠置(图)法尽管在反映水利工程环境影响的复杂性上有局限，但由于它能显示影响的空间分布，曾被广泛应用于工程的可行性研究和对工程比较方案的选择等，还适用于河流整治规划。叠置(图)技术除传统的手工绘制及利用计算机 CAD 进行叠图外，目前可以容纳大量信息的 GIS 地理信息系统也为叠置(图)法的实施开辟了新的广阔应用前景。

六、网络法

网络法是建立一个建设项目与环境要素之间相互关系的链或网，通过这种链或网关系分析、阐明由工程建设而引起的一系列环境反应，包括直接、间接甚至三次影响。图 9-7 显示某水库工程环境影响评价的网络图，图中定性地说明了各环境影响的重要性，没有采用定量的说明。实际上，网络分析也可采用类似于矩阵的影响值法，表达环境影响的相对数值和权重值。

网络法通过完整的网络系统表示影响的原因与结果，从初始行动开始，向所有可能的组合放射，终结于评价出可能的环境影响。一定程度的网络分析对于评价环境因素不是太多的建设项目是很有用的；但是对于比较复杂、要求详细的评价，直观网络分析不易将复杂关系表示清晰。

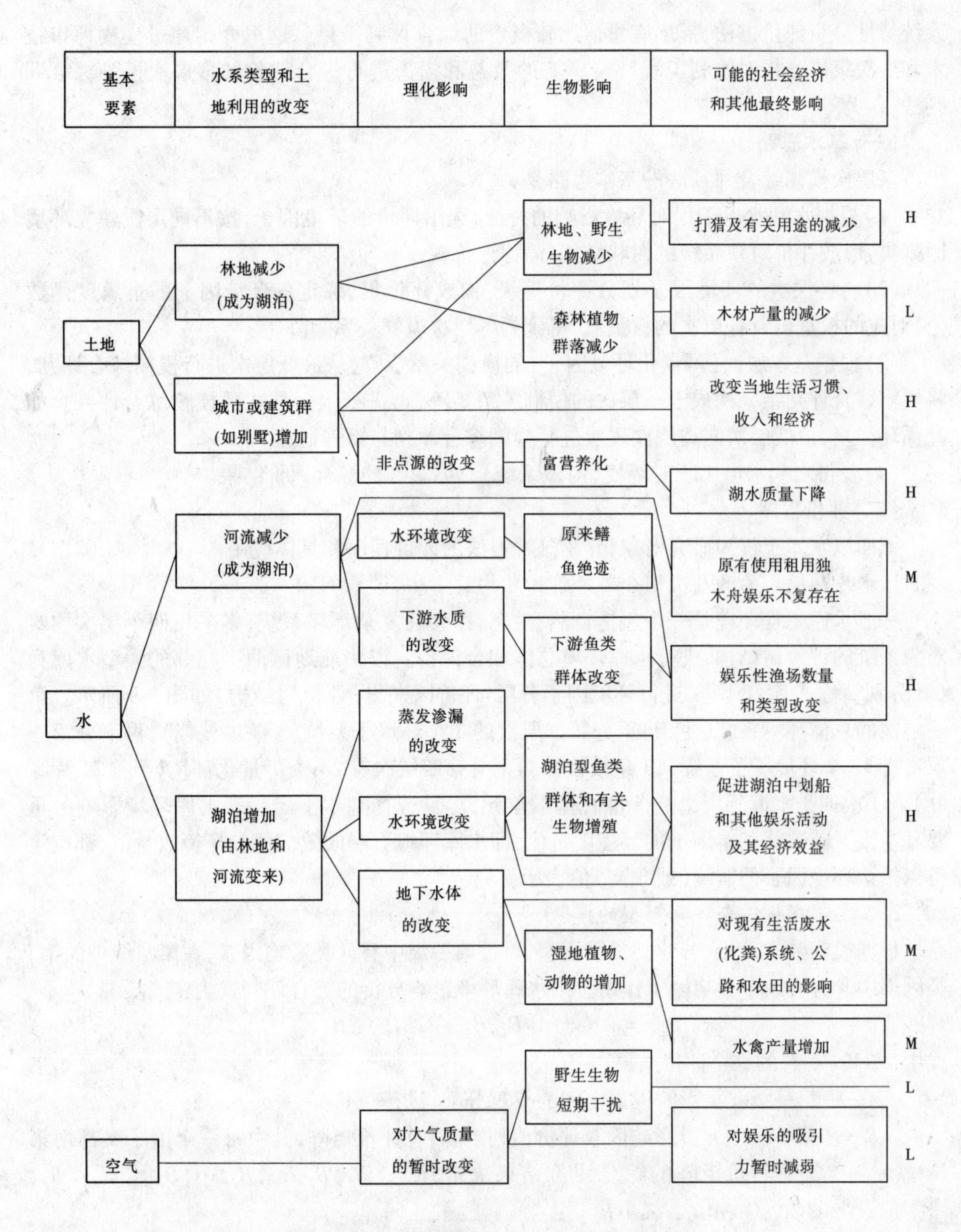

图 9-7　蓄水工程用网络法进行环境影响评价

七、多层次模糊综合评判法

水利水电工程环境影响“规模庞大、关系复杂、因素众多、动态变化、边界模糊、量化困难”，为了适应这一复杂系统的特点，应该采用一种既能反映明确边界特征，又能反映模糊系统特性分析评价方法,提出有量值比较概念的综合评判结果。这里介绍通过模糊评审技术和层次隶属分析对水利工程环境影响的效益和损失进行综合评价的多层次模糊综合评判法。

(一)基本思路

多层次模糊综合评判法的基本思路是:

(1)根据水利水电工程对环境影响的特征,选用评价的环境因子,按不同层次建立环境因素集,形成评价对象系统的树状结构,简称评价树。

(2)将各层次的环境因子划分评价等级,构成评价集,确定各环境因子的隶属度函数值、对应的权重值及各层次的权重值,得到的各层次模糊关系矩阵。

(3)根据基本层次(可量化环境因子)的模糊关系矩阵,从最低层次进行模糊综合评判,将模糊综合评判结果构成上一层次的模糊关系矩阵,再进行上一层次的模糊综合评判。如此循环往复,由低层次向高层次逐层进行模糊综合评判与矩阵运算。

(4)获得水利水电工程对环境(对象系统)总体影响的综合评价结果。

(二)评价程序

下面以水库工程为研究对象,介绍这种方法的评价程序和具体应用。

1. 水库环境影响的层次划分与评价树结构

一般水库工程环境是一个包括自然、生态、社会的复杂环境系统,多采用四个层次构筑对象系统的评价树结构,进行水库环境总体综合评价。以华北地区两个相邻的大型水库为例(分别简称 A 库、B 库),进行环境因子分层,评价因素集(评价树结构)如图 9-8 所示。第一层次的总体环境系统(主干)下分第二层次的 3 个环境子系统(3 条主枝杈),再下分第三层次有 13 个环境子子系统(13 条枝杈),再下分第四层次有 24 个可量化环境因子(24 片绿叶)。层次四是水库环境影响评价的基本单元,尽量选择基本上能代表水库环境影响的重要基本因子。这些基本因子的环境度量值,即水库环境影响的效应值和环境效益值,都应该可以按该环境因子的监测(或预测)值表示。

2. 多层次模糊综合评判模型的建立

根据模糊数学理论,若建立二级模型,可设第一级中有 n 类影响因素,在第二级中的第 i 类因素中又分有 k 个影响因子作用。则水库环境影响分析的综合评判式为:

$$B^{*} = AR = A[B_1, B_2, \cdots, B_i, \cdots, B_n]^{\mathrm{T}} \tag{9-4}$$

式中 B^{*}——总的综合评价结果;

A——第一级 n 类影响因素之间的权重分配行矩阵,$A=(a_1, a_2, \cdots, a_n)$;

R——第一级中 n 类影响因素评价值列矩阵,总评价矩阵,其中每一个因子又都由第二级评价矩阵的综合评价结果决定,$R=[B_1, B_2, \cdots, B_i, \cdots, B_n]^{\mathrm{T}}=[A_1R_1, A_2R_2, \cdots, A_iR_i, \cdots, A_nR_n]^{\mathrm{T}}$;

B_i——第 i 类影响因素的综合评价结果,$B_i=A_iR_i$;

A_i——第二级的第 i 类影响因素内 k 个分因子之间的权重分配行矩阵,$A_i=(a_{i1}, a_{i2}, \cdots, a_{ik})$;

R_i——第 i 类因素内 k 个分因子的评价矩阵(类评价矩阵)。

3. 评价因子权重与隶属度的确定

1) 权重矩阵 A_i 的确定

这是根据每类因素中各个因素的相对重要程度来确定的，并应使每类因素中各个因素分配的权重之和等于1。

确定各层次中各个因素的权重是关键的一环，应在当地考察、环境因子的筛选、主要单因子的分析评价基础上，对与工程环境有关的诸多环境因子，按其主次与相互关系逐一排序，经征询有关水文水利与环境等方面专家的意见，确定其相对权重。具体在水库评价中的第二层，为突出水库工程的环境效益，给定的权重值较大，社会环境问题次之，自然环境系统的权重值则较小。第三层，由于调节水量、防洪、灌溉为水库的主要功能，所赋权重较大，与人民生活密切相关的社会问题权重也较大，其他因子酌情分配了相应的权重。第四层，按各个因子在相应因素类中的相对重要程度，通过对比确定。

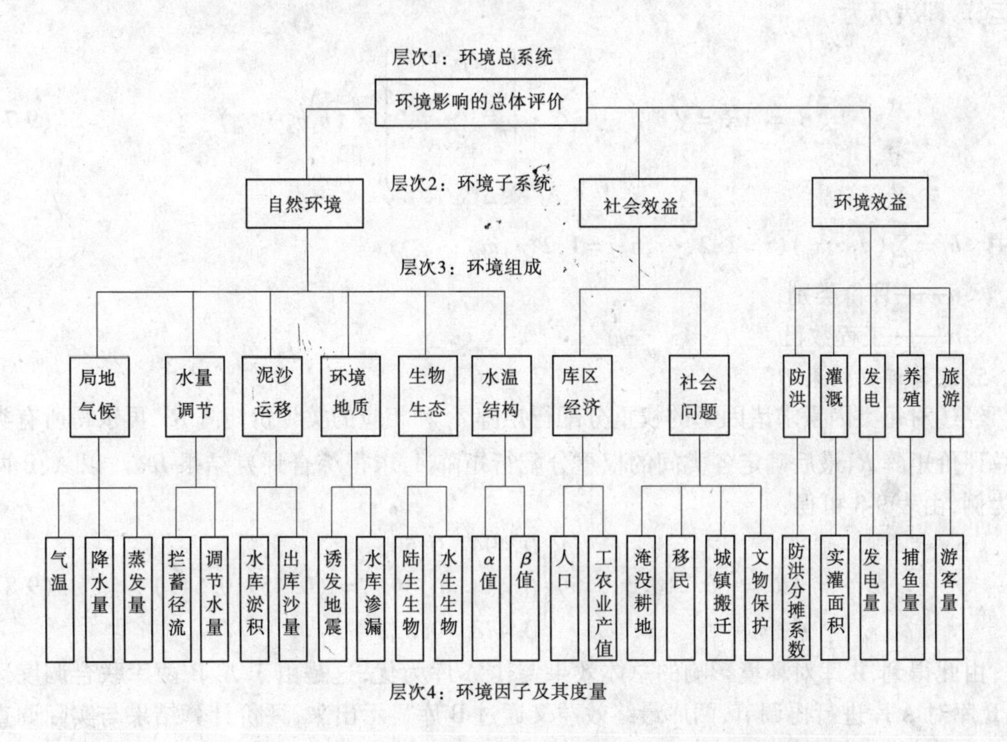

图9-8 A、B两水库环境评价对象系统层次结构(评价树)分析

2) 类评价矩阵 R_i 的确定

可定量因素要用定量信息来确定，描述性因素则通过逻辑推理来确定。这里以A、B两个水库对比为例，在两库相互比较时，要根据两库对各因素的相对评分或评语来确定，没有必要给出绝对评分(标准函数隶属度)。对评分标准不同的各个因子，均规定应满足 $r_{k1}+r_{k2}=1$。

由于水库对环境的影响，有有利与不利两方面的影响，所以计算 R_i 时采用模糊数学中求解隶属度的两个原则。按下述线性函数式计算各自的隶属度：

(1) 对越大越优型评价因子，A、B两个水库的隶属度分别为：

$$r_{h1} = \frac{X_1}{x_1 + x_2} \qquad r_{h2} = \frac{X_2}{x_1 + x_2} \tag{9-5}$$

(2)对越小越优型评价因子,A、B 两个水库的隶属度分别为:

$$r_{k1} = 1 - \frac{X_1}{x_1 + x_2} \qquad r_{k2} = 1 - \frac{X_2}{x_1 + x_2} \tag{9-6}$$

式中 x_1、x_2 为评价因子的度量值。评价结果详见表 9-8,注意表中所列环境度量值均为物理量,不同因子间不可比,但不同因子间的隶属度为可比的相对评分。如诱发地震为越少越优评价因子,出库沙量为越大越优评价因子。

4. 模糊关系运算

一般模糊关系运算是按最大、最小运算法则进行的,为避免"取小,取大"过分强调极值作用,而形成以权数作为评判函数的现象,采用模糊线性加权变换,即矩阵仍按普通加、乘方法运算,即表示为:

$$B = AR = (a_1 a_2 \cdots a_n) \cdot \begin{Bmatrix} r_{11} r_{12} \cdots r_{1m} \\ r_{21} r_{22} \cdots r_{2m} \\ \cdots\cdots \\ r_{n1} r_{n2} \cdots r_{nn} \end{Bmatrix} = (b_1 b_2 \cdots b_m) \tag{9-7}$$

式中 $b_j = \sum_{i=1}^{n} (a_i \cdot r_{ij}) (i = 1, 2, \cdots, n; j = 1, 2 \cdots, m)$;

n——评价类别;

m——工程数目。

5. 综合评判结果 B^*

经过对每类因素求诸因子的权重分配行矩阵 A_i 和相应的类评价矩阵 R_i,再求得所有类的总评价矩阵 R,最后确定各类间的权重分配行矩阵 A,求得综合评判结果 B^*。以 A、B 两库为例,由表 9-8 可得:

$$B^* = AR = (0.2, 0.3, 0.5) \begin{Bmatrix} 0.494 & 0.506 \\ 0.404 & 0.596 \\ 0.478 & 0.522 \end{Bmatrix} = (0.459, 0.541) \tag{9-8}$$

由此得到,B 库对环境影响的总体效果要比 A 库为优,这是由于 A、B 两库联合调度运用,B 库对 A 库进行再调节,两库最终效益又通过 B 库显示出来,评价计算结果与实际调查情况是相吻合的。

6. 敏感性分析

在模糊综合评判中,权重的确定较为困难,有一定的主观性。为了验证所确定权重的可靠程度,需进行敏感性分析。用不同的权重分配行矩阵 A_i 及 A,得到不同的评价结果,通过计算权重平均分配对第二层、第三层及第四层模型中行矩阵 A 与 A_i 的几种情况进行分析。由 A、B 两水库计算的数值看,重新评价结果与前述评价结论是一致的。

$$B^* = (1/3, 1/3, 1/3) \begin{Bmatrix} 0.434 & 0.566 \\ 0.354 & 0.646 \\ 0.451 & 0.549 \end{Bmatrix} = (0.413, 0.587) \tag{9-9}$$

表 9-8　评价结果

层次 1：环境总系统	层次 2：环境子系统	层次 3：环境组成	环境度量值		环境度量值		说明
			A 库	B 库	A 库	B 库	
自然环境(0.2)	局地气候(0.1)	(0.3) + 气温(℃)	+0.062	+0.085	0.422	0.578	以年影响效应值计(+、- 分别表示增加效应与减少效应)
		(0.4) + 降水量(mm)	-45.4	-9.9	0.821	0.179	
		(0.3) + 蒸发量(亿 m^3)	+0.304	+0.239	0.56	0.44	
	水量调节(0.35)	(0.5) + 拦蓄径流(%)	98.6	23.5	0.542	0.458	
		(0.5) + 调节水量(亿 m^3/a)	10.5	13.1	0.445	0.555	
	泥沙运移(0.2)	(0.7) - 水库淤积(%)	15.4	11.8	0.434	0.566	淤积量占总库容百分比
		(0.3) + 出库沙量(%)	1	5	0.167	0.833	水库出沙占入库沙量之比
	生物生态(0.1)	(0.7) + 水生生物	有利	有利	0.5	0.5	以淹没林木数计
		(0.3) - 陆生生物(万棵)	39.5	0.93	0.069	0.931	
	环境地质(0.2)	(0.7) - 诱发地震	少	多	0.8	0.2	
		(0.3) - 水库渗漏(亿 m^3/a)	0.311	0.189	0.378	0.622	
	水温结构(0.05)	(0.6) + α 值	0.68	1.30	0.343	0.657	认为 α、β 值越大越好，
		(0.4) + β 值	0.245	0.502	0.328	0.672	取五年一遇洪水条件 β 值
社会环境(0.3)	库区经济(0.3)	(0.6) + 人口(人)	8 760	4 138	0.679	0.321	采用 A 镇与 B 镇 1985 年数据
		(0.4) + 工农业产值(万元)	1 380	3 252	0.298	0.702	
	社会问题(0.7)	(0.4) - 淹没耕地(hm^2)	3 553.3	1 626.7	0.314	0.686	以征地高程以下计
		(0.4) - 移民(人)	36 000	46 600	0.564	0.436	以实际移民人口计
		(0.1) - 城镇搬迁(个)	2	0	0	1	
		(0.1) - 文物保护(个)	1	0	0	1	
环境效益(0.5)	防洪(0.3)	+ 防洪分摊系数	0.54	0.65	0.454	0.546	
	灌溉(0.3)	+ 实灌面积(hm^2)	2 146.7	1 626.7	0.424	0.576	$V_{防洪}$($V_{防洪}$ + $V_{兴利}$)从建库至 1986 年累计
	发电(0.2)	+ 发电量(万 kWh)	165×10^3	486×10^2	0.772	0.228	
	养殖(0.1)	+ 捕鱼量(5 000 kg)	731	477	0.605	0.395	
	旅游(0.1)	+ 游客量(万人次)	0	48.9	0	1	

第四节　环境影响报告书的编制

一、"水利水电工程环境影响报告书"编写提纲

"水利水电工程环境影响报告书"主要包括综述、工程概况、环境状况、工程对环境影响的分析与预测评价、综合评价及结论等五部分内容,其主要框架如下:

第一章　综述

第一节　编制目的

第二节　编制依据

第三节　工程环评过程及主要环境影响评价结论

第二章　工程概况

第一节　工程开发任务

流域(河段)规划概况,工程名称,地理位置:如枢纽地址、库址、灌区地址、引水路线等。

(附图:工程所在流域或河段规划示意图)

第二节　工程规模、布置及特性

(附图:工程布置示意图)

(附表:工程主要特性表)

第三节　水库淹没及移民安置去向

第四节　工程施工规划

第三章　环境状况

第一节　自然环境

一、气象

二、水文及泥沙

三、水温

四、水质

五、地质地貌

六、土壤

七、陆生植物

八、陆生动物

九、水生生物

第二节　社会环境

一、社会经济

二、人群健康

三、景观与文物

四、重要设施

第三节　环境状况分析

第四章　工程对环境影响的分析与预测评价

第一节　对局部气候的影响

第二节　对水文、泥沙情势的影响

第三节　对水温、水质的影响

第四节　对环境地质的影响

第五节　对土壤环境的影响

第六节　对陆生生物特别是珍稀动植物的影响

第七节　对水生生物特别是鱼类及珍稀水生生物的影响

第八节　对人群健康的影响

第九节　对景观与文物古迹的影响

第十节　对重要设施的影响

第十一节　工程移民搬迁对环境的影响

第十二节　工程施工对环境的影响

第十三节　对其他方面的环境影响

第五章　综合评价及结论

第一节　工程兴建对环境的主要有利影响

第二节　工程兴建对环境的主要不利影响

第三节　环境保护措施及投资估算

一、原则与要求:针对工程造成的不利影响,根据环境保护目标要求,提出预防、减免、恢复、补偿、管理、科研、监测等对策措施,并进行经济技术论证。

二、水环境保护措施:根据水功能区划、水环境功能区划,提出防止水污染,治理污染源的措施。下泄水温影响下游农业和鱼类,应提出水温恢复措施;水库库底清理应提出水质保护要求;水质管理应包括管理机构、管理办法及管理规划等。

三、大气环境保护措施:对生产、生活设施和运输车辆等排放废气、粉尘、扬尘提出控制要求和净化措施;制定环境空气监测计划、管理办法。

四、环境噪声控制措施:施工现场释放的噪声应提出控制噪声要求;对生活区、办公区布局提出调整意见;对敏感点采取减噪措施;制定噪声监控计划。

五、施工固体废物处理处置措施:应包括施工产生的生活垃圾、建筑垃圾、生产废料处理处置等。

六、生态保护措施:珍稀、濒危植物或其他有保护价值的动、植物保护及管理措施。工程建设造成水土流失,应采取水土保持工程、植物和管理措施。工程运行造成下游水资源特别是生态用水减少时,应提出减免和补偿措施。开展生态监测,针对生态保护措施中的难点提出研究项目规划。

七、土壤环境保护措施:工程引起土壤潜育化、沼泽化、盐渍化、土地沙化,应提出工程、生物和监测管理措施。清淤底泥对土壤造成污染采取的工程、监测与管理措施。

八、人群健康保护措施:包括卫生清理、疾病预防、治疗、检疫、疫情控制与管理,病媒体的杀灭及其滋生地的处置,医疗保健、卫生防疫机构的健全与完善等。

九、景观与文物保护措施：景观保护提出补偿、防护和减免措施；文物保护提出防护、加固、避让、迁移、复制、录像保存、发掘等措施。

十、其他措施

第四节　环境影响经济损益简要分析

第五节　综合评价结论

第六节　环境监测规划

一、监测站网布设原则

二、监测项目与要求

三、监测机构的设置与人员编制

四、设备及费用

第七节　提出下一步设计阶段需要研究的环境影响课题及建议

附件一　工程环境影响评价大纲及环境保护部门对大纲的意见

附件二　主要专题报告

二、"水利水电工程环境影响报告表"编制格式及填表说明

(一)环境影响报告表编制格式

附表1　工程概况表

项目	
1. 工程名称	
2. 建设地点	
3. 建设依据	
4. 建设性质	
5. 工程开发利用方式	
6. 工程规模	
7. 工程总投资 其中环保投资	
8. 填表单位、《环境影响评价证书》 编号、填表技术负责人	

附图：

(1)工程所在流域或河段开发规划示意图；

(2)工程布置示意图。

附表2　工程主要特性表

项目	单位	
1. 坝(闸)以上流域面积	km^2	
2. 多年平均年径流量	亿 m^3	
3. 设计洪水标准及流量	m^3/s	
4. 天然最枯流量	m^3/s	
5. 多年平均输沙量	t	
6. 多年平均含沙量	kg/m^3	
7. 坝型及工程组成		
8. 正常蓄水位	m	
9. 防洪限制水位	m	
10. 死水位	m	
11. 坝(闸)壅水高	m	
12. 水库面积	km^2	
13. 水库回水长度	km	
14. 水库总库容	亿 m^3	
15. 调洪库容	亿 m^3	
16. 调节库容	亿 m^3	
17. 水库调节性能		

附表3　工程主要效益表

项目	单位	数量及说明
1. 防洪:保护对象 (耕地、城镇、工矿区)		
2. 发电:装机容量 年发电量	kW kWh	
3. 排灌:面积 排、引流量 年排、总引水量	hm^2 m^3/s m^3	
4. 航运:过船吨位 年运输能力	t t	
5. 生活及工业供水:流量 年供水总量	m^3/s m^3	
6. 渔业:可养殖水面积 年可捕捞量	hm^2 t	
7. 其他效益		

附表 4　工程淹没实物指标表

项目	单位	数量及说明
1. 淹没耕地 征地标准	hm^2	$P=$ %
2. 迁移人口 移民标准	人	$P=$ %
3. 淹没房屋	m^2	
4. 淹没铁路长度 公路长度	km	
5. 淹没工矿企业	元	固定资产(原值)
6. 淹没输电线长度 电信线长度	km	
7. 施工占地	hm^2	
8. 其他		

附表 5　工程兴建对环境影响的分析

1. 工程影响地区的自然及社会环境状况
2. 工程兴建对周围地区环境影响的分析和预测
3. 对不利影响所采取的减免和改善措施
4. 环境影响综合评价结论
5. 工程建成后应注意的环境保护事项

附表6　审批意见表

<table>
<tr><td>主管单位预审意见：

经办人:(签字)　　　　单位盖章
年　月　日　　　　年　月　日</td></tr>
<tr><td>环境保护部门的审批意见：

经办人:(签字)　　　　单位盖章
年　月　日　　　　年　月　日</td></tr>
</table>

(二)填表说明

(1)附表1中“建设依据”是指工程兴建由来。“建设性质”是指工程为新建、扩建、复建或改建。“工程开发利用方式”是指堤坝式、混合式、引水式、自流或提水、库内或坝下取水、跨流域调水等。“工程规模”是对工程兴建的主要目的而言,如发电(应填总装机容量)、防洪(应填主要保护对象)、排灌(应填排灌面积)、航运(应填过船吨位及年运输能力)、供水(应填年供水量)等。“环保投资”是指直接用于环境保护措施的费用。

(2)附表2~附表4中的各项指标,应按工程可行性研究报告中的数据填写。

(3)附表5“环境影响分析”应结合工程的特性,对可能产生的环境影响问题进行综合分析,作出定性或定量的评价结论。与本工程有联系的原有污染和破坏等情况,也应说明并填入表中。

(4)附表中所列项目可根据工程的具体情况作适当增减。

习　题

1. 阐述水利水电工程环境影响评价的意义。
2. 阐述水利水电工程环境影响评价的内容。
3. 环境影响评价的基本系统有哪些?
4. 简述环境影响评价多层次模糊综合评判法的主要步骤。

参考文献

[1] 孙东坡,缑元有.环境水利[M].南京:河海大学出版社,1993.
[2] 王蜀南,曾道先.环境水利[M].北京:水利电力出版社,1989.
[3] 许士国.环境水利学[M].北京:中央广播电视大学出版社,2005.
[4] 方子云.中国水利百科全书环境水利分册[M].北京:中国水利水电出版社,2004.
[5] 王蜀南,王鸣周.环境水利学[M].北京:中国水利水电出版社,1996.
[6] 范逢源.环境水利学[M].北京:中国农业出版社,1994.
[7] 方子云,邹家祥,吴贻名.环境水利学导论[M].北京:中国环境科学出版社,1994.
[8] 冯绍元.环境水利学[M].北京:中国农业出版社,2007.
[9] 冯开禹.环境保护与可持续发展概论[M].贵阳:贵阳人民出版社,2008.
[10] 刘天齐.环境保护[M].北京:化学工业出版社,2000.
[11] 张月娥,刘大银,孙裕生,等.环境保护[M].北京:中国环境科学出版社,1998.
[12] 谢永明.环境水质模型概论[M].北京:中国科学技术出版社,1996.
[13] 任树梅.水资源保护[M].北京:中国水利水电出版社,2003.
[14] 王有强,司毅铭,张道军.流域水资源保护与可持续利用[M].郑州:黄河水利出版社,2005.
[15] 史晓新,朱党生,张建永.现代水资源保护规划[M].北京:化学工业出版社,2005.
[16] 朱党生,王超,程晓冰.水资源保护规划理论及技术[M].北京:中国水利水电出版社,2001.
[17] 林辉.环境水利与水资源保护[M].北京:中国水利水电出版社,2001.
[18] 马永胜.水资源保护理论与实践[M].北京:中国水利水电出版社,2009.
[19] 方子云.现代水资源保护管理理论与实践[M].北京:中国水利水电出版社,2007.
[20] 郑有飞,周宏仓,郭照冰,等.环境影响评价[M].北京:气象出版社,2008.
[21] 蔡艳荣.环境影响评价[M].北京:中国环境科学出版社,2004.
[22] 朱党生.水利水电工程环境影响评价[M].北京:中国环境科学出版社,2006.
[23] 国家环境保护总局环境工程评估中心.环境影响评价技术导则与标准[M].北京:中国环境科学出版社,2006.
[24] 国家环境保护总局环境工程评估中心.环境影响评价案例分析[M].北京:中国环境科学出版社,2006.
[25] 国家环境保护总局环境工程评估中心.环境影响评价相关法律法规[M].北京:中国环境科学出版社,2006.
[26] 国家环境保护总局环境工程评估中心.环境影响评价技术方法[M].北京:中国环境科学出版社,2006.
[27] 赵智杰.环境影响评价技术导则与标准[M].北京:中国建筑工业出版社,2006.
[28] 谢绍东.环境影响评价技术方法[M].北京:中国环境科学出版社,2006.